全国高职高专"十二五"规划教材

Altium Designer 2013 案例教程

主 编 王 静 刘亭亭

中国水利水电出版社
www.waterpub.com.cn

内 容 提 要

本书详细介绍了 Altium Designer 2013 的基本功能、操作方法和实际应用技巧。该书集作者十多年 PCB 设计的实际工作经验和从事该课程教学的深刻体会于一体,从实际应用出发,以典型案例为导向,以任务为驱动,深入浅出地介绍了 Altium Designer 软件的设计环境、原理图设计、层次原理图设计、多通道设计、印制电路板(PCB)设计、三维 PCB 设计、PCB 规则约束及校验、交互式布线、原理图库、PCB 库、集成库的创建、电路设计与仿真等相关技术内容。

本书内容全面、图文并茂、通俗易懂、实用性强,不仅可以作为高职高专电子、电气、计算机、通信等相关专业的教材,也可以作为从事电子线路设计的工程技术人员的学习和参考用书。

本书配有电子教案,读者可以从中国水利水电出版社网站和万水书苑免费下载,网址为:http://www.waterpub.com.cn/softdown/ 和 http://www.wsbookshow.com。

图书在版编目(CIP)数据

Altium Designer 2013案例教程 / 王静,刘亭亭主编. -- 北京:中国水利水电出版社,2014.5(2019.12 重印)
 全国高职高专"十二五"规划教材
 ISBN 978-7-5170-1927-5

Ⅰ. ①A… Ⅱ. ①王… ②刘… Ⅲ. ①印刷电路-计算机辅助设计-应用软件-高等职业教育-教材 Ⅳ. ①TN410.2

中国版本图书馆CIP数据核字(2014)第079455号

策划编辑:寇文杰 责任编辑:张玉玲 加工编辑:鲁林林 封面设计:李 佳

书　名	全国高职高专"十二五"规划教材 Altium Designer 2013 案例教程
作　者	主　编　王　静　刘亭亭
出版发行	中国水利水电出版社 (北京市海淀区玉渊潭南路 1 号 D 座　100038) 网址:www.waterpub.com.cn E-mail:mchannel@263.net(万水) 　　　　sales@waterpub.com.cn 电话:(010)68367658(营销中心)、82562819(万水)
经　售	北京科水图书销售中心(零售) 电话:(010)88383994、63202643、68545874 全国各地新华书店和相关出版物销售网点
排　版	北京万水电子信息有限公司
印　刷	三河市铭浩彩色印装有限公司
规　格	184mm×260mm　16 开本　19.75 印张　498 千字
版　次	2014 年 5 月第 1 版　2019 年 12 月第 6 次印刷
印　数	17001—20000 册
定　价	36.00 元

凡购买我社图书,如有缺页、倒页、脱页的,本社营销中心负责调换

版权所有·侵权必究

前　　言

随着电子工业和微电子设计技术与工艺的飞速发展，电子信息类产品的开发周期明显缩短，为了满足社会发展的需要，Altium 公司推出了 Altium Designer 软件。该软件在单一设计环境中集成板级和 FPGA 系统设计、基于 FPGA 和分立处理器的嵌入式软件开发以及混合信号电路仿真、规则驱动 PCB 布局与编辑、改进型拓扑自动布线及全部计算机辅助制造（CAM）输出能力等，并集成了现代设计数据管理功能，使得 Altium Designer 成为电子产品开发的完整解决方案，一个既满足当前，也满足未来开发需求的解决方案。

Altium Designer 是 Altium 公司继 Protel 系列产品（TANGO、Protel for DOS、Protel for Windows、Protel 98、Protel 99、Protel 99SE、Protel DXP、Protel DXP 2004）之后推出的高端设计软件。

2001 年，Protel Technology 公司改名为 Altium 公司，整合了多家 EDA 软件公司，成为业内的巨无霸。

2006 年，Altium 公司推出新产品 Altium Designer 6.0，之后经过 6.3、6.6、6.7、6.8、6.9、Altium Designer Summer 08、Altium Designer Winter 09、Altium Designer Summer 09、Altium Designer 10、Altium Designer 2013 等版本升级，体现了 Altium 公司全新的产品开发理念，更加贴近电子设计师的应用需求，更加符合未来电子设计发展的趋势要求。

本教材以 Altium Designer 2013 为基础，从实用角度出发，以丰富、专业的电路实例为基础，由浅入深、循序渐进地讲解了从基础的原理图设计到复杂的印制电路板设计与应用。

本教材打破了传统教材中先讲原理图再讲 PCB 设计的写作手法，使读者不知不觉在学习由简单到复杂的案例中快速掌握该软件的使用方法，并且教材中的案例前后贯通，如项目 2 的多谐振荡器电路，在项目 13 中用来仿真，所以之前练习的案例最好保留。

本教材共分为 13 个项目，简单介绍如下：

项目 1 为 Altium Designer 2013 的基础知识。介绍 Altium Designer 软件的安装步骤、界面以及系统环境的设置。学完该项目后，读者将对 Altium Designer 平台有一定的直观了解，消除新手对于 Altium Designer 平台使用的陌生感。

项目 2、项目 3 以"多谐振荡器电路"为例介绍原理图及 PCB 设计的基础知识，通过这两个项目的学习，读者对该软件的功能有一个初步了解，并能进行简单的原理图及 PCB 设计。

项目 4、项目 5 介绍原理图库、PCB 封装库、集成库。常设计 PCB 板的读者可能有这样的体会：在设计 PCB 板时，经常有些元器件在软件提供的库里面找不到，所以读者掌握了这两个项目的知识后，就不会为找不到元器件而苦恼。

项目 6 介绍原理图绘制的环境参数及设置方法。以方便读者根据自己的使用习惯进行参数设置，得心应手地使用该软件。

项目 7 通过一个实例"数码管显示电路原理图绘制"验证项目 4 建立的元件库的正确性，及项目 6 设置的原理图环境是否合理，并介绍原理图编辑的高级应用，如在 SCH Inspector 面板、SCH List 面板中编辑对象等。

项目 8 介绍 PCB 板的编辑环境及参数设置，项目 9 完成"数码管显示电路"的 PCB 设计，并通过该实例验证项目 5 建立的封装库的正确性以及 PCB 编辑环境设置的合理性，并进行设计规则介绍。在"数码管显示电路"的 PCB 的基础上，项目 10 进行交互式布线及 PCB 板的设计技巧介绍。

项目 11 通过"数码管显示电路实例"介绍各种输出文件的建立，如：输出 PDF 文件、生成 Gerber 文件、创建 BOM 文件等。

项目 12 通过"电机驱动电路实例"介绍层次原理图设计方法，通过"多路滤波器的原理图设计"介绍多通道电路设计方法，并完成相应的 PCB 设计。

项目 13 通过 2 个实例介绍电路的仿真分析。

本教材由王静、刘亭亭任主编，刘亭亭负责英文帮助的翻译工作。

本教材在编写过程中得到亿道电子公司许世奇、金黎杰、郑晶翔等高级工程师的技术支持和指导；得到重庆电子工程职业学院徐宏英、李斌、龚小勇、武春岭、王文、彭海深等老师和郑昌帝同学的关心和帮助；得到好友徐惠香、刘毅的帮助和指导。在此，对他们无私的指导、关心和帮助表示衷心的感谢。

在本书的编写过程中，编者还参阅了许多同行专家的编著文献，在此一并真诚致谢。

由于编者水平有限，加之时间比较仓促，书中的错误和不妥之处在所难免，敬请读者通过 Email：wangjingad09@126.com 提出宝贵的意见。

编　者

2014 年 2 月

目 录

前言

项目1　认识 Altium Designer 2013 软件 ………… 1
　1.1　Altium Designer 2013 软件 ……………… 1
　1.2　Altium Designer 2013 软件安装 ………… 2
　　1.2.1　硬件环境需求 ……………………… 2
　　1.2.2　安装 Altium Designer 2013 ………… 3
　　1.2.3　Altium Designer 2013 软件激活 …… 9
　　1.2.4　Altium Designer 2013 软件安装路径 ·· 12
　　1.2.5　安装后管理 ………………………… 13
　1.3　Altium Designer 2013 软件界面设置 …… 14
　　1.3.1　系统主菜单（System menu）……… 14
　　1.3.2　系统工具栏（menus）……………… 15
　　1.3.3　浏览器工作栏（Navigation）……… 16
　　1.3.4　工作区面板（Workspace Panel）… 17
　　1.3.5　工作区（Main Design Window）… 20
　1.4　Altium Designer 2013 软件参数设置 …… 20
　　1.4.1　切换英文编辑环境到中文编辑环境 ·· 20
　　1.4.2　系统备份设置 ……………………… 21
　　1.4.3　调整面板弹出、隐藏速度，调整浮动
　　　　　面板的透明程度 …………………… 22
　习题一 …………………………………………… 23

项目2　绘制多谐振荡器电路原理图 ……………… 25
　2.1　工程及工作空间介绍 ……………………… 25
　2.2　创建一个新工程 …………………………… 26
　2.3　创建一个新的原理图图纸 ………………… 26
　　2.3.1　创建一个新的原理图图纸的步骤 … 26
　　2.3.2　将原理图图纸添加到工程 ………… 27
　　2.3.3　设置原理图选项 …………………… 28
　　2.3.4　进行一般的原理图参数设置 ……… 28
　2.4　绘制原理图 ………………………………… 29
　　2.4.1　在原理图中放置元件 ……………… 29
　　2.4.2　连接电路 …………………………… 32
　　2.4.3　网络与网络标记 …………………… 33
　2.5　编译工程 …………………………………… 34
　习题二 …………………………………………… 36

项目3　多谐振荡器 PCB 图的设计 ……………… 38
　3.1　印制电路板的基础知识 …………………… 38
　3.2　创建一个新的 PCB 文件 ………………… 42
　3.3　用封装管理器检查所有元件的封装 …… 44
　3.4　导入设计 …………………………………… 45
　3.5　印制电路板（PCB）设计 ………………… 46
　　3.5.1　设置新的设计规则 ………………… 46
　　3.5.2　在 PCB 中放置元件 ………………… 49
　　3.5.3　修改封装 …………………………… 50
　　3.5.4　手动布线 …………………………… 51
　　3.5.5　自动布线 …………………………… 53
　3.6　验证设计者的板设计 ……………………… 54
　3.7　在 3D 模式下查看电路板设计 …………… 59
　　3.7.1　设计时的 3D 显示状态 …………… 60
　　3.7.2　3D 显示设置 ……………………… 60
　　3.7.3　3D 模型介绍 ……………………… 61
　　3.7.4　为元器件封装导入 3D 实体 ……… 61
　习题三 …………………………………………… 63

项目4　创建原理图元器件库 ……………………… 64
　4.1　原理图库、模型和集成库 ………………… 64
　4.2　创建新的库文件包和原理图库 …………… 65
　4.3　创建新的原理图元件 ……………………… 68
　4.4　设置原理图元件属性 ……………………… 72
　4.5　为原理图元件添加模型 …………………… 73
　　4.5.1　模型文件搜索路径设置 …………… 73
　　4.5.2　为原理图元件添加封装模型 ……… 74
　　4.5.3　用模型管理器为元件添加封装模型 ·· 77
　4.6　从其他库复制元件 ………………………… 78
　　4.6.1　在原理图中查找元件 ……………… 78
　　4.6.2　从其他库中复制元件 ……………… 78
　　4.6.3　修改元件 …………………………… 80
　4.7　创建多部件原理图元件 …………………… 82
　　4.7.1　建立元件轮廓 ……………………… 83
　　4.7.2　添加信号引脚 ……………………… 84

4.7.3　建立元件其余部件……………84
　　4.7.4　添加电源引脚………………84
　　4.7.5　设置元件属性………………85
4.8　检查元件并生成报表……………86
　　4.8.1　元件规则检查对话框…………86
　　4.8.2　元件报表……………………86
　　4.8.3　库报表………………………86
习题四…………………………………87

项目5　元器件封装库的创建…………88
5.1　建立PCB元器件封装……………88
　　5.1.1　建立一个新的PCB库…………88
　　5.1.2　使用PCB Component Wizard创建封装……………………………91
　　5.1.3　使用IPC Footprint Wizard创建封装……92
　　5.1.4　手工创建封装…………………93
　　5.1.5　创建带有不规则形状焊盘的封装……98
　　5.1.6　其他封装属性…………………98
5.2　添加元器件的三维模型信息……100
　　5.2.1　为PCB封装添加高度属性……100
　　5.2.2　为PCB封装添加三维模型……101
　　5.2.3　手工放置三维模型……………101
　　5.2.4　从其他来源添加封装……………104
　　5.2.5　交互式创建三维模型……………105
　　5.2.6　检查元器件封装并生成报表……107
5.3　创建集成库………………………110
5.4　集成库的维护……………………111
　　5.4.1　将集成零件库文件拆包…………111
　　5.4.2　集成库维护的注意事项…………112
习题五…………………………………112

项目6　原理图绘制的环境参数及设置方法……114
6.1　原理图编辑的操作界面设置………114
6.2　图纸设置…………………………115
　　6.2.1　图纸尺寸………………………115
　　6.2.2　图纸方向………………………117
　　6.2.3　图纸颜色………………………118
6.3　栅格（Grids）设置………………118
6.4　其他设置…………………………119
　　6.4.1　Document Options中的系统字体设置……………………………119

　　6.4.2　图纸设计信息…………………119
6.5　原理图图纸模板设计………………121
　　6.5.1　创建原理图图纸模板……………122
　　6.5.2　原理图图纸模板文件的调用……125
6.6　原理图工作环境设置………………126
　　6.6.1　General选项页…………………127
　　6.6.2　Graphical Editing选项页………131
　　6.6.3　Mouse Wheel Configuration选项页……134
　　6.6.4　Compiler选项页………………135
　　6.6.5　Grids选项页……………………136
　　6.6.6　Break Wire选项页……………137
　　6.6.7　Default Units选项页……………138
　　6.6.8　Default Primitives选项页………138
习题六…………………………………140

项目7　数码管显示电路原理图绘制……141
7.1　数码管原理图的绘制………………142
　　7.1.1　绘制原理图首先要做的工作……142
　　7.1.2　加载库文件……………………142
　　7.1.3　放置元件………………………146
　　7.1.4　导线放置模式…………………148
　　7.1.5　放置总线和总线引入线…………149
　　7.1.6　放置网络标签…………………151
　　7.1.7　检查原理图……………………153
7.2　原理图对象的编辑………………154
　　7.2.1　对已有导线的编辑……………155
　　7.2.2　移动和拖动原理图对象…………156
　　7.2.3　使用复制和粘贴………………158
　　7.2.4　标注和重标注…………………158
7.3　原理图编辑的高级应用……………159
　　7.3.1　通过属性对话框编辑顶点………160
　　7.3.2　在SCH Inspector面板中编辑对象……160
　　7.3.3　在SCH List面板中编辑对象……161
　　7.3.4　使用过滤器选择批量目标………162
习题七…………………………………163

项目8　PCB板的编辑环境及参数设置……165
8.1　Altium Designer中的PCB设计环境简介……165
8.2　PCB编辑环境设置………………168
　　8.2.1　General选项页…………………168

8.2.2　Display 选项页 …………………… 170
8.2.3　Board Insight Display 选项页 ……… 171
8.2.4　Board Insight Modes 选项页 ………… 173
8.2.5　Board Insight Lens 选项页 ………… 175
8.2.6　Interactive Routing 选项页 ………… 177
8.2.7　True Type Fonts 选项页 …………… 178
8.2.8　Mouse Wheel Configuration 选项页 … 179
8.2.9　PCB Legacy 3D 选项页 ……………… 179
8.2.10　Default 选项页 …………………… 180
8.2.11　Reports 选项页 …………………… 181
8.2.12　Layer Colors 选项页 ……………… 181
8.3　PCB 板设置 …………………………………… 182
8.3.1　PCB 板层介绍 ……………………… 182
8.3.2　PCB 板层设置 ……………………… 182
8.3.3　PCB 板层及颜色设置 ……………… 183
习题八 …………………………………………… 186

项目 9　数码管显示电路的 PCB 设计 ……… 187
9.1　创建 PCB 板 ………………………………… 187
9.1.1　新建 PCB 文档 ……………………… 187
9.1.2　设置 PCB 板 ………………………… 187
9.2　PCB 板布局 …………………………………… 189
9.2.1　导入元件 …………………………… 189
9.2.2　元件布局 …………………………… 190
9.3　设计规则介绍 ………………………………… 192
9.3.1　Electrical 规则类 …………………… 193
9.3.2　Routing 规则类 ……………………… 194
9.3.3　SMT 规则类 ………………………… 197
9.3.4　Mask 规则类 ………………………… 198
9.3.5　Plane 规则类 ………………………… 199
9.3.6　Manufacturing 规则类 ……………… 200
9.4　PCB 板布线 …………………………………… 202
9.4.1　自动布线 …………………………… 202
9.4.2　调整布局、布线 …………………… 204
9.4.3　验证 PCB 设计 ……………………… 206
习题九 …………………………………………… 209

项目 10　交互式布线及 PCB 板设计技巧 …… 210
10.1　交互式布线 ………………………………… 210
10.1.1　放置走线 ………………………… 211
10.1.2　连接飞线自动完成布线 ………… 213

10.1.3　处理布线冲突 …………………… 213
10.1.4　布线中添加过孔和切换板层 …… 216
10.1.5　交互式布线中的线路长度调整 … 217
10.1.6　交互式布线中更改线路宽度 …… 218
10.2　修改已布线的线路 ………………………… 221
10.3　在多线轨布线中使用智能拖拽工具 ……… 222
10.4　放置和会聚多线轨线路 …………………… 223
10.5　PCB 板的设计技巧 ………………………… 224
10.5.1　放置泪滴 ………………………… 224
10.5.2　放置过孔作为安装孔 …………… 225
10.5.3　布置多边形铺铜区域 …………… 228
10.5.4　放置尺寸标注 …………………… 230
10.5.5　设置坐标原点 …………………… 233
10.5.6　对象快速定位 …………………… 234
10.6　PCB 板的 3D 显示 ………………………… 236
10.7　原理图信息与 PCB 板信息的一致性 …… 239
习题十 …………………………………………… 240

项目 11　输出文件 ……………………………… 241
11.1　输出 PDF 文件 ……………………………… 241
11.2　生成 Gerber 文件 …………………………… 247
11.2.1　Gerber 文件简单介绍 …………… 247
11.2.2　用 Altium Designer 输出 Gerber
　　　　文件 ……………………………… 247
11.3　创建 BOM …………………………………… 252
11.4　其他辅助输出文件 ………………………… 254
习题十一 ………………………………………… 255

项目 12　层次原理图及其 PCB 设计 ………… 256
12.1　层次设计 …………………………………… 256
12.1.1　自上而下层次原理图设计 ……… 258
12.1.2　自下而上的层次电路图设计 …… 265
12.1.3　层次电路图的 PCB 设计 ………… 271
12.2　多通道电路设计 …………………………… 274
12.2.1　多路滤波器的原理图设计 ……… 274
12.2.2　多路滤波器的 PCB 设计 ………… 277
习题十二 ………………………………………… 281

项目 13　电路仿真分析 ………………………… 284
13.1　仿真元件库 ………………………………… 284
13.2　仿真器的设置 ……………………………… 288
13.2.1　一般设置（General Setup） ……… 288

  13.2.2 静态工作点分析（Operating Point Analysis）……………………………… 288
  13.2.3 瞬态分析（Transient Analysis）… 289
  13.2.4 交流小信号分析（AC Small Signal Analysis）………………………… 290
 13.3 多谐振荡电路仿真实例 ……………… 290
  13.3.1 绘制仿真原理图 ………………… 291
  13.3.2 仿真器参数设置 ………………… 292
  13.3.3 信号仿真分析 …………………… 293
 13.4 有源低通滤波电路仿真实例 ………… 295

  13.4.1 绘制仿真原理图 ………………… 295
  13.4.2 一般设置（General Setup）……… 297
  13.4.3 瞬态分析（Transient Analysis）… 298
  13.4.4 交流小信号分析（AC Small Signal Analysis）………………………… 299
  13.4.5 参数扫描分析 …………………… 300
 习题十三 …………………………………… 302
附录 ………………………………………… 304
参考文献 …………………………………… 308

项目 1　认识 Altium Designer 2013 软件

本项目主要介绍 Altium Designer 2013 软件的安装方法、软件界面设置方法及软件参数设置方法。通过本项目的学习，读者能够完成软件的安装和注册，正确打开及关闭各个工作区面板，完成常用的中英文界面切换参数、自动保存时间间隔及保存路径等参数的设置。内容涵盖以下主题：

- Altium Designer 2013 软件安装
- Altium Designer 2013 软件界面的设置
- Altium Designer 2013 软件参数设置

1.1　Altium Designer 2013 软件

2013 年 2 月，Altium 公司宣布推出 Altium Designer 2013。这是 Altium 发展史上的一个重要的转折点，因为 Altium Designer 2013 不仅添加和升级了软件功能，同时也面向主要合作伙伴开放了 Altium 的设计平台。它为使用者、合作伙伴以及系统集成商带来了一系列的机遇，代表着电子行业一次质的飞跃。

随着 Altium 公司不断推出新版本的软件，Altium Designer 12 的许多增强功能已使 Altium Subscription（Altium 年度客户服务计划）的客户从中受益。Altium Designer 2013 针对其核心 PCB 和原理图工具增添了多项 PCB 新特性，从而为用户进一步改善了设计环境。

与此同时，全新的 Altium Apps Builder 也即将推出，该软件支持客户应用开发，并进一步扩充 Altium DXP 设计环境。

Altium Designer 2013 新特性包括：

- PCB 对象与层透明度（Layer transparency）设置：新的 PCB 对象与层透明度设置中增添了视图配置（View Configurations）对话。
- 丝印层至阻焊层设计规则：为裸露的铜焊料和阻焊层开口添加新检测模式的新规划。
- 用于 PCB 多边形填充的外形顶点编辑器：新的外形顶点编辑器，可用于多边形填充、多边形抠除和覆铜区域对象。
- 多边形覆盖区：添加了可定义多边形覆盖区的指令。
- 原理图引脚名称/指示器位置，字体与颜色的个性设置：接口类型、指示器位置、字体、颜色等均可进行个性化设置。
- 端口高度与字体控制：端口高度、宽度以及文本字体都能根据个人需求进行控制。
- 原理图超链接：在原理图文件中的文本对象现已支持超链接。
- 智能 PDF 文件包含组件参数：在 Smart PDF 生成的 PDF 文件中单击组件即显示其参数。

- Microchip Touch Controls 支持：增添了对 Microchip mTouch 电容触摸控制的支持功能。
- 升级的 DXP 平台：提供完善且开放的开发环境。

Altium 公司首席营销官 Frank Hoschar 介绍道，Altium Designer 2013 的推出具有里程碑式的意义，它开放的设计平台不仅面向 Altium 的用户社区（DXP 平台拥有超过 80000 名工程师），也同时面向业界合作伙伴社区。除此之外，相较于 Altium Designer 12，Altium Designer 2013 的增强功能包括：

- 新的 Via Stitching 功能，为 RF 和高速设计提供支持。
- 对于 PCB 设计中重新编排的更高灵活性。
- 其他 PCB 产能增强特性，包括加强的交叉选择模式、改进的选择控制以及更易操作的多边形填充管理（Polygon Pour Management）。
- Mentor PADS PCB、PADS Logic、Expedition 输入以及 Ansoft、Hyperlynx 输出的加强
- 支持 ARM Cortex-M3 离散处理器、SEGGER J-Link 与 Altera Arria 2GX FPGA。

Altium Designer 2013 有以下软件 License 选项：

- Altium Designer 2013

该 License 可为用户提供全面的定制板设计及制造，同时为板级和可编程逻辑设计及 3D PCB 设计和编辑功能提供完整的前端工程设计和验证系统。

- Altium Designer 2013 SE

这是可供用户在板级和可编程逻辑设计中完成全部前端原理图设计及设计捕获的系统工程版本。它包含模拟/数字仿真、验证与 FPGA 嵌入式系统实施。

提示：Altium Subscription 用户可立即订购获得 Altium Designer 2013；符合条件的用户可从 Altium Live 下载 Altium Designer 2013 安装程序。

1.2 Altium Designer 2013 软件安装

1.2.1 硬件环境需求

达到最佳性能的推荐系统配置：

- Windows 7（32 位或 64 位）。
- 英特尔酷睿 2 双核/四核 2.66 GHz 或更快的处理器或同等速度的其他处理器。
- 4G 内存。
- 10G 硬盘空间（系统安装+用户文件）。
- 双显示器，至少 1680×1050（宽屏）或 1600×1200（4:3）屏幕分辨率。
- NVIDIA GeForce 8000 系列，使用 256 MB（或更高）的显卡或同等级别的显卡。
- USB 2.0 的端口（如果连接 NanoBoard -NB2 或 NanoBoard-3000）。
- DVD 驱动器。
- Adobe Reader 8 或更高版本。
- 连接互联网。
- IE8 浏览器或以上。

- 微软的 Excel（产生元器件的材料清单需要）。

系统最低配置：
- Windows XP Professional SP2（或以上）。
- 英特尔奔腾 1.8 GHz 处理器或同等处理器
- 2G 内存。
- 3.5GB 硬盘空间（系统安装 + 用户文件）。
- 主显示器的屏幕分辨率至少 1280×1024，次显示器的屏幕分辨率不得低于 1024×768。
- NVIDIA Geforce 6000/7000 系列，128 MB 显卡或者同等显卡。
- USB 2.0 端口（如果连接 NanoBoard-NB2 或 NanoBoard-3000）
- DVD 驱动器。
- Adobe Reader 8 或更高版本。
- 连接互联网。
- IE8 浏览器或以上。
- 微软的 Excel（产生元器件的材料清单需要）。

已在 Windows Vista、Windows XP 上完成了最佳系统配置的测试。

已在 Windows 7（32 位或 64 位）上完成了最小系统配置的测试。

Internet 连接，以接收更新和在线技术支持。要使用包括三维可视化技术在内的加速图像引擎，显卡必须支持 DirectX 9.0c 和 Shader model 3，因此建议系统配置独立显卡。

1.2.2 安装 Altium Designer 2013

Altium Designer 2013 软件的安装方法如下：

（1）首先通过http://live.altium.com/activate/网站激活 Altiumlive 账号。

（2）在安装前，请先下载和运行 Altium Designer 安装程序（可以在 Altiumlive 的软件专区 http://altium.com/en/products/downloads 中获得）。在安装过程中，需要用 Altiumlive 的账号登录，请确保自己的 Altiumlive 账号拥有访问软件全模块的权限。

进入 http://altium.com/en/products/downloads 网站，如图 1-1 所示，单击 DOWNLOAD(EXE，3.2MB) 图标，下载 Altium Designer 2013 Installer.exe 文件。

图 1-1　下载 Altium Designer 2013 Installer.exe 文件窗口

（3）下载完成后，运行该文件，弹出图 1-2 所示安装向导欢迎窗口。

图 1-2　安装向导欢迎窗口

（4）在图 1-2 所示窗口中单击 Next 按钮，弹出如图 1-3 所示的 License Agreement（许可证协议）窗口。

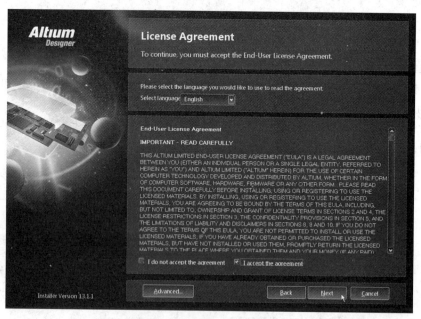

图 1-3　License Agreement 窗口

（5）在图 1-3 所示窗口中的 Select language 下拉列表框中可以选择所用的语言，在此选择缺省的语言英语（English）；选中 I accept the agreement 单选项，同意该协议，单击 Next 按钮，弹出如图 1-4 所示的 Platform Repository and Version（安装文件所在目录及版本）窗口。

项目 1　认识 Altium Designer 2013 软件

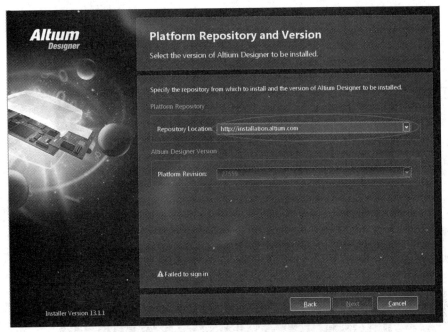

图 1-4　Platform Repository and Version 窗口

（6）在图 1-4 所示窗口中的 Platform Repository 区域可显示安装文件所在的位置，这里显示 http://installation.altium.com 网址，表示需要在该网站下载安装文件，单击该网址，弹出图 1-5 所示对话框。

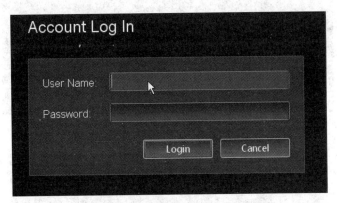

图 1-5　账号登录对话框

（7）在图 1-5 所示对话框中输入 Altiumlive 账号及密码，单击 Login 按钮，弹出图 1-6 所示窗口，这时 Platform Revision 下拉列表框中显示软件版本号。

（8）在图 1-6 所示对话框中单击 Next 按钮，弹出图 1-7 所示选择设计功能窗口。

（9）在图 1-7 所示对话框中选择设计功能，如果只进行 PCB 设计，不用来仿真，选择第一个；如果只用来仿真，而不做 PCB 设计，选择第二个；如果上述两种功能都需要，选择第三个；建议选择最后一个，以备不时之需。单击 Next 按钮，弹出如图 1-8 所示的 Destination Folders（目标文件夹）窗口。

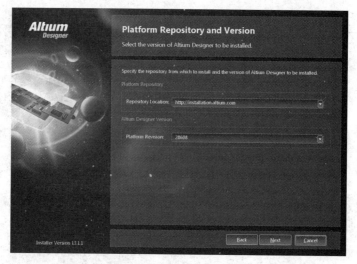

图 1-6　安装文件所在位置及版本

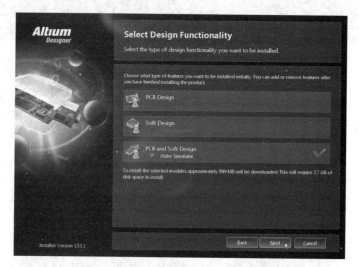

图 1-7　Select Design Functionality 窗口

图 1-8　安装路径窗口

（10）在图 1-8 所示窗口中的 Destination Folders 区域显示了即将安装 Altium Designer 2013 软件的安装路径，若想更改安装路径，单击 Default 按钮；对于软件安装路径，由于软件较大，不建议安装在 C 盘；用户文档主要用于存放 PCB 例程、PCB 库等，用户文档的路径可根据自己的喜好选择，安装后也可以更改；选择无误后，单击 Next 按钮，弹出如图 1-9 所示 Ready to Install 窗口。

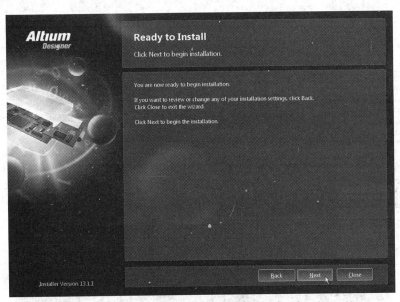

图 1-9　准备安装窗口

（11）如果需要改变以上任何信息，可在图 1-9 所示窗口中单击 Back 按钮；如果要退出安装，单击 Close 按钮。确定以上安装信息无误后，单击 Next 按钮，开始从 http://installation.altium.com 网站下载 Altium Designer 2013 软件，如图 1-10 所示。

图 1-10　下载 Altium Designer 2013 软件

（12）从图 1-10 所示窗口中的 Download 区域可以看到，由于 Altium Designer 2013 软件比较大，所以下载的时间稍长，这里显示需要 6 小时 19 分，需耐心等待。若想了解下载软件的详细情况，可单击 Downloading installation data.Click here for details，将弹出图 1-11 所示的对话框。

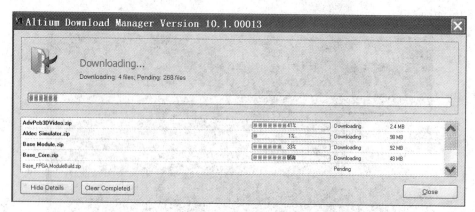

图 1-11　软件下载的情况

（13）软件下载完成后，程序自动安装，Installing Altium Designer 窗口中的 Install 条开始显示安装进度，如图 1-12 所示。

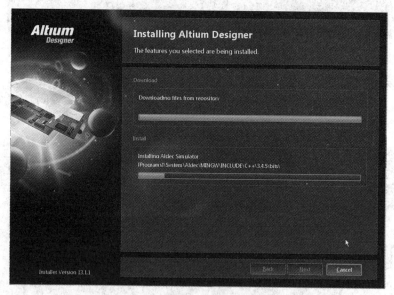

图 1-12　软件开始安装

（14）Altium Designer 2013 软件安装完成后，弹出图 1-13 所示的安装完成窗口，单击 Finish 按钮，结束安装。

（15）安装结束后 Altium Designer 2013 程序将自动执行，弹出如图 1-14 所示的对话框，提示"如果是第一次运行 Altium Designer build 28608 软件，需要从 Altium Designer build 27559 导入设置"；单击 Yes 按钮，导入所有设置或单击 Show options page list 更改选择。

（16）单击图 1-14 所示对话框的 Show options page list，弹出图 1-15 所示的对话框，显示需要导入设置的软件，在这里可以更改需要导入的软件。

项目 1　认识 Altium Designer 2013 软件

图 1-13　安装完成窗口

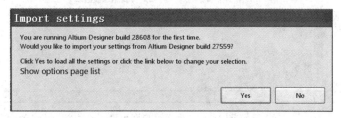

图 1-14　重要设置

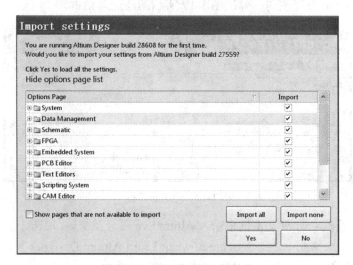

图 1-15　显示需要导入的软件

（17）在图 1-15 所示对话框中不进行更改，单击 Yes 按钮，启动 Altium Designer 2013 软件。

1.2.3　Altium Designer 2013 软件激活

Altium Designer 许可证系统有 3 种类型，分别是 On-Demand、Standalone、Private Server。

这里以 Standalone 进行介绍。

（1）Altium Designer 2013 软件启动后，License Management 窗口会显示如下信息：You are not using a valid license. Click Sign in to retrieve the list of available licenses.（你没有有效的许可证，单击注册获得有效的许可证），如图 1-16 所示。

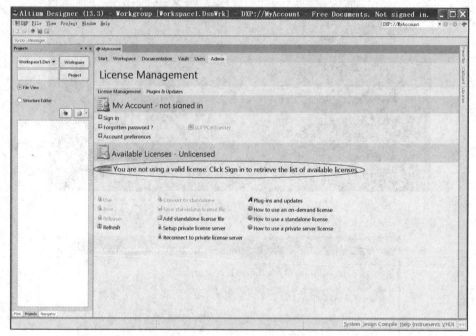

图 1-16　无有效的许可证

（2）单击 Sign in 进行注册，弹出图 1-17 所示的注册对话框。

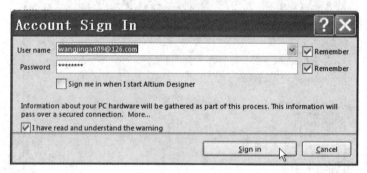

图 1-17　注册对话框

在 User name 及 Password 文本框中输入 Altiumlive 账号及密码，勾选 2 个 Remember、I have read and understand the warning 及 Sign me in when I start Altium Designer 复选框，单击 Sign in 按钮，弹出图 1-18 所示注册成功的窗口。

（3）单击 Account preferences（账号参数），弹出图 1-19 所示窗口，显示系统账号管理的信息，单击 OK 按钮，返回原窗口。

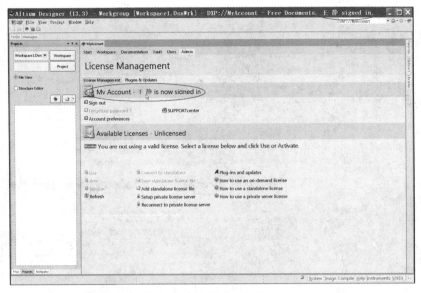

图 1-18　注册成功的窗口

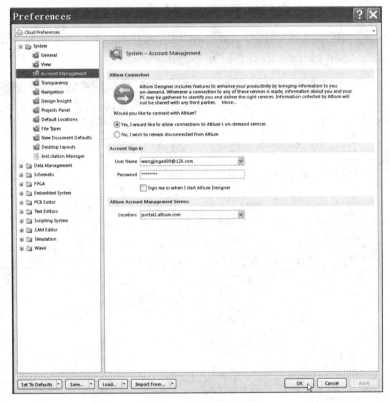

图 1-19　账号管理信息

（4）退出 Altium Designer 2013 软件，重新启动，并登录，弹出图 1-20 所示显示激活信息的窗口。Product Name：显示产品名，Activation Code 显示激活码，Activated 显示激活的状态，Expiry 显示有效期，Status 显示许可证当前的状态；Subscription Status 显示获得许可证的日期。

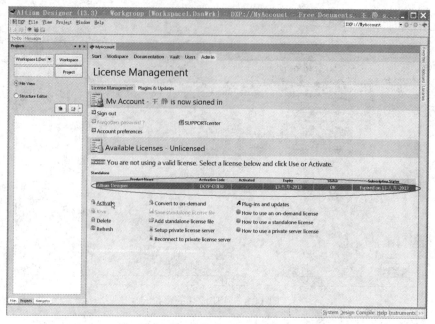

图 1-20　显示激活码及有效期等信息

（5）如果是第一次使用该软件，应在图 1-20 所示窗口中单击 Activate，激活 License，此时 Activated 处显示 Used by me，如图 1-21 所示。

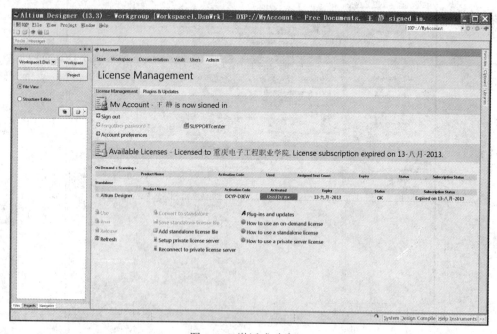

图 1-21　激活成功窗口

至此，License 激活完成，软件可以使用了。

1.2.4　Altium Designer 2013 软件安装路径

Altium Designer 2013 软件安装完后，这些软件安装在什么地方？

1. 对 Windows 7（或 Windows Vista）操作系统
- Altium Designer 软件缺省的安装文件夹为：\Program Files（x86）\Altium\AD13。
- 库或例子缺省的安装文件夹为：\Users\Public\Documents\Altium\AD13。
- 系统的应用数据（缓存、更新等）和安全文件（许可证）可以在以下两个目录中找到：
  \ProgramData\Altium\AD <GUID>
  \ProgramData\Altium\AD <GUID>_Security
2. 对 Windows XP 操作系统
- Altium Designer 软件缺省的安装文件夹为：\Program Files\Altium\AD13。
- 库或例子缺省的安装文件夹为：\Documents and Settings\All Users\Documents\Altium\AD13。
- 系统的应用数据（缓存、更新等）和安全文件（许可证）可以在以下两个目录中找到：
  \Documents and Settings\All Users\Application Data\Altium\AD <GUID>
  \Documents and Settings\All Users\Application Data\Altium\AD <GUID>_Security

提示：Altium Designer 2013 软件安装后，\Documents and Settings\All Users\Documents\Altium\AD13\Library 文件夹下安装的库文件不是很多，可以从网站：http://wiki.altium.com/display/ADOH/Download+Libraries 下载库文件，解压到该文件夹内即可。

为了熟悉 Altium Designer 2013 软件的功能，可以从图 1-21 所示窗口中的主菜单执行 Help→Knowledge Center 命令，获得帮助信息。

1.2.5 安装后管理

（1）在主菜单上执行 DXP→Plug-ins and updates 命令，如图 1-22 所示，弹出如图 1-23 所示 Plugins & Updates 窗口。

图 1-22　执行 Plug-ins and updates 命令

（2）在图 1-23 所示窗口中单击 Install All 按钮，即可安装插件及更新 Altium Designer 软件。

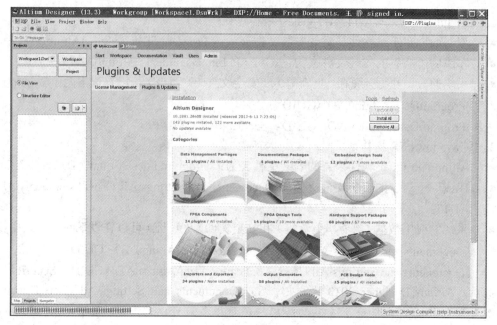

图 1-23　安装插件与更新软件窗口

1.3　Altium Designer 2013 软件界面设置

启动 Altium Designer 2013 的同时可以看到它的启动画面，如图 1-24 所示。

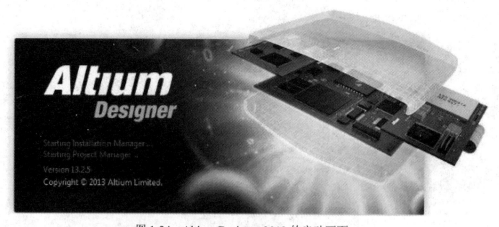

图 1-24　Altium Designer 2013 的启动画面

Altium Designer 2013 启动后，进入主界面，如图 1-25 所示，用户可以在其中进行工程文件的操作，如创建新工程、打开文件、配置等。该系统界面由系统主菜单、浏览器工具栏、系统工具栏、工作区和工作区面板五大部分组成。

1.3.1　系统主菜单（System menu）

启动 Altium Designer 2013 之后，在没有打开工程文件之前，系统主菜单 DXP File View Project Window Help 主要包括 DXP、File、View、Project、Window、Help 等基本操作功能。

项目 1　认识 Altium Designer 2013 软件

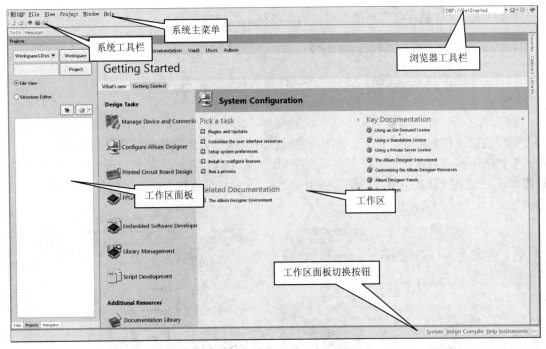

图 1-25　Altium Designer 2013 软件界面

DXP 菜单主要包含 Preference、Plug-ins and updates、Downloads、Customize...、Run Process...等子菜单命令，如图 1-22 所示，通过这些命令可以完成系统的基本设置以及软件的更新等任务。File 菜单主要包含 New、Open...、Close、Open Project...、Open Design Workspace...、Save Project 等子菜单命令，如图 1-26 所示，这些命令主要完成工程的打开、保存，各种文件的建立等。Project 菜单命令主要完成工程编译，以及工程的打开及添加。Window 菜单命令主要完成窗口的排列方式。Help 菜单命令为读者提供帮助。

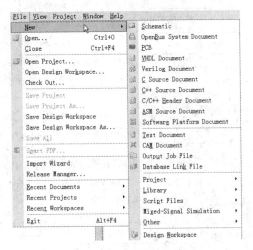

图 1-26　File 菜单命令

1.3.2　系统工具栏（menus）

系统工具栏 由快捷工具按钮组成，完成打开文件、打开文件夹、打开 PCB 发布信息等功能。（注意：打开新的编辑器后，系统工具栏所包含的快捷工具按钮会增加）。

1.3.3 浏览器工作栏（Navigation）

软件主界面的右上角提供了访问应用文件编辑器的浏览器工作栏：

通过浏览器工作栏可以显示、访问因特网和本地存储的文件。其中，浏览器地址编辑框用于显示当前工作区文件的地址；单击后退或前进按钮可以根据浏览的次序后退或前进，单击按钮右侧的下拉列表按钮还可打开浏览次序列表，显示用户在此之前浏览过的页面；单击主页按钮，回到系统默认主页，系统默认主页上有 6 种任务图标，单击一种任务图标均可打开下一级菜单，如图 1-27 所示。

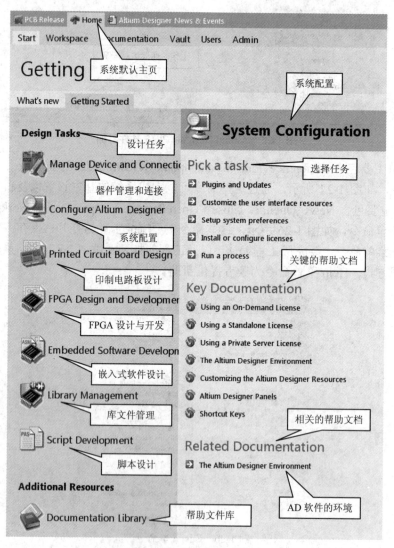

图 1-27 系统默认主页

单击相应的任务图标，软件连接到对应页面执行任务，并可查看相关文档。比如单击默认主页上的 Printed Circuit Board Design 任务图标后，页面如图 1-28 所示。

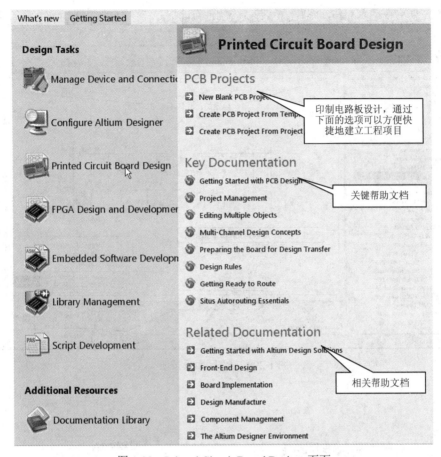

图 1-28 Printed Circuit Board Design 页面

1.3.4 工作区面板（Workspace Panel）

工作区面板是 Altium Designer 软件的主要组成部分，不管是在特殊的文件编辑器下还是更高水平下，工作区面板的使用都提高了设计效率和速度。它包括 System、Design Complier、Help、Instruments 四大类型，其中每一种类型又具体包含了多种管理面板。

1. 面板的访问

软件初次启动后，一些面板已经打开，比如 File 和 Project 控制面板以面板组合的形式出现在应用窗口的左边，Libraries 控制面板以和按钮的方式出现在应用窗口的右侧边缘处。另外在应用窗口的右下端有 System、Design Complier、Help、Instruments 四个按钮，分别代表四大类型，单击每个按钮，弹出的菜单中包括各类型下的面板，从而选择访问各种面板，如图 1-29 所示。除了直接在应用窗口上选择相应的面板，也可以通过主菜单 View→Workspace Panels 子菜单下的选项选择相应的面板，如图 1-30 所示。

2. 面板的管理

为了在工作空间更好地管理组织多个面板，下面简单介绍各种不同的面板显示模式和管理技巧。

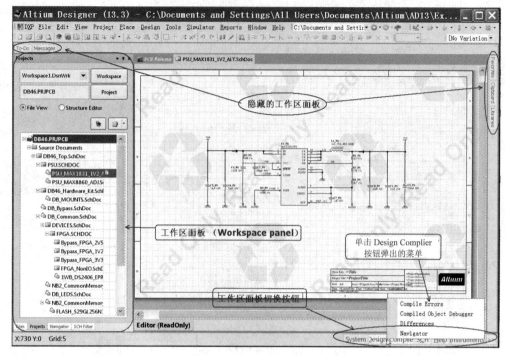

图 1-29 工作区面板按钮

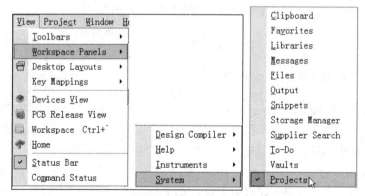

图 1-30 主菜单面板选项

  面板显示模式有三种，分别是 Docked Mode、Pop-out Mode、Floating Mode。Docked Mode 指的是面板以纵向或横向的方式停靠在设计窗口的一侧，如图 1-31 所示。Pop-out Mode 指的是面板以弹出隐藏的方式出现于设计窗口，当鼠标单击位于设计窗口边缘的按钮时，隐藏的面板弹出，当鼠标光标移开后，弹出的面板窗口又隐藏回去，如图 1-32 所示。这两种不同的面板显示模式可以通过面板上的 ▬ （面板停靠模式）和 ▬ （面板弹出模式）两个按钮互相切换。Floating Mode 指的是面板以透明的形式出现，如图 1-33 所示。

项目 1　认识 Altium Designer 2013 软件

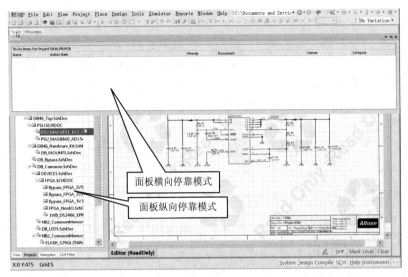

图 1-31　面板停靠模式

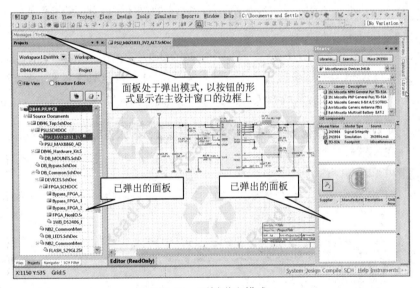

图 1-32　面板弹出模式

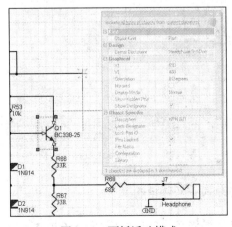

图 1-33　面板浮动模式

面板分组管理可以分为标准标签分组和不规则分组。标准标签分组里的面板以标签的形式组织在一起，在任何时候，面板组中只能有一个面板显示。向一个面板组中添加新的面板或者从面板组中删除一个面板的方法，就是将新的面板选中后拖向面板组，或者将面板组中的某个面板直接拖出。而不规则分组指的是将多个面板同时显示在设计面板上，即多个面板同时显示，这种模式类似于纵向/横向排列的打开窗口，用户可以拖动一个面板停靠在另一个面板内从而有效地排列它们。

移动面板时只需要单击面板内相应的标签或面板顶部的标题栏即可拖动面板到一个新的位置。直接单击关闭按钮 ✖ 即可关闭面板。

1.3.5 工作区（Main Design Window）

工作区位于界面的中间，是用户编辑各种文档的区域。在无编辑对象打开的情况下，工作区将自动显示为系统默认的主页，主页内列出了常用的任务命令，单击即可快速启动相应工具模块。

1.4 Altium Designer 2013 软件参数设置

使用软件前，对系统参数进行设置是一个重要的环节。单击 DXP→Preferences 命令，系统将弹出如图 1-34 所示的系统参数设置对话框。对话框具有树状导航结构，可对 11 个选项的内容进行设置，下面主要介绍系统相关参数的设置方法。

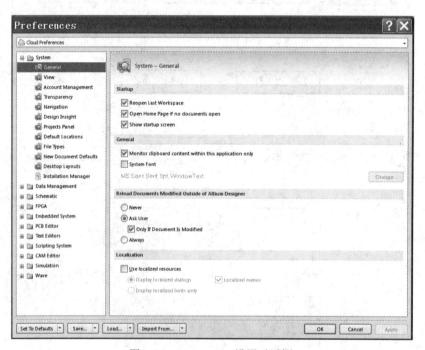

图 1-34 Preferences 设置对话框

1.4.1 切换英文编辑环境到中文编辑环境

展开 Preferences 设置对话框树状导航结构中的 System→General 选项，如图 1-34 所示，包含了 4 个设置区域，分别是 Startup、General、Reload Documents Modified Outside of Altium Designer 和 Localization 区域。

在 Localization 区域中，选中 Use Localized resources 复选框，系统弹出警告信息提示框，如图 1-35 所示，单击 OK 按钮，然后在 System→General 设置界面中单击 Apply 按钮，使设置生效，再单击 OK 按钮，退出设置界面，关闭软件。重新启动 Altium Designer 系统，即可进入中文编辑环境，如图 1-36 所示。

图 1-35　信息提示框

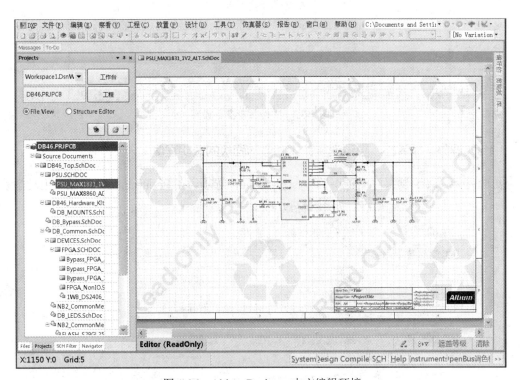

图 1-36　Altium Designer 中文编辑环境

在 System→General 设置界面中，还可以设置系统的字体以及在本应用程序中查看剪切板等功能。

1.4.2　系统备份设置

展开 Preferences 设置对话框左侧导航窗格中的 Data Management→Backup 选项，弹出如图 1-37 所示的设置界面。

Auto Save 区域主要用来设置自动保存的一些参数。选中 Auto save every 复选框，可以在时间编辑框中设置自动保存文件的时间间隔，最长时间间隔为 120min。Number of versions to keep 设置框用来设置自动保存文档的版本数，最多可保存 10 个版本。Path 设置框用来设置自动保存文件的路径，可根据自己的需要进行设置。

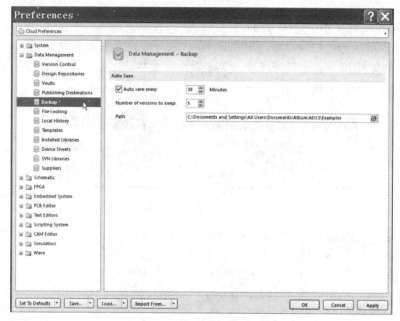

图 1-37　文件备份参数设置

1.4.3　调整面板弹出、隐藏速度，调整浮动面板的透明程度

展开 Preferences 设置对话框中的 System→View 选项，在 Popup Panels 区域中拖动滑块来调整面板弹出延时和隐藏延时，如图 1-38 所示。

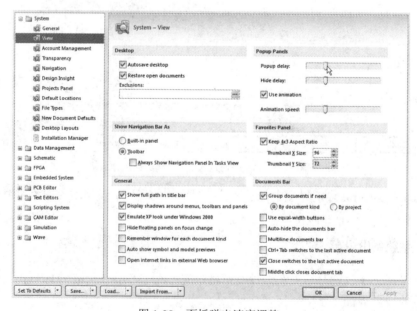

图 1-38　面板弹出速度调整

展开 Preferences 设置对话框中的 System→Transparency 选项，如图 1-39 所示。勾选 Transparency 区域的 Transparent floating windows 复选框，即选择在操作面板的过程中，使浮

动面板透明化：勾选 Dynamic transparency 复选框，即在操作面板的过程中，根据光标与窗口间的距离自动计算出浮动面板的透明化程度，也可以通过下面的滑块来调整浮动面板的透明化程度，其效果如图 1-33 所示。

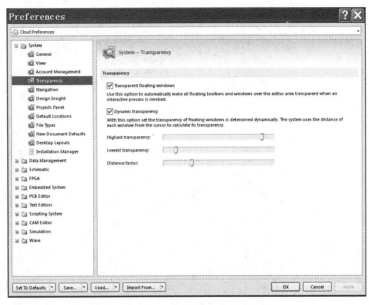

图 1-39　浮动面板透明化程度调整

习题一

1. 完成 Altium Designer 2013 的安装及注册。
2. 打开 Projects、Messages、Files、Clipboard 面板，并让其按照标准标签分组、纵向停靠的方式显示。打开 Output 面板，让其按照横向停靠的方式显示在上方，如题图 1-1 所示。

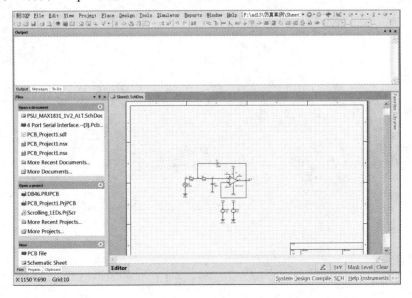

题图 1-1

3．在 Preferences 对话框中设置每隔 15 分钟自动保存文件，最大保存文件数为 5，保存路径在桌面。

4．在 Preferences 对话框中设置面板在交互式的操作过程（如放置元件）中，使浮动面板透明化。

项目 2 绘制多谐振荡器电路原理图

本项目通过一个简单的实例说明如何创建一个新的工程,如何创建原理图图纸,如何绘制电路原理图,如何检查电路原理图中的错误。本项目将以帮助文档中的多谐振荡器电路为例,进行相关知识点的介绍,如图2-1所示。通过本项目的学习,读者应能进行简单的原理图绘制。

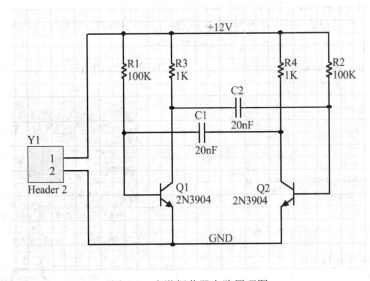

图 2-1 多谐振荡器电路原理图

2.1 工程及工作空间介绍

工程(Project)是每项电子产品设计的基础,一个工程(或项目)包括所有文件之间的关联和设计的相关设置。工程大约有 6 种类型:PCB 工程、FPGA 工程、内核工程、嵌入式工程、脚本工程和集成库工程。一个工程文件,例如 xxx.PrjPCB 是一个 ASCII 文本文件,它包括工程里的文件和输出的相关设置,比如原理图文件、PCB 图文件、各种报表文件、保留在工程中的所有库或模型、打印设置和 CAM 设置。工程还能存储选项设置,例如错误检查设置、多层连接模式等。当工程被编译时,设计、校验、同步和对比都将同时进行,任何原理图或 PCB 图的改变都将在编译时被更新。工程文件类似 Windows 系统中的"文件夹",在工程文件中可以执行对文件的各种操作,如新建、打开、关闭、复制与删除等。但需注意的是,工程文件只是起到管理的作用,在保存文件时,工程中的各个文件是以单个文件的形式保存的。

那些与工程没有关联的文件称作自由文件(Free Documents)。

Altium Designer 允许通过 Projects 面板访问与工程相关的所有文档。

Workspace（工作空间）比工程高一层次，可以通过 Workspace 连接相关工程，设计者通过 Workspace 可以轻松访问目前正在开发的某种产品相关的所有工程。

2.2 创建一个新工程

Altium Designer 启动后会自动新建一个默认名为 Workspace1.DsnWrk 的工作空间，设计者可直接在该默认工作空间下创建工程，也可自己新建工作空间。

建立一个新工程的步骤对各种类型的工程都是相同的。下面以 PCB 工程为例介绍创建一个工程文件的步骤。

创建一个新的 PCB 工程：

（1）在菜单栏选择 File→New→Project→PCB Project 命令。

另外，设计者也可以在 Files 面板中的 New 单元单击 Blank Project（PCB）选项，如图 2-2 所示，如果这个面板未显示，可单击工作区面板底部的 Files 标签。

（2）系统弹出 Projects 面板。新的工程文件 PCB_Project1.PrjPCB 与 No Documents Added 文件夹一起列出，如图 2-3 所示。

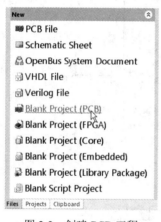

图 2-2 创建 PCB 工程

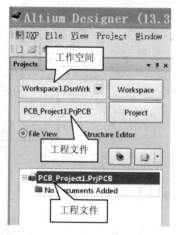

图 2-3 新建的工程文件

（3）重新命名工程文件。选择 File→Save Project As 命令，将新工程重命名（扩展名为.PrjPCB）。指定保存位置，在"文件名"文本框中键入文件名：Multivibrator.PrjPCB，单击"保存"按钮。

下一节中将创建一个原理图并添加到空工程文件中。这个原理图就是"帮助"中的例子：多谐振荡器电路。

2.3 创建一个新的原理图图纸

2.3.1 创建一个新的原理图图纸的步骤

（1）选择 File→New→Schematic 命令，或者在 Files 面板的 New 单元选择 Schematic Sheet

选项。一个名为 Sheet1.SchDoc 的空白原理图图纸出现在设计窗口中（如图 2-4 所示），并且该原理图会自动添加（连接）到工程中，出现在工程的 Source Documents 文件夹下（如图 2-4 所示）。

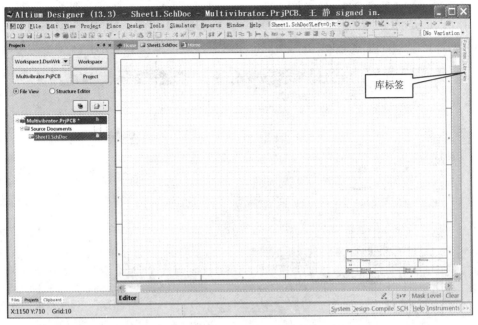

图 2-4　新建空白原理图图纸

（2）通过选择 File→Save As 命令来将新原理图文件重命名（扩展名为*.SchDoc）。指定要把这个原理图保存在设计者硬盘中的位置，在"文件名"文本框中键入 Multivibrator.SchDoc，并单击"保存"按钮。

（3）当空白原理图纸打开后，设计者将注意到工作区发生了变化。主工具栏增加了一组新的按钮，新的工具栏出现，并且菜单栏增加了新的菜单项，如图 2-4 所示。现在系统就处于原理图编辑器中。

2.3.2　将原理图图纸添加到工程

如果设计者希望添加到工程文件中的原理图图纸是作为自由文件夹被打开的，如图 2-5 所示，可在 Projects 面板的 Free Documents 单元 Source Document 文件夹下用鼠标拖拽要移动的文件 Multivibrator.sch 到目标工程文件夹下的 Multivibrator.PrjPCB 上即可，如图 2-6 所示。

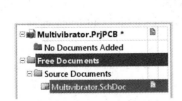

图 2-5　自由文件夹下的原理图

图 2-6　拖动 Multivibrator.SchDoc 原理图文件

2.3.3 设置原理图选项

在绘制电路图之前首先要做的是设置合适的文档选项。需完成以下步骤：

（1）选择 Design→Document Options 命令，打开文档选项对话框，如图 2-7 所示。在此唯一需要修改的是将图纸大小（sheet size）设置为标准 A4 格式。在 Sheet Options 选项卡的 Standard Style 区域 Standard styles 下拉列表中可进行修改，如图 2-7 所示。

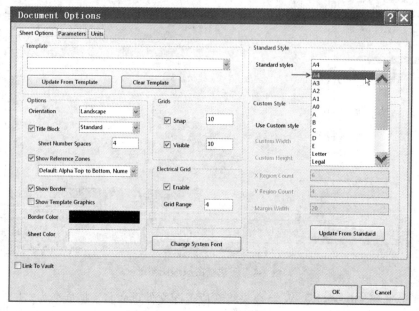

图 2-7 修改图纸大小

（2）Standard styles 下拉列表中选择 A4 选项，单击 OK 按钮关闭对话框，即更新了图纸的大小。

（3）为将文件全部显示在可视区，选择 View→Fit Document 命令。

提示：在 Altium Designer 中，设计者可以通过菜单热键（在菜单名中带下划线的字母）来激活任何菜单。例如，选择 View→Fit Document 菜单项的热键就是按了 V 键后再按 D 键。许多子菜单，诸如要激活 Edit→DeSelect→All on Current Document 菜单项，设计者只需要按 X 键（用于直接调用 DeSelect 菜单）后再按 A 键即可。

2.3.4 进行一般的原理图参数设置

（1）从菜单选择 Tools→Schematic Preferences（热键 T→P）命令打开"原理图参数"对话框。这个对话框允许设计者设置全部参数，这些设置将应用到设计者继续工作的所有原理图图纸（具体设置将在后面的项目 6 中详细介绍），这里只作简单介绍。

（2）在对话框左边的树型列表中选择 Schematic→Default Primitives 选项，勾选 Permanent 复选框，单击 OK 按钮关闭对话框。

（3）在开始绘制原理图之前，先选择 File→Save 命令（热键 F→S），或单击工具栏上的 图标，保存这个原理图图纸。

2.4 绘制原理图

现在准备开始绘制原理图。本教程中将使用如图 2-1 所示的电路，这个电路用了两个 2N3904 三极管来完成自激多谐振荡器。

2.4.1 在原理图中放置元件

为了管理数量巨大的电路标识，Altium Designer 的电路原理图编辑器提供了强大的库搜索功能。本例需要的元件已经在默认的安装库（Miscellaneous Devices.intLib、Miscellaneous Connectors.intlib）中，如何从库中搜索元件，将在项目 7 中介绍。

1. 从默认的安装库中放置两个三极管 Q1 和 Q2

（1）从菜单栏选择 View→Fit Document（热键 V→D）命令，确认设计者的原理图图纸显示在整个窗口中。

（2）单击 Libraries 标签（图 2-4）以显示 Libraries 面板，如图 2-8 所示。

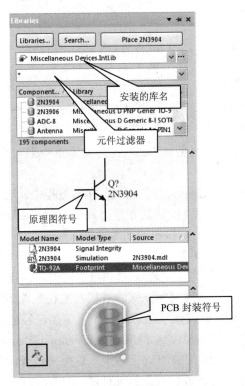

图 2-8 Libraries 面板

（3）Q1 和 Q2 是型号为 2N3904 的三极管，该三极管放在 Miscellaneous Devices.IntLib 集成库内，所以先从 Libraries 面板的"安装的库名"下拉列表中选择 Miscellaneous Devices.IntLib 选项来激活这个库。

（4）使用过滤器快速定位设计者需要的元件。默认通配符（*）可以列出所有能在库中找到的元件，例如在库名下的"过滤器"文本框内键入*3904*设置过滤器，将会列出所有包含 3904 的元件。

（5）在列表中单击选中 2N3904，然后单击 Place 按钮。另外，还可以双击元件名，此时光标将变成十字状，并且在光标上"悬浮"着一个三极管的轮廓。此时系统处于元件放置状态，如果设计者移动光标，三极管轮廓也会随之移动。

（6）在原理图上放置元件之前，首先要编辑其属性。在三极管悬浮光标出现时按下 Tab 键，将打开 Properties for Schematic Component（元件属性）对话框，要设置的项如图 2-9 所示。

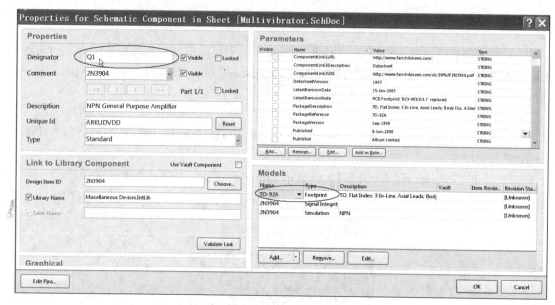

图 2-9 元件属性对话框

（7）在对话框 Properties 区域的 Designator 文本框中键入 Q1，以将其值作为第一个元件序号。

（8）检查在 PCB 中用于表示元件的封装。在本教程中，我们已经使用了集成库，这些库已经包括了封装和电路仿真的模型。确认在模型列表中（Models）含有模型名 TO-92A 的封装，保留其余栏为默认值，并单击 OK 按钮关闭对话框。

现在准备放置元件，步骤如下。

（1）移动光标（悬浮有三极管符号）到图纸中间偏左一点的位置，当设计者对三极管的位置满意后，在此位置处单击或按 Enter 键将三极管放在原理图上。

（2）移动光标，设计者会发现三极管的一个复制品已经放在原理图图纸上了，而此时系统仍处于在光标上悬浮着元件轮廓的元件放置状态，Altium Designer 的这个功能使设计者可以放置多个相同型号的元件。现在放第二个三极管，这个三极管同前一个相同，因此在放之前没必要再编辑它的属性。在设计者放置一系列元件时，Altium Designer 会自动增加一个元件的序号值，如在这个例子中，放置第二个三极管会自动标记为 Q2。

（3）如果设计者查阅原理图（图 2-1），会发现 Q2 与 Q1 是镜像的。因此要将悬浮在光标上的三极管翻过来，按 X 键，可以使元件水平翻转；如按 Y 键，可以使元件垂直翻转。

（4）移动光标到 Q1 右边的位置。若需要将元件的位置放得更精确些，可按 PageUp 键两次以将图纸放大两倍，此时设计者能看见栅格线了。

（5）确定位置后，单击或按 Enter 键放下 Q2。设计者所拖动的三极管的一个复制品再一次放在原理图上后，下一个三极管会悬浮在光标上准备被放置。

（6）由于我们已经放完了所需的三极管，可右击鼠标或按 Esc 键来退出元件放置状态，光标会恢复到标准箭头。

2. 放置四个电阻（Resistors）

（1）在 Libraries 面板中，确认 Miscellaneous Devices.IntLib 库为当前库。在库名下的"过滤器"文本框中键入 Res1 来设置过滤器。

（2）在元件列表中单击选中 Res1，然后单击 Place 按钮，此时系统会出现一个"悬浮"着电阻符号的光标。

（3）按 Tab 键编辑电阻的属性。在对话框 Properties 区域的 Designator 文本框中键入 R1，以将其值作为第一个元件序号。

（4）使对话框 Properties 区域的 Comment 栏的内容不显示，即取消选中 Visible 复选框，如图 2-10 所示。

（5）PCB 元件的内容可由原理图映射过去，因此在 Parameters 区域将 R1 的值（Value）改为 100K。

（6）在 Models（模型）列表中确定封装 AXIAL-0.3 已经被包含，如图 2-10 所示，单击 OK 按钮返回放置模式。

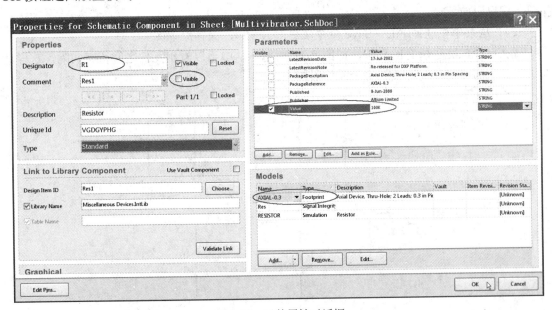

图 2-10 元件属性对话框

（7）按 Space（空格键）将电阻旋转 90°。

（8）将电阻放在 Q1 基极的上边（图 2-1），在合适位置处单左击或按 Enter 键放置元件。

（9）接下来在 Q2 的基极上边放另一个 100K 电阻 R2。

（10）剩下两个电阻 R3 和 R4，阻值为 1K，按 Tab 键显示 Component Properties 对话框，将 Value 栏改为 1K，单击 OK 按钮关闭对话框。

（11）按图 2-1 所示放置 R3 和 R4。

（12）放完所有电阻后，右击或按 Esc 键退出元件放置模式。

3. 放置两个电容（Capacitors）

（1）在 Libraries 面板的"元件过滤器"文本框中键入 Cap。

（2）在元件列表中单击选中 Cap，然后单击 Place 按钮，此时光标上悬浮着一个电容符号。

（3）按 Tab 键编辑电容的属性。在 Component Properties 对话框的 Properties 区域的 Designator 文本框输入 C1；Comment 栏的内容不显示，即取消选中 Visible 复选框；在 Parameters 区域将 C1 的值（Value）改为 20nF；确定 PCB 封装模型 RAD-0.3 被添加到 Models 列表中。

（4）检查设置正确后，单击 OK 按钮返回放置模式，放置两个电容 C1、C2，放好后右击或按 Esc 键退出放置模式。

4. 放置连接器（Connector）

连接器在 Miscellaneous Connectors.IntLib 库里。从 Libraries 面板的"安装的库名"下拉列表中选择 Miscellaneous Connectors.IntLib 选项来激活这个库。

（1）需要的连接器是两个引脚的插座，所以设置过滤器为 H*2*。

（2）在元件列表中选择 HEADER2 并单击 Place 按钮。按 Tab 键编辑其属性，并设置 Designator 为 Y1，检查 PCB 封装模型为 HDR1X2。由于在仿真电路时会把这个元件换为电压源，所以不需要作规则设置，单击 OK 按钮关闭对话框。

（3）放置连接器之前，需按 X 键作水平翻转，调整好后在原理图中放下连接器。右击或按 Esc 键退出放置模式。

（4）从菜单栏选择 File→Save 命令（热键 F→S），保存原理图。

现在已经放完了所有的元件，如图 2-11 所示。从中可以看出元件之间留有间隔，这样就有大量的空间可将导线连接到每个元件引脚上。

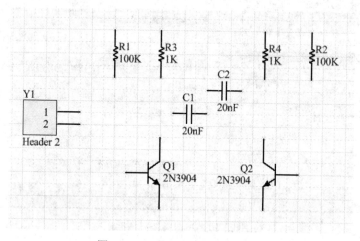

图 2-11 元件摆放完后的电路图

如果设计者需要移动元件，按住鼠标左键并拖动元件体，拖到需要的位置放开即可。

2.4.2 连接电路

连线起着在各种元器件之间建立连接的作用。下面以连接图 2-1 所示的电路原理图为例，介绍连接电路的一般步骤。

为了使电路图清晰，可以使用 PageUp 键来放大，或使用 PageDown 键来缩小；按住 Ctrl 键的同时使用鼠标的滑轮也可以放大或缩小；如果要查看全部视图，可从菜单栏选择 View→Fit All Objects 命令（热键 V→F）。

(1) 将电阻 R1 与三极管 Q1 的基极连接起来。

①从菜单栏选择 Place→Wire 命令（热键 P→W），或从连线工具栏单击 按钮，进入连线模式，光标将变为十字形状。

②将光标放在 R1 的下端，当设计者放对位置时，一个红色的连接标记会出现在光标处，这表示光标在元件的一个电气连接点上，如图 2-12 所示。

③单击或按 Enter 键固定第一个导线点，移动光标，设计者会看见一根导线从光标处延伸到固定点。

④将光标移到 R1 下方 Q1 基极的水平位置上，位置合适时设计者会看见光标变为一个红色连接标记，如图 2-12 所示，此时单击或按 Enter 键在该点固定导线。这样在第一个和第二个固定点之间的导线就放好了。

完成了这根导线的放置，注意光标仍为十字形状，表示设计者准备放置其他导线。要完全退出放置模式恢复箭头光标，设计者应该再一次右击或按 Esc 键。

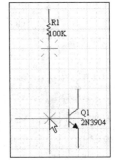

图 2-12　连线时的红色标记

(2) 将 C1 连接到 Q1 和 R1 的连线上。

①将光标放在 C1 左边的连接点上，单击或按 Enter 键开始新的连线。

②水平移动光标一直到 Q1 的基极与 R1 的连线上，单击或按 Enter 键放置导线，然后右击或按 Esc 键表示设计者已经完成该导线的放置（注意两条导线是怎样自动连接上的）。

(3) 参照图 2-1 连接电路中的剩余部分。

在完成所有的连线之后，右击或按 Esc 键退出放置模式，光标恢复为箭头形状。

如果想在移动元件时让连接该元件的连线一起移动，可在移动元件的同时按住 Ctrl 键，或者从菜单栏选择 Edit→Move→Drag 命令。

2.4.3　网络与网络标记

彼此连接在一起的一组元件引脚的连线称为网络（Net）。如图 2-1 中，一个网络包括 Q1 的基极、R1 的一个引脚和 C1 的一个引脚。

在设计中识别重要的网络是很容易的，因为设计者可以添加网络标记（Net Label）。

在两个电源网络上放置网络标记：

(1) 从菜单栏选择 Place→Net Label 命令，或者在工具栏上单击 按钮。一个带点的 Netlabel1 框将悬浮在光标上。

(2) 在放置网络标记之前应先对其编辑。按 Tab 键显示 Net Label（网络标记）对话框。在 Net 栏键入+12V，然后单击 OK 按钮关闭对话框。

(3) 在电路图上，把网络标记放置在连线的上面，当网络标记跟连线接触时，光标会变成红色十字准线，此时单击或按 Enter 键即可（注意：网络标记一定要放在连线上）。

(4) 放完第一个网络标记后，系统者仍然处于网络标记放置模式，在放第二个网络标记之前再按 Tab 键进行编辑。在 Net 栏键入 GND，单击 OK 按钮关闭对话框并放置网络标记，最后右击或按 Esc 键退出放置网络标记模式。

(5) 选择 File→Save（热键 F→S）命令保存电路。

如果电路图有某处画错了，需要删除，方法如下：

方法 1：从菜单栏选择 Edit→Delete（热键 E→D）命令，然后选择需要删除的元件、连线或网络标记等即可。删除完成后右击或按 Esc 键退出删除状态。

方法 2：可以先选择要删除的元件、连线或网络标记等，选中的元件有绿色的小方块包围住，如图 2-13 所示，然后按 Delete 键即可。

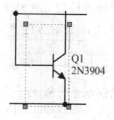

图 2-13 选中的原件

祝贺！设计者已经用 Altium Designer 完成了第一张原理图（图 2-1）在我们将原理图转为电路板之前，还需要进行工程选项的设置。

2.5 编译工程

编译工程可以检查设计文件中的设计草图和电气规则的错误，并提供给设计者一个排除错误的环境。

要编译 Multivibrator 工程,可选择 Project→Compile PCB Project Multivibrator.PrjPcb 命令。

当工程被编译后，任何错误都将显示在 Messages 面板上。如果电路图有严重的错误，Messages 面板将自动弹出，否则 Messages 面板不出现。

工程编译完后，在 Navigator 面板中将列出所有对象的连接关系，如图 2-14 所示。如果 Navigator 面板没有显示，从菜单栏选择 View→Workspace Panels→Design Compiler→Navigator 命令，或者从屏幕窗口右下方的控制面板中选择 Design Compiler→Navigator 命令。

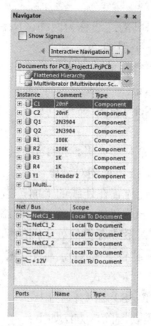

图 2-14 Navigator 面板

如果设计者的电路绘制正确，Messages 面板应该是空白的。如果报告给出错误，则检查设计者的电路并纠正错误。

现在故意在电路中引入一个错误，并重新编译一次工程：

（1）在设计窗口的顶部单击 Multivibrator.SchDoc 选项卡，以使原理图为当前文档。

（2）在电路图中将 R1 与 Q1 基极的连线断开。从菜单栏选择 Edit→Break Wire 命令，光标处"悬浮"着一个切断连线的符号，如图 2-15 所示，将该符号放在连线上，单击即将连线切断，如图 2-16 所示。要退出该状态，右击即可。

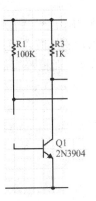

图 2-15　切断连线的符号　　　　图 2-16　制造一个错误

（3）从菜单栏选择 Project→Project Options 命令，弹出 Options for PCB Project Multivibrator.PrjPCB 对话框，单击 Connection Matrix 选项卡，如图 2-17 所示。

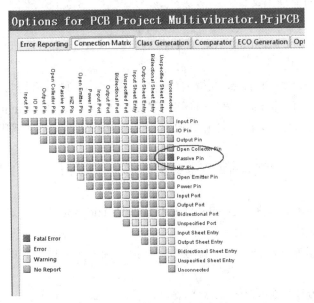

图 2-17　设置错误检查条件

（4）单击 Unconnected 与 Passive Pin 相交处的方块改变其颜色，在方块变为图例中的 Fatal Errors 表示的颜色（红色）时停止单击，此时表示元件管脚如果未连线，将报告错误（此方块默认是一个绿色方块，表示运行时不给出错误报告）。

（5）重新编译工程（Project→Compile PCB Project Multivibrator.PrjPcb），自动弹出

Messages 面板，如图 2-18 所示，指出错误信息：Q1-2 脚没有连接。

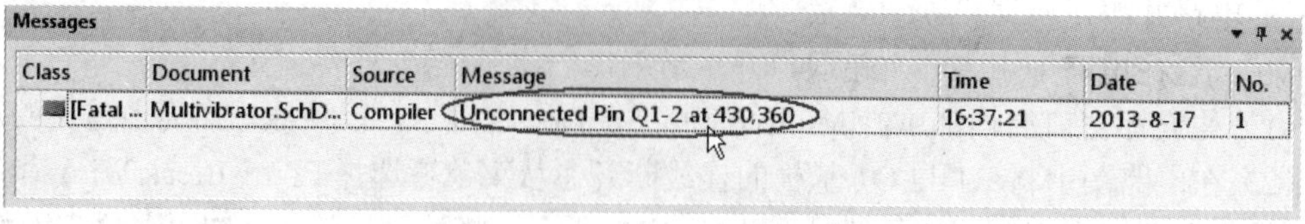

图 2-18 给出错误信息

（6）双击 Messages 面板中的错误或者警告，弹出的 Compile Error 窗口将显示错误的详细信息，从中可单击一个错误或者警告直接跳转到原理图相应位置去检查或修改错误。

（7）将删除的线段连通后，重新编译工程（Project→Compile PCB Project Multivibrator.PrjPcb），Messages 面板没有信息显示。

如果想查看 Messages 面板的信息来了解错误。方法：从菜单选择 View→Workspace Panels→System→Messages 命令，或单击状态栏上的 System，从弹出的菜单中选择 Messages。

（8）从菜单栏选择 View→Fit All Objects（热键 V→F）命令恢复原理图视图，并保存没有错误的原理图。

习题二

1．简述电路原理图绘制的一般过程。

2．在硬盘上建立一个 Test 文件夹，在该文件下建立一个练习.PrjPCB 的工程文件，并添加"练习.SchDoc"的原理图文件。

3．打开 DB31.PrjPCB 工程文件，文件所在目录为设计者安装 Altium Designer 软件所在硬盘的 \Documents and Settings\All Users\Documents\Altium\AD13\Examples\DB31 Altera Cyclone II F672 文件夹内。

4．接上题，仔细观察 Projects 面板内的树型目录结构，展开后再收缩导航树内容。

5．接上题，双击 Projects 面板中的 PLU_MAX1831_1V2_ALT.SchDoc 文档，打开该原理图，双击 FPGA.SchDoc 文档，打开该原理图，仔细查看这两张原理图，学习原理图的设计技巧。

6．接上题，双击打开 Projects 面板中更多的文件。了解 PCB 印制板图、库文件等方面的情况。

7．接上题，鼠标右击文档栏上的文档标签，选择 Tile All 选项，这时所有打开的文档都显示在工作区内。

8．接上题，单击并拖动任一文档标签，将其拖放到另一文档标签的旁边，观察会出现何种情况。

9．接上题，右击多个窗口中的任一标签，并选择 Merge All 选项，观察会出现何种情况。

10．接上题，选择 Window→Tile 命令，Window→Horizontally 命令，Window→Vertically 命令，Windows→Arrange all Windows Horizontally 命令，Window→Arrange all Windows Vertically 命令，Window→Hide All 命令，Window→Close Documents 命令，Window→Close All 命令，观察设计窗口的变化。在原理图与 PCB 印制电路板图下，仔细观察菜单栏、工具栏的变化。

11. 绘制题图 2-1 所示电路的原理图，要求用 A4 的图纸。

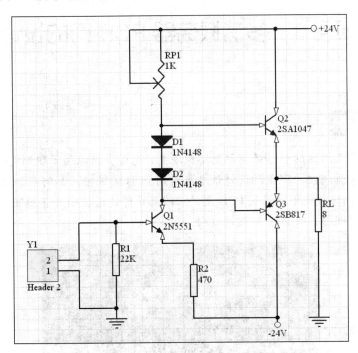

题图 2-1

项目 3　多谐振荡器 PCB 图的设计

本章利用项目 2 所画的多谐振荡器电路原理图，完成多谐振荡器印制电路板（PCB）的设计（图 3-1）。介绍如何把原理图的设计信息更新到 PCB 文件中，如何在 PCB 中布局、布线，如何设置 PCB 图的设计规则，以及 PCB 图的三维显示等。通过项目 2 和项目 3 的学习，学生应初步了解电路原理图、PCB 图的设计过程。

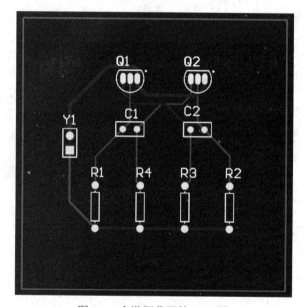

图 3-1　多谐振荡器的 PCB 图

3.1　印制电路板的基础知识

将许多元件按一定规律连接起来可组成电子设备，但大多数电子设备组成元件较多，如果用大量导线将这些元件连接起来，不但连接麻烦，而且容易出错。使用印制电路板可以有效地解决这个问题。印制电路板又称印刷电路板，简称印制板，常使用英文缩写 PCB（Printed Circuit Board）表示，如图 3-2 所示。印制电路板的结构原理为：在塑料板上印制导电铜箔，用铜箔取代导线，只要将各种元件安装在印制电路板上，铜箔就可以将它们连接起来组成一个电路。

1. 印制电路板的种类

根据层数分类，印制电路板可分为单面板、双面板和多层板。

（1）单面板。

单面印制电路板只有一面有导电铜箔，另一面没有。在使用单面板时，通常在没有导电铜箔的一面安装元件，将元件引脚通过插孔穿到有导电铜箔的一面，导电铜箔将元件引脚连接起来就可以构成电路或电子设备。单面板成本低，但因为只有一面有导电铜箔，不适用于复杂的电子设备。

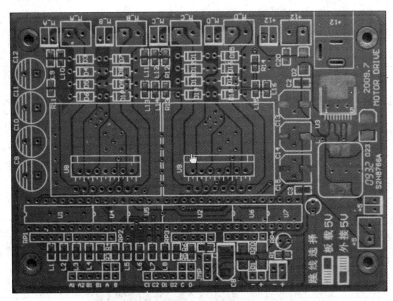

图 3-2　PCB 板

（2）双面板。

双面板包括两层：顶层（Top Layer）和底层（Bottom Layer）。与单面板不同，双面板的两层都有导电铜箔，其结构示意图如图 3-3 所示。双面板的每层都可以直接焊接元件，两层之间可以通过穿过的元件引脚连接，也可以通过过孔实现连接。过孔是一种穿透印制电路板并将两层的铜箔连接起来的金属化导电圆孔。

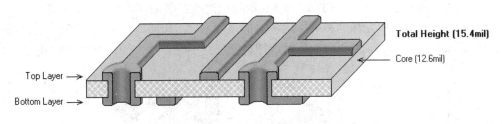

图 3-3　双面板

（3）多层板。

多层板是具有多个导电层的电路板，其结构示意图如图 3-4 所示。它除了具有双面板一样的顶层和底层外，在内部还有导电层，内部层一般为电源或接地层，顶层和底层通过过孔与内部的导电层相连接。多层板一般是将多个双面板采用压合工艺制作而成的，适用于复杂的电路系统。

2. 元件的封装

印制电路板是用来安装元件的，而同类型的元件，如电阻，即使阻值一样，也有大小之分。为了使印制电路板生产厂家生产出来的印制电路板可以安装大小和形状符合要求的各种元件，要求在设计印制电路板时，用铜箔表示导线，而用与实际元件形状和大小相关的符号表示元件。这里的形状与大小是指实际元件在印制电路板上的投影。这种与实际元件形状和大小相同的投影符号称为元件封装。例如，电解电容的投影是一个圆形，那么其元件封装就是一个圆形符号。

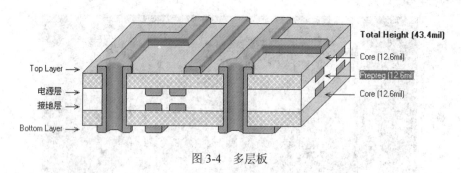

图 3-4　多层板

（1）元件封装的分类。

按照元件安装方式，元件封装可以分为直插式和表面粘贴式两大类。

典型直插式元件封装外形及其 PCB 板上的焊接点如图 3-5 所示。直插式元件焊接时先要将元件引脚插入焊盘通孔中，然后再焊锡。由于焊点过孔贯穿整个电路板，所以其焊盘中心必须有通孔，焊盘至少占用两层电路板。

图 3-5　直插式封装的元件外形及其 PCB 焊盘

典型表面粘贴式封装的 PCB 图如图 3-6 所示。此类封装的焊盘只限于表面板层，即顶层或底层，采用这种封装的元件的引脚占用板上的空间小，不影响其他层的布线。一般引脚比较多的元件常采用这种封装形式，但是采用这种封装形式的元件手工焊接难度相对较大，多用于大批量机器生产。

图 3-6　表面粘贴式封装的元件外形及其 PCB 焊盘

（2）元件封装的编号。

常见元件封装的编号原则为：元件封装类型+焊盘距离（焊盘数）+元件外型尺寸。可以根据元件的编号来判断元件封装的规格。例如有极性的电解电容，其封装为 RB.2-.4，其中".2"

为焊盘间距,".4"为电容圆筒的外径;RB7.6-15 表示极性电容类元件封装,引脚间距为 7.6mm,元件直径为 15mm。

3. 铜箔导线

印制电路板以铜箔作为导线将安装在电路板上的元件连接起来,所以铜箔导线简称为导线(Track)。印制电路板的设计主要是布置铜箔导线。

与铜箔导线类似的还有一种线,称为飞线,又称预拉线。飞线主要用于表示各个焊盘的连接关系,指引铜箔导线的布置,它不是实际的导线。

4. 焊盘

焊盘的作用是在焊接元件时放置焊锡,将元件引脚与铜箔导线连接起来。焊盘的形式有圆形、方形和八角形等,常见的焊盘如图 3-7 所示。焊盘有针脚式和表面粘贴式两种,表面粘贴式焊盘无需钻孔;而针脚式焊盘要求钻孔,它有过孔直径和焊盘直径两个参数。

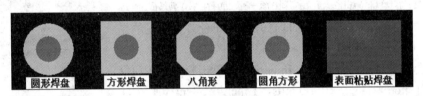

图 3-7 常见焊盘

在设计焊盘时,要考虑到元件形状、引脚大小、安装形式、受力及振动大小等情况。例如,如果某个焊盘通过电流大、受力大并且易发热,可设计成泪滴状焊盘(后面项目 10 将介绍)。

5. 助焊膜和阻焊膜

为了使印制电路板的焊盘更容易粘上焊锡,通常在焊盘上涂一层助焊膜。另外,为了防止印制电路板上不应粘上焊锡的铜箔不小心粘上焊锡,在这些铜箔上一般要涂一层绝缘层(通常是绿色透明的膜),这层膜称为阻焊膜。

6. 过孔

双面板和多层板有两个以上的导电层,导电层之间相互绝缘,如果需要将某一层和另一层进行电气连接,可以通过过孔实现。过孔的制作方法为:在多层需要连接处钻一个孔,然后在孔的孔壁上沉积导电金属(又称电镀),这样就可以将不同的导电层连接起来。过孔主要有穿透式和盲过式两种形式,如图 3-8 所示。穿透式过孔从顶层一直通到底层,而盲过孔可以从顶层通到内层,也可以从底层通到内层。

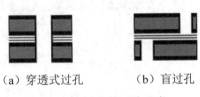

(a) 穿透式过孔　　(b) 盲过孔

图 3-8 过孔的两种形式

过孔有内径和外径两个参数,过孔的内径和外径一般要比焊盘的内径和外径小。

7. 丝印层

除了导电层外,印制电路板还有丝印层。丝印层主要采用丝印印刷的方法在印制电路板的顶层和底层印制元件的标号、外形和一些厂家的信息。

3.2 创建一个新的 PCB 文件

在将原理图设计转换为 PCB 设计之前，需要创建一个有最基本的板子轮廓的空白 PCB。在 Altium Designer 中创建一个新的 PCB 的最简单方法是使用 PCB 向导，它可让设计者根据行业标准选择自己创建的 PCB 板的大小。在向导的任何阶段，设计者都可以使用 Back 按钮来检查或修改以前页的内容。

要使用 PCB 向导来创建 PCB，按以下步骤进行。

（1）在 Files 面板底部的 New from template 单元单击 PCB Board Wizard 创建新的 PCB。如果这个选项没有显示在屏幕上，单击向上的箭头图标关闭上面的一些单元，如图 3-9 所示。

（2）PCB Board Wizard 对话框打开，设计者首先看见的是介绍页，单击 Next 按钮继续。

（3）设置度量单位为英制（Imperial），单击 Next 按钮继续。注意：1 inch（英寸）=1000 mils，1 inch=2.54cm（厘米）。

（4）向导的第三页允许设计者选择要使用的板轮廓。在本例中设计者使用自定义的板子尺寸，从板轮廓列表中选择 Custom，单击 Next 按钮继续。

（5）进入自定义板选项。在本例电路中，一个 2×2 inch 的板便足够了。选中 Rectangular（长方形）单选按钮，并在 Width（宽度）和 Height（高度）文本框中键入 2000mil。取消勾选 Title Block and Scale、Legend String 和 Dimension Lines 以及 Corner Cutoff 和 Inner Cutoff 复选框，如图 3-10 所示，单击 Next 按钮继续。

图 3-9 运行 PCB 向导

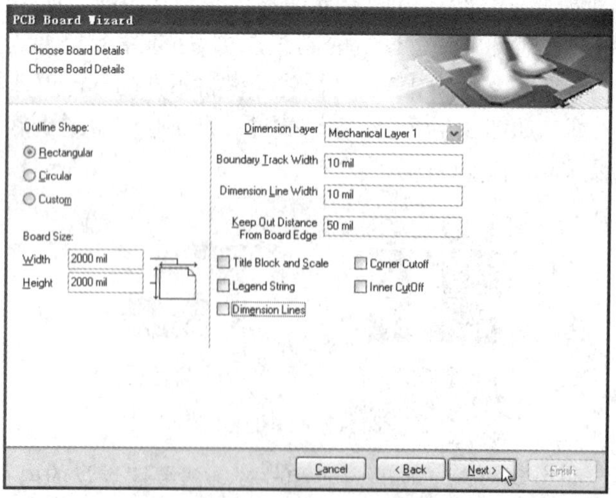

图 3-10 PCB 板形状设置

（6）在这一页允许选择板子的层数。本例中需要两个 Signal Layers（信号层），不需要 Power Planes（电源层），所以将 Power Planes 下面的选择框改为 0。单击 Next 按钮继续。

（7）在设计中使用的过孔（Via）样式，选择 Thruhole Vias only（通孔），单击 Next 按钮继续。

（8）在这一页允许设计者设置元件/导线的技术（布线）选项。选择 Through-hole Components（直插式元件）选项，将相邻焊盘（Pad）间的导线数设为 One Track（一根），单击 Next 按钮继续。

（9）这一页用于设置一些设计规则，如线的宽度、焊盘的大小、焊盘孔的直径，导线之间的最小距离，如图 3-11 所示，在这里均设为默认值，单击 Next 按钮继续。

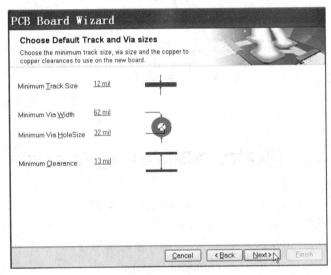

图 3-11　设置设计规划

（10）单击 Finish 按钮，PCB Board Wizard 已经设置完所有创建新 PCB 板所需的信息。PCB 编辑器现在将显示一个新的 PCB 文件，名为 PCB1.PcbDoc，如图 3-12 所示（带栅格的黑色区域即为新建的 PCB 板）。

图 3-12　定义好的一个空白的 PCB 板形状

（11）选择 View→Fit Board（热键 V→F）命令将只显示板子形状。

（12）如果添加到项目的 PCB 是以自由文件打开的，如图 3-12 所示，设计者可以直接将自由文件夹下的 PCB1.PcbDoc 文件拖到工程文件夹 Multivibrator.PrjPCB 下，这个 PCB 文件已经被列在 Projects 面板下的 Source Documents 中，并与其他文件相连接。

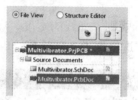

图 3-13　Multivibrator.PcbDoc 文件在项目文件夹下

（13）选择 File→Save As 命令来将新 PCB 文件重命名（用*.PcbDoc 扩展名）。指定要把这个 PCB 文件保存在设计者硬盘上的位置，在"文件名"文本框里键入文件名 Multivibrator.PcbDoc 并单击"保存"按钮，保存的工程文件如图 3-13 所示。

3.3　用封装管理器检查所有元件的封装

在将原理图信息导入到新的 PCB 之前，请确保所有与原理图和 PCB 相关的库都是可用的。由于在本例中只用到默认安装的集成元件库，所有元件的封装也已经包括在内了。但是为了掌握用封装管理器检查所有元件的封装的方法，设计者还是执行以下操作：

在原理图编辑器内，执行 Tools→Footprint Manager 命令，弹出如图 3-14 所示的"封装管理器检查"对话框。在该对话框的元件列表（Component List）区域，显示原理图内的所有元件。依次选择每一个元件。当选中一个元件时，在对话框右边的"封装管理"编辑框内将显示该元件的封装，设计者可以在此添加、删除、编辑当前选中元件的封装。如果对话框右下角的元件封装图区域没有出现，可以将鼠标放在 Add 按钮的下方，把这一栏的边框往上拉，就会显示封装图的区域。如果所有元件的封装检查完全正确，单击 Close 按钮关闭对话框。

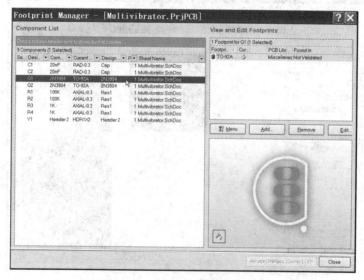

图 3-14　"封装管理器"对话框

3.4 导入设计

如果工程已经编辑好并且在原理图中没有任何错误，则可以使用 Update PCB 命令来产生 ECO（Engineering Change Orders，工程变更命令），它将把原理图信息导入到目标 PCB 文件，详细操作步骤如下。

（1）打开原理图文件 Multivibrator.SchDoc。

（2）在原理图编辑器选择 Design→Update PCB Document Multivibrator.PcbDoc 命令，弹出"工程变更命令"（Engineering Change Order）对话框，如图 3-15 所示。

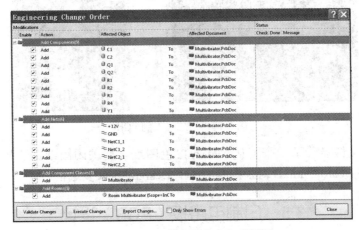

图 3-15 "工程变更命令"对话框

（3）单击 Validate Changes 按钮，验证一下有无不妥之处，如果执行成功则在状态列表（Status）Check 中将会显示 ✓ 符号；若执行过程中出现问题将会显示 ✗ 符号，关闭对话框，检查 Messages 面板查看错误原因，并清除所有错误。

（4）如果单击 Validate Changes 按钮，没有错误显示，则单击 Execute Changes 按钮，将信息发送到 PCB，完成后，Done 列将被标记，如图 3-16 所示。

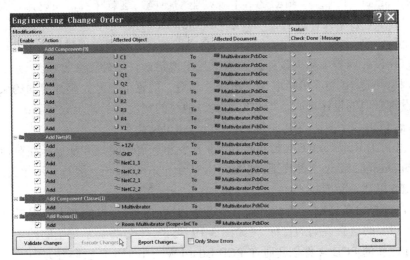

图 3-16 执行了 Validate Changes、Execute Changes 后的对话框

（5）单击 Close 按钮，目标 PCB 文件被打开，并且元件也放在 PCB 板边框的外面以准备放置。如果设计者在当前视图不能看见元件，可使用热键 V→D（或选择 View→Fit Document 命令）查看文档，如图 3-17 所示。

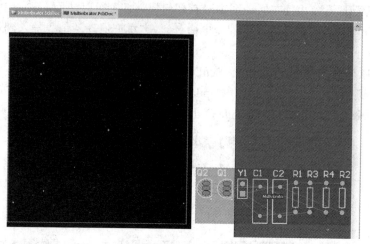

图 3-17　信息导入到 PCB

（6）PCB 文档显示了一个默认尺寸的白色图纸，要关闭图纸，选择 Design→Board Options 命令，在 Board Options 对话框取消选中 Design Sheet 复选框。

3.5　印制电路板（PCB）设计

现在设计者可以开始在 PCB 上放置元件并在板上布线。在开始设计 PCB 板之前有一些设置需要做，本工程只介绍 PCB 板的重要设置，其他的设置使用缺省值，详细的介绍将在项目 8 完成。

3.5.1　设置新的设计规则

Altium Designer 的 PCB 编辑器是一个规则驱动环境。这意味着，在设计者改变设计的过程中，如放置导线、移动元件或者自动布线，Altium Designer 都会监测每个动作，并检查设计是否仍然完全符合设计规则。如果不符合，则会立即警告，强调出现错误。在设计之前先设置设计规则可以让设计者集中精力设计，因为一旦出现错误，软件就会提示。

设计规则总共有 10 类，包括电气、布线、制造、放置、信号完整性等的约束。

现在来设置必要的设计规则，指明电源线、地线的宽度。具体步骤如下：

（1）激活 PCB 文件，从菜单栏选择 Design→Rules 命令。

（2）弹出 PCB Rules and Constraints Editor 对话框。每一类规则都显示在对话框设计规则列表框左边的 Design Rules 文件夹下，如图 3-18 所示。双击 Routing 展开显示相关的布线规则，然后双击 Width 以显示宽度规则。

（3）单击选择每条规则。当设计者单击每条规则时，对话框的右上方将显示规则的应用范围（设计者想要的这个规则的目标），如图 3-19 所示，下方将显示规则的约束。这些规则都是默认值，或在新的 PCB 文件创建时在 PCB Board Wizard（PCB 板向导）中设置的信息。

（4）单击 Width 规则，显示它的范围和约束，如图 3-19 所示，本规则适用于整个板。

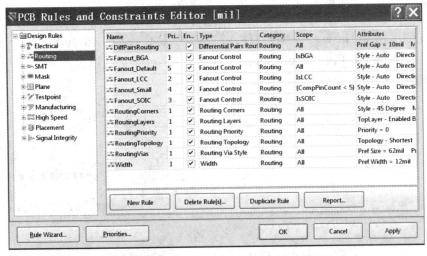

图 3-18 "设计规则"对话框

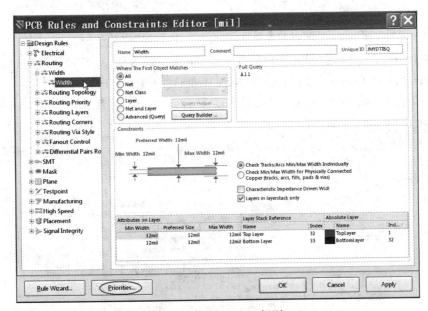

图 3-19 设置 Width 规则

Altium Designer 的设计规则系统的一个强大之处是：同种类型可以定义多种规则，每个规则有不同的对象，每个规则目标的确切设置是由规则的范围决定的，规则系统使用预定义优先级来确定规则适用的对象。

例如，设计者可以有对接地网络（GND）的宽度约束规则，可以有一个对电源线（+12V）的宽度约束规则（这个规则忽略前一个规则），也可以有一个对整个板的宽度约束规则（这个规则忽略前两个规则，即所有的导线除电源线和地线以外都必须是这个宽度），规则依优先级顺序显示。

现在设计者要为+12V 和 GND 网络各添加一个新的宽度约束规则，操作步骤如下：

（1）在 Design Rules 树型目录的 Width 类被选择时，右击并选择 New Rule 选项，一个新的名为 Width_1 的规则出现；然后再右击 Width 类并选择 New Rule 选项，一个新的名为 Width_2 的规则出现，如图 3-20 所示。

(2) 在 Design Rules 树型目录单击 Width_1 规则以修改其范围和约束，如图 3-21 所示。

(3) 在"名称"(Name)文本框中键入+12V，名称会在 Design Rules 目录下自动更新。

(4) 在 Where The First Object Matches 区域单击 Net 单选按钮，在其后的下拉列表中选择+12V，如图 3-21 所示。

图 3-20 添加 Width_1、Width_2 线宽规则

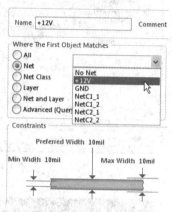

图 3-21 选择+12V 网络

(5) 在 Constraints 区域，单击旧约束文本（10mil）并键入新值，将最小线宽（Min Width）、首选线宽（Preferred Width）和最大线宽（Max Width）均改为 18mil。

注意：必须在修改 Min Width 值之前先设置 Max Width 宽度栏，才能保证下面的 Min Width、Preferred Width、Max Width 均能改为 18mil，如图 3-22 所示。

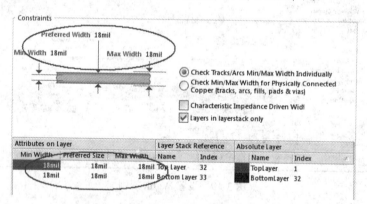

图 3-22 修改线的宽度

(6) 用以上的方法，在 Design Rules 树型目录单击名为 Width_2 的规则以修改其范围和约束。在 Name 文本框键入 GND；在 Where The First Object Matches 区域单击 Net 单选按钮，在其后的下拉列表中选择 GND；将 Min Width、Preferred Width 和 Max Width 均改为 25mil。

注意：导线的宽度由设计者自己决定，主要取决于设计者 PCB 板的大小与元器件的疏密。

(7) 最后，单击最初的板子范围宽度规则名 Width，将 Min Width、Preferred Width 和 Max Width 均设为 12mil。

单击 PCB Rules and Constraints Editor 对话框中的 Priorities... 按钮，弹出图 3-23 所示的"编辑规则"优先级（Edit Rule Priorities）对话框，优先级（Priority）列的数字越小，优先级越高。可以单击 Decrease Priority 按钮减少选中对象的优先级，单击 Increase Priority 按钮增加选中对

象的优先级。从图 3-23 中可看出，本例的设计规则设置为 GND 的优先级最高，Width 的优先级最低。单击 Close 按钮，关闭 Edit Rule Priorities 对话框；单击 OK 按钮，关闭 PCB Rules and Constraints Editor 对话框。

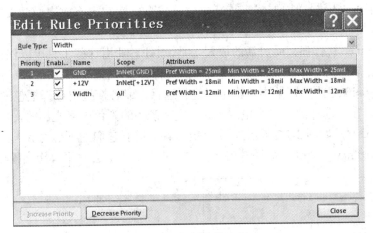

图 3-23 规则的优先级

当设计者使用手工布线或使用自动布线器时，GND 导线为 25mil，+12V 导线为 18mil，其余的导线均为 12mil。

3.5.2 在 PCB 中放置元件

现在设计者可以放置元件了。

（1）按快捷键 V→D 将显示整个板子和所有元件。

（2）现在放置连接器 Y1，将光标放在连接器轮廓的中部上方，按下鼠标左键不放，光标会变成一个十字形状并跳到元件的参考点。

（3）不要松开鼠标左键，移动鼠标拖动元件。

（4）拖动连接时，按下 Space 键将其旋转 90°，然后将其定位在板子的左边，如图 3-24 所示。

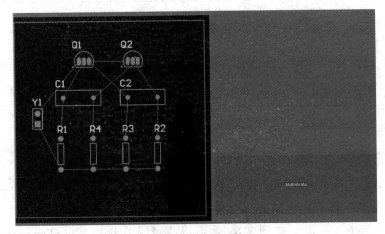

图 3-24 放置元件

（5）元件定位好后，松开鼠标左键将其放下，注意元件的飞线将随着元件被拖动。

（6）参照图3-24放置其余的元件。当设计者拖动元件时，如有必要，使用Space键来旋转元件，让该元件与其他元件之间的飞线距离最短，交叉线最少，这样布局比较合理，方便布线。

元器件文字可以用同样的方式来重新定位。按下鼠标左键不放来拖动文字，按Space键旋转。

Altium Designer具有强大而灵活的放置工具，设计者使用这些工具可以保证四个电阻正确地对齐并间隔相等。

（1）按住Shift键，分别单击4个电阻进行选择，或者拖拉出选择框包围4个电阻。

（2）光标放在被选择的任一个电阻上，变成带箭头的黑色十字光标时，右击并选择Align→Align Bottom命令（如图3-25所示），四个电阻就会沿着它们的下边对齐；右击并选择Align→Distribute Horizontally命令（如图3-25所示），四个电阻就会水平等距离摆放好。

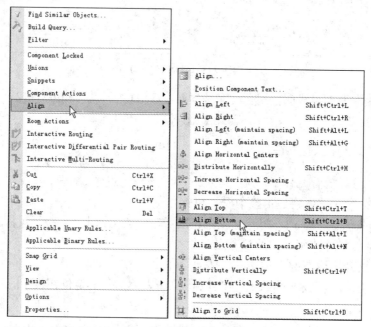

图3-25 排列对齐元件

（3）如果设计者认为这4个电阻偏左，也可以整体将它们向右移动。

（4）在设计窗口的其他任何地方单击，即可取消选择所有的电阻，四个电阻现在就对齐了，并且等间距。

（5）把PCB板边框以外的Multivibrator Room块删除，如图3-24所示，选中要删除的块，按Delete键即可。

3.5.3 修改封装

现在已经将封装都定位好了，但电容的封装尺寸太大，需要改为更小尺寸的封装。

（1）首先设计者要找到一个新的封装。打开Libraries面板，单击 按钮，从弹出的下拉菜单中选择Footprints（封装），如图3-26所示；从库列表中选择Miscellaneous Deivices.IntLib [Footprint View]，设计者要的是一个小一些的Radial类型的封装，因此在"过滤器"文本框中键入rad，单击封装名就会看见与之相联系的封装，其中封装RAD-0.1就是设计者需要的，如

图 3-26 所示。

（2）在 PCB 板上双击电容 C1，弹出 Component C1 对话框，在 Footprint 区域将 Name 文本框中的内容改为 RAD-0.1，或者单击文本框后的 按钮，如图 3-27 所示，弹出 Browse Libraries 对话框，如图 3-28 所示，选择 RAD-0.1，单击 OK 按钮即可。

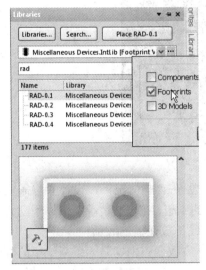

图 3-26 显示元件的封装

图 3-27 Component C1 对话框

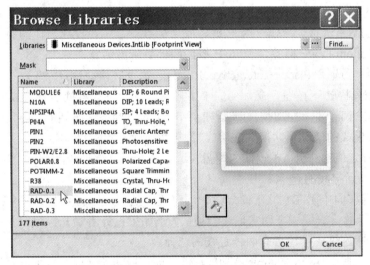

图 3-28 Browse Libraries 对话框

现在设计者的板子应该如图 3-29 所示。

每个对象都定位放置好后，就可以开始布线了。

3.5.4 手动布线

布线是在板上通过走线和过孔以连接元件的过程。Altium Designer 通过提供先进的交互式布线工具以及 Situs 拓扑自动布线器来简化这项工作，只需轻触一个按钮就能对整个板或其中的部分进行最优化布线。

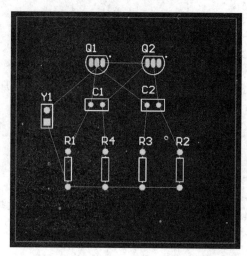

图 3-29　布好元件的 PCB 板

自动布线器提供了一种简单而有效的布线方式。但在有些情况下，设计者将需要精确地控制排布的线，或者设计者可能想享受一下手动布线的乐趣，在这些情况下可以手动为部分或整块板布线。本节将手动对单面板进行布线，将所有线都放在板的底部。

在 PCB 上的线是由一系列的直线段组成的。每一次改变方向即是一条新线段的开始。此外，默认情况下，Altium Designer 会限制走线为纵向、横向或 45°角的方向，让设计者的设计更专业。这种限制可以进行设定，以满足设计者的需要，本例中将使用默认值。

（1）按快捷键 L 以显示 View Configurations 对话框。在 Signal Layers 区域中勾选 Bottom Layer 旁边的 Show 复选框，单击 OK 按钮，底层标签就显示在设计窗口的底部了。在设计窗口的底部单击 Bottom Layer 标签，使 PCB 板的底部处于激活状态。

（2）在菜单栏选择 Place→Interactive Routing 命令（快捷键 P→T），或者单击"放置"（Placement）工具栏的 按钮，光标变成十字形状，表示设计者处于导线放置模式。

（3）检查文档工作区底部的层标签。如果 Top Layer 标签是激活的，按数字键盘上的*键，可在不退出走线模式的情况下切换到底层。*键可用于信号层之间切换。

（4）将光标定位在排针 Y1 较低的焊盘（选中焊盘后，焊盘周围有一个小框围住）。单击或按 Enter 键，以确定线的起点。

（5）将光标移向电阻 R1 底下的焊盘。注意线段是如何跟随光标路径来在检查模式中显示的。状态栏显示的检查模式表明它们还没被放置。如果设计者沿光标路径拉回，未连接线路也会随之缩回。在这里，设计者有两种走线的选择。

①Ctrl+单击，使用 Auto-Complete 功能，并立即完成布线（此技术可以直接使用在焊盘或连接线上）。起始和终止焊盘必须在相同的层内布线才有效，同时还要求板上的任何障碍不会妨碍 Auto-Complete 的工作。对较大的板，Auto-Complete 路径可能并不总是有效的，这是因为走线路径是一段接一段地绘制的，而从起始焊盘到终止焊盘的完整绘制有可能根本无法完成。

②使用 Enter 键或单击来接线，设计者可以直接对目标 R1 的引脚接线。在完成了一条网络的布线后，右击或按 Esc 键表示设计者已完成了该条导线的放置。光标仍然是一个十字形状，表示设计者仍然处于导线放置模式，准备放置下一条导线。用上述方法就可以放置其他导线。要退出连线模式（十字形状），右击或按 Esc 键即可。按 End 键可以刷新屏幕，这样设计者能清楚地看见已经布线的网络。未被放置的线用虚线表示，被放置的线用实线表示。

（6）使用上述任何一种方法，在板上的其他元器件之间布线。在布线过程中按 Space 键可将线段起点模式切换到水平/45°/垂直。

（7）如果认为某条导线连接得不合理，可以删除这条线，方法：选中该条线，按 Delete 键来清除所选的线段，该线变成飞线。然后重新布线。

（8）完成 PCB 上的所有连线后，如图 3-30 所示，右击或者按 Esc 键以退出放置模式。

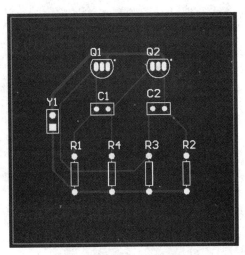

图 3-30　完成手动布线的 PCB 板

（9）保存设计（快捷键为 F→S 或者 Ctrl+S）。

此时设计者已经手工布线完成了 PCB 板设计。

布线时请记住以下几点：

①单击或按 Enter 键，来放置线到当前光标的位置。状态栏显示的检查模式代表未被布置的线，已布置的线将以当前层的颜色显示为实体。

②在任何时候可使用 Ctrl 键+单击来自动完成连线。起始和终止引脚必须在同一层上，并且连线上没有障碍物。

③使用 Shift+Space 快捷键来选择各种线的角度模式。角度模式包括：任意角度 45°、弧度 45°、90°和弧度 90°。按 Space 键可以切换角度。

④在任何时间按 End 键可以刷新屏幕。

⑤在任何时间使用 V→F 键重新调整屏幕以适应所有的对象。

⑥在任何时候按住 PageUp 或 PageDown 键，可以光标位置为中心来缩放视图。按住 Ctrl 键，用鼠标滚轮可进行放大和缩小。

⑦当设计者完成布线并希望开始一个新的布线时，右击或按 Esc 键。

⑧为了防止连接了不应该连接的引脚，Altium Designer 将不断地监察板的连通性，并防止设计者在连接方面的失误。

⑨重布线是非常简便的，当设计者布置完一条线并右击完成时，冗余的线段会被自动清除。

3.5.5　自动布线

完成以下步骤，设计者会发现使用 Altium Designer 软件是如此方便。

（1）从菜单选择 Tools→Un-Route→All 命令（快捷键 U→A）取消板的布线。

(2) 从菜单选择 Auto Route→All 命令（快捷键 A→A），弹出 Situs Routing Strategies 对话框，单击 Route All 按钮。Messages 面板显示自动布线的过程。

Situs Autorouter 提供的布线结果可以与一名经验丰富的设计师相媲美，如图 3-31 所示。这是因为 Altium Designer 在 PCB 窗口中对设计者的板进行直接布线，而不需要导出和导入布线文件。

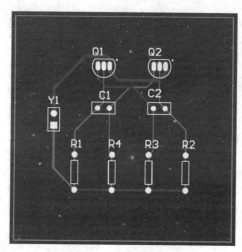

图 3-31　自动布线结果

(3) 单击 File→Save 命令（快捷键 F→S）来存储设计者设计的板。

注意：线的放置由 Autorouter 通过两种颜色来呈现。红色表明该线在顶端的信号层；蓝色表明该线在底部的信号层。要用于自动布线的层在 PCB Board Wizard 中的 Routing Layer 设计规则中指定。设计者也会注意到连接到连接器的两条电源网络导线要粗一些，这是由设计者所设置的两条新的 Width 设计规则所指明的。

如果设计中的布线与图 3-30 不完全一样，也是正确的，因为手动布线时，布的是单面板，而自动布线时，布的是双面板，再加上元器件摆放位置不完全相同，故布线也会不完全相同。图 3-31 为自动布线的结果。

因为最初在 PCB Board Wizard 中确定的板是双面印制电路板，所以设计者可以使用顶层和底层来手工将设计者的板布线为双面板。方法：从菜单选择 Tools→Un-Route→All 命令（快捷键 U→A）取消板的布线。像以前那样开始布线，但要在放置导线时用*键在层间切换。Altium Designer 软件在切换层时会自动地插入必要的过孔。

3.6　验证设计者的板设计

Altium Designer 提供一个规则驱动环境来设计 PCB，并允许设计者定义各种设计规则来保证 PCB 板设计的完整性。比较典型的做法是，设计者在设计过程的开始就设置好设计规则，然后在设计进程的最后用这些规则来验证设计。

在本例中设计者添加了 2 个新的宽度约束规则，并且可能注意到已经由 PCB 板向导创建了许多规则。

为了验证所布线的电路板是符合设计规则的，现在设计者要运行设计规则检查（Design

Rule Check，DRC）。

选择 Design→Board Layers &Colors 命令（快捷键 L），确认 System Colors 单元的 DRC Error Markers 选项旁的 Show 复选框被勾选，这样 DRC 错误标记（DRC Error Markers）才会显示出来。

从图 3-31 可以看出，三极管 Q1、Q2 的焊盘呈现绿色高亮，表示它们违反了设计规则，因为规则是实时检查的。下面检查违反设计规则的原因：

（1）从菜单选择 Tools→Design Rule Check 命令（快捷键 T→D），弹出 Design Rule Checker 对话框，如图 3-32 所示，保证 Design Rule Checker 对话框的实时和批处理设计规则检测都被配置好。单击一个类查看其所有原规则，如单击 Electrical，可以看到属于该种类的所有规则。

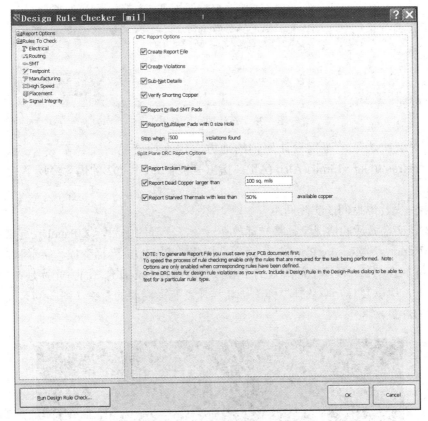

图 3-32　设计规则检查对话框

（2）保留所有选项为默认值，单击 Run Design Rule Check 按钮，DRC 就开始运行，Messages 面板将自动显示，并在 Generated→Documents 文件夹下产生了 Design Rule Check-Multivibrator.html 文件，单击它显示如图 3-33 所示。

从 Multivibrator.html 文件可看出有三个地方出错，错误如下：

- Clearance Constraint(Gap=13mil)(All),(All)
- Silk to Solder Mask(Clearance=10mil)(IsPad), (All)
- Minimum Solder Mask Sliver(Gap=10mil)(All), (All)

错误结果也将显示在 Messages 面板。打开 Messages 面板，双击 Messages 面板中的一个错误，可以跳转到 PCB 中的对应位置。

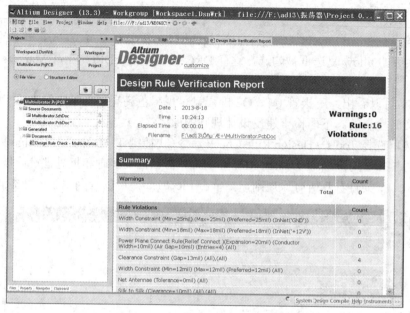

图 3-33　设计规则检查报告

下面依次解决这三个违反设计规则的地方，现在检查第一个违反设计规则的地方：Clearance Constraint(Gap=13mil)(All), (All)。指出三极管 Q1 和 Q2 的焊盘违反了 13mil 安全间距规则。

1）找出三极管焊盘间的实际间距。

①在 PCB 文档激活的情况下，将光标放在一个三极管的中间，按 PageUp 键来放大视图。

②选择 Reports→Measure Primitives 命令（快捷键 R→P），光标变成十字形状。

③将光标放在 Q1 三极管中间焊盘的中心，单击或按 Enter 键。因为光标是在焊盘和与其连接的导线上，所以会有一个选择框弹出来让设计者选择需要的对象（图 3-34），从选择框中选择三极管的焊盘。

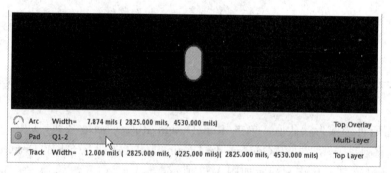

图 3-34　从选择框选择需要的对象

④将光标放在 Q1 三极管右边焊盘的中心，单击或按 Enter 键，再一次从弹出的选择框中选择焊盘，一个信息框将打开，显示两个焊盘边缘之间的最小距离是 10.63mil，如图 3-35 所示。

⑤单击 OK 按钮关闭信息框，然后右击或按 Esc 键退出测量模式，按 V→F 快捷键重新缩放文档。

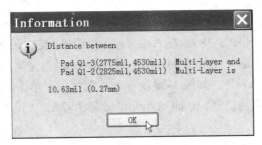

图 3-35　显示焊盘边缘的距离

2）查看当前安全间距设计规则。

①从菜单选择 Design→Rules 命令（快捷键 D→R），打开 PCB Rules and Constraints Editor 对话框。双击 Electrical 类，在对话框的右边显示所有电气规则。双击 Clearance 类展开，然后单击 Clearance 打开它。对话框底部区将包括一个单一的规则，指明整个板的最小安全间距（Minimum Clearance）是 13mil，如图 3-36 所示。而三极管焊盘之间的间距小于这个值，这就是运行 DRC 规则检查时弹出违反规则信息的原因。

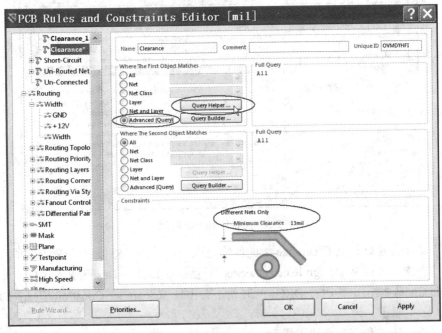

图 3-36　Electrical 类设计规则

现在已经知道两个三极管焊盘之间的最小距离是 10.63mil，因此建立一个针对三极管焊盘之间的设计规则，大小为 10mil。

②在 PCB Rules and Constraints Editor 对话框中选择 Clearance 类（左列），右击并选择 New Rule 添加一个新的安全间距约束规则 Clearance_1。

③双击新的安全间距规则 Clearance_1，在 Constraints 单元设置 Minimum Clearance 为 10mil，如图 3-37 所示。

④由于该规则是一个二元规则（即有 2 个对象：导线、焊盘）。在图 3-36 中选择第一个对象（Where The First Object

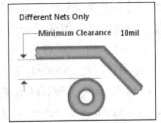

图 3-37　设置最小间距为 10mil

Matches 区域），单击 Advanced（Query）单选按钮，然后单击 Query Helper 按钮（图 3-36），弹出 Query Helper 对话框（图 3-38），在 Categories 栏选择 Membership Checks，然后在 Name 栏双击 HasFootprintPad，HasFootprintPad(,)就出现在 Query 栏，在(,)内输入三极管封装的名字：'TO-92A'，并在逗号后输入：'*'，如图 3-38 所示。设置好后，单击 OK 按钮关闭对话框；或在图 3-36 的 Full Query 栏直接键入：HasFootprintPad('TO-92A', '*')。*表示名为 TO-92A 的"任何焊盘"。

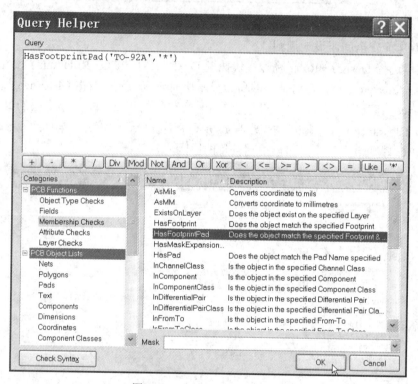

图 3-38　Query Helper 对话框

⑤在步骤④设置好规则 Clearance_1 的约束范围后，单击 OK 按钮关闭对话框。

⑥设计者现在可以从 Design Rules Checker 对话框（Tools→Design Rule Check）单击 Run Design Rule Check 按钮重新运行 DRC，此时就不会出现"Clearance Constraint(Gap=13mil)(All)，(All)"的提示信息了。

现在来检查第二和第三个错误提示：

1）从菜单选择 Design→Rules 命令（快捷键 D→R），打开 PCB Rules and Constraints Editor 对话框。双击 Manufacturing 类，在对话框的右边显示所有制造规则（图 3-39），可以看出第二、三个错误提示信息都属于制造规则类。现在的主要任务是设计 PCB 板，与制造的关系不大，所以可以关闭这两个规则。方法如下：

在图 3-39 所示对话框的右边找到 Silk To Solder Mask Clearance 和 Minimum Solder Mask Sliver 两行，把 Enabled 栏复选框的"√"去掉即可，表示不进行这两项的规则检查。

2）单击图 3-39 的 OK 按钮，PCB 板上就没有绿色的高亮显示了，如图 3-1 所示。现在回到 Design Rules Checker 对话框（Tools→Design Rule Check）中单击 Run Design Rule Check 按钮，重新运行 DRC，就不会有任何错误的提示信息了。

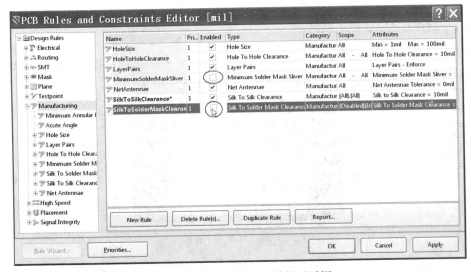

图 3-39　PCB 设计规则编辑对话框

保存已经完成的 PCB 和工程文件。

3.7　在 3D 模式下查看电路板设计

如果设计者能够在设计过程中使用设计工具直观地看到自己设计板子的实际情况，将能够有效地帮助他们的工作。Altium Designer 软件的 3D 模式提供了这方面的功能，在 3D 模式下可以让设计者从任何角度观察自己设计的板子。

Altium Designer 软件的 3D 环境要求支持 DirectX 9.0C 及相关技术，并使用一块独立的显卡。对于如何测试系统，以及让 Altium Designer 可以使用 DirectX，选择菜单 Tools→Preferences 命令，打开 Preferences 对话框，如图 3-40 所示，选择 PCB Editor 下的 Display 选项，单击 Test DirectX 按钮，测试显卡是否支持 DirectX，之后按提示操作，如果显卡支持 DirectX，就可进行后续操作。

注意：DirectX 9.0C 软件可以从网上下载，然后进行安装。

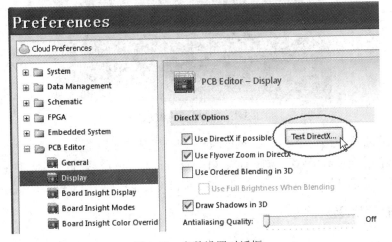

图 3-40　参数设置对话框

3.7.1 设计时的 3D 显示状态

要在 PCB 编辑器中切换到 3D 模式，只需单击 View→Switch To 3D 命令（快捷键 3），或者从 PCB 标准工具栏中选择一个 3D 视图配置，如图 3-41 所示。

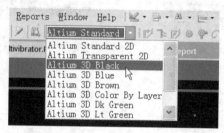

图 3-41　选择 3D 显示

进入 3D 模式时，一定要使用下面的操作来显示 3D，否则就会出错并提示：Action not available in 3d view。

（1）缩放——按 Ctrl 键+鼠标右键拖动，或者 Ctrl 键+鼠标滚轮，或者按 PageUp/PageDown 键。

（2）平移——按鼠标滚轮：向上/向下移动，Shift 键+鼠标滚轮：向左/右移动，按鼠标右键并拖动可向任何方向移动。

（3）旋转——按住 Shift 键不放，再按鼠标右键，进入 3D 旋转模式。光标处以一个定向圆盘的方式来表示，如图 3-42 所示。该模型的旋转运动是基于圆心的，可使用以下方式控制。

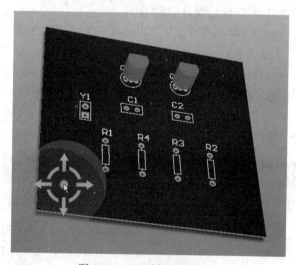

图 3-42　PCB 板的 3D 显示

①用鼠标右键拖拽圆盘中心点 Center Dot，可任意方向旋转视图。
②用鼠标右键拖拽圆盘水平方向箭头（Horizontal Arrow），关于 Y 轴旋转视图。
③用鼠标右键拖拽圆盘垂直方向箭头（Vertical Arrow），关于 X 轴旋转视图。

3.7.2　3D 显示设置

使用上述操作命令，设计者可以非常方便地在 3D 显示状态实时查看正在设计板子的每一个细节。使用板层和颜色设置对话框可以修改设置，通过菜单 Design→Board Layers &Colors 命令或者快捷键 L 可访问此对话框，如图 3-43 所示。在该对话框中，设计者可根据板子的实际情况设置相应的板层颜色，或者调用已经存储的板层颜色设置。这样，3D 显示的效果会更加逼真。

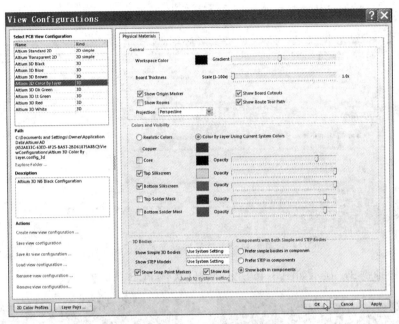

图 3-43　板层和颜色设置对话框

3.7.3　3D 模型介绍

如果需要把板子紧密地放在特殊形状的壳体中，通常要把板子的文件转换到 M-CAD 系统的格式。也可以在 PCB 元件库的封装中导入 STEP 模型，从而产生一个完整的从 E-CAD 到 M-CAD 的 3D 解决方案。

元件形状的建模可以使用 Altium Designer 的 3D Body 对象（后面的项目将进行介绍）或通过导入 STEP 格式的元件模型来实现，这两种模式都可以输出板子的 STEP 文件。

3.7.4　为元器件封装导入 3D 实体

Altium Designer 软件的 3D 环境提供了一个逼真的检查 PCB 组装的环境。

元器件封装本身存储有 3D 模型，用于在 3D 环境下渲染该元件。这里设计的板子已经包含了器件的 3D 模型，板子和元器件的 3D 模型可以在 Altium Designer 软件安装时的 C:\Documents and Settings\All Users\Documents\Altium\AD13\Examples\Tutorials\multivibrator_step 文件夹中找到。

注意：这个例子需要从 Altium 提供的网站（http://wiki.altium.com/display/ADOH/Installation+and+Content+Management#InstallationandContentManagement-WherearetheExamplesandLibraries）下载，网页如图 3-44 所示。

下载好后，把它解压到 Altium Designer 安装文件夹的 Examples 文件夹下。然后打开该文件，单击菜单 File→Open 命令，选择 Examples/Tutorials/multivibrator_step/multivibrator_ step.PcbDoc 文件，导入 3D 实体的 PCB，如图 3-45 所示。

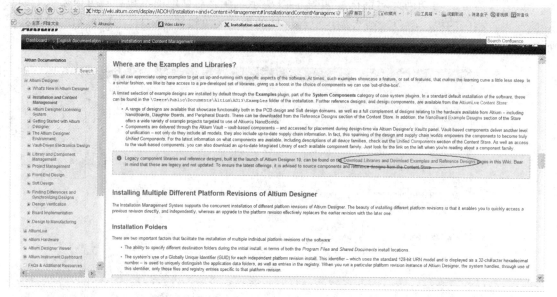

图 3-44　下载元器件库和例子

（1）按快捷键 3，显示如图 3-46 所示的 3D 实体 PCB 图。

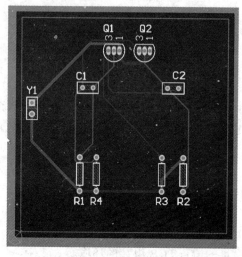

图 3-45　导入 3D 实体 PCB 图

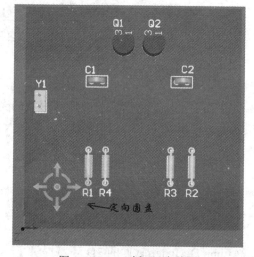

图 3-46　PCB 板 3D 实体图

（2）按住 Shift 键不放，再按鼠标右键，进入 3D 旋转模式，用鼠标右键拖拽圆盘中心点，可任意方向旋转视图（图 3-47）。

（3）设计者可以将 3D STEP 格式模型导入到元器件的封装和 PCB 设计中并创建自己的 3D 物体，也可以以 STEP 和 DWG/DXF 格式来输出 PCB 文件，以便用于其他程序中。The Legacy 3D Viewer（方法：Tools→Legacy Tools→Legacy 3D View）可以导入 VRML1.0/IGES/STEP 格式的 3D 物体（图 3-48），也可以导出 IGES 和 STEP 格式的 3D 物体。

注意：任何时候在 3D 模式下，设计者都可以以各种分辨率创建实时"快照"，使用 Ctrl+C 快捷键复制，就可以将图像（Bitmap 格式）存储在 Windows 剪贴板中，方便用于其他应用程序。

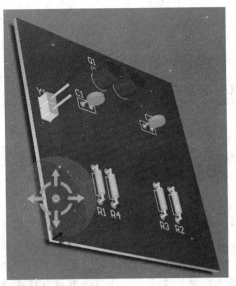
图 3-47 任意方向旋转的 PCB 板 3D 实体图

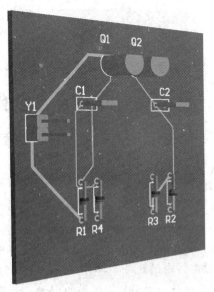
图 3-48 VRML1.0/IGES/STEP 格式的 3D 物体

习题三

1. 简述 PCB 的设计流程。
2. 设计一个双面板时，一般的设计层面有哪些？
3. 原理图中的连线（Wire）与 PCB 板中的导线（Routing）有什么关系？在 PCB 中 Line 与 Routing 的区别是什么？
4. 执行命令 Design→Update PCB Document PCB1.PcbDoc 的功能是什么？
5. 在设计 PCB 板时，*键的作用是什么？
6. 完成题图 3-1 所示电路的 PCB 设计，PCB 板的大小由自己定义，元件的封装根据实际使用的情况决定。要求先用手动布线设计单面印制电路板，然后用自动布线设计双面印制电路板，并注意比较两者的异同。

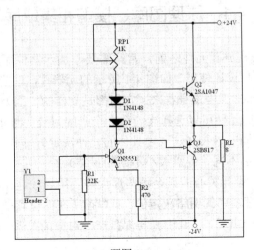
题图 3-1

项目 4　创建原理图元器件库

尽管 Altium Designer 内置的元器件库已经相当丰富，但有些很特殊的元件或新开发出来的元件，用户还是无法从系统的元器件库中找到，如要设计项目 7 中的"数码管显示电路原理图"，原理图内的元件"单片机 AT89C2051"在系统提供的库内就找不到，元件数码管在系统提供的库内虽能找到，但提供的图形符号又不能满足用户的需求，这就迫使用户自行创建元件及原理图图像符号库。Altium Designer 提供了相应的制作元器件库的工具。

本项目首先介绍集成库、原理图库、封装库、模型的概念，然后介绍原理图库的创建方法。在原理图库内创建 3 个元件：首先创建 AT89C2051 单片机；再从已有的库文件复制一个元件，然后修改该元件以满足设计者的需要；最后介绍多部件元件的创建。通过这 3 个实例的学习掌握原理图库及其元件的创建方法，为后面更深入的学习打下良好的基础。本项目包含以下内容：

- 原理图库、模型和集成库的概念
- 创建库文件包及原理图库
- 创建原理图元件
- 为原理图元件添加模型
- 从其他库复制元件
- 创建多部件原理图元件

4.1　原理图库、模型和集成库

绘制电路原理图时，在放置元件之前，常常需要添加元器件库，因为元件一般保存在元器件库中，这样很方便用户设计使用。如图 4-1 所示的元器件，这些看似名称、形状都不一样的元件，在 Altium Designer 工程本身看来，它们都是一样的，因为它们都有着相同的管脚数量和对应的封装形式。这些元件可以选择同一个 2 个脚的封装；也可以选择 2 个脚，但两脚之间距离不同、焊盘大小不同的封装（这要由具体的元件决定）；同一个原理图元件，也可以选择多个封装（两脚之间距离不同、焊盘大小不同的封装）。

从本质上而言，PCB 设计关心的只是哪些焊盘需要用导线连在一起，至于哪根导线连接的是哪些焊盘，则是由原理图中的网络决定的。而焊盘所在的位置是由元器件本身和用户排列所决定的。最后元器件库的出现，以其引脚与焊盘一一对应的关系，将整个系统严丝合缝地联系在一起。

整个 Altium Designer 的设计构造可以用图 4-2 来表示。

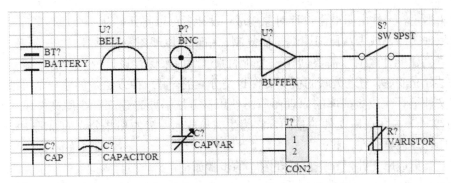

图 4-1 有相同管脚数量和对应封装形式的元件

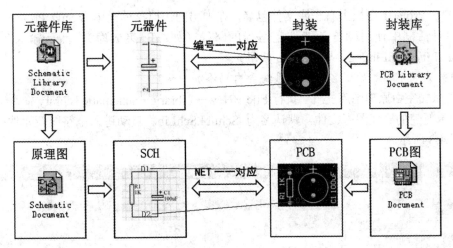

图 4-2 整个 Altium Designer 的设计构造

在 Altium Designer 中,原理图元器件符号是在原理图库编辑环境中创建的(.SchLib 文件)。之后原理图库中的元器件会分别使用封装库中的封装和模型库中的模型。设计者可从各元器件库放置元件,也可以将这些元器件符号库、封装库和模型文件编译成集成库(.IntLib 文件)。在集成库中的元器件不仅具有原理图中代表元件的符号,还集成了相应的功能模块,如 FootPrint 封装、电路仿真模块、信号完整性分析模块等。

集成库是通过分离的原理图库、PCB 封装库等编译生成的。集成库中的元器件不能够被修改,如要修改元器件,可以在分离的库中编辑,然后再进行编译产生新的集成库。

Altium Designer 的集成库文件位于软件安装路径下的 Library 文件夹中,它提供了大量的元器件模型(大约 80000 个符合 ISO 规范的元器件)。设计者可以打开一个集成库文件,执行 Extract Sources 命令从集成库中提取出库的源文件,在库的源文件中对元器件进行编辑。

设计者也可以在当前项目中执行 Design→Make Schematic Library 命令,创建一个包含当前原理图文档中所有元器件的原理图库。

4.2 创建新的库文件包和原理图库

设计者可使用原理图库编辑器创建和修改原理图元件、管理元器件库。该编辑器的功能与原理图编辑器相似,共用相同的图形化设计对象,唯一不同的是增加了引脚编辑工具。在原理图库编辑器里，元件由图形化设计对象构成。设计者可以将元件从一个原理图库复制、粘贴到另一个原理图库，或者从原理图编辑器复制、粘贴到原理图库编辑器。

设计者创建元件之前，需要创建一个新的原理图库来保存设计内容。这个新创建的原理图库可以是分立的库，与之关联的模型文件也是分立的。另一种方法是创建一个可被用来结合相关的库文件编译生成集成库的原理图库。使用该方法需要先建立一个库文件包，库文件包（.LibPkg 文件）是集成库文件的基础，它将生成集成库所需的那些分立的原理图库、封装库和模型文件有机地结合在一起。

新建一个集成库文件包和空白原理图库的步骤如下：

（1）执行 File→New→Project→Integrated Library 命令，Projects 面板将显示新建的库文件包，默认名为 Integrated_Library1.LibPkg。

（2）在 Projects 面板上右击库文件包名，在弹出的快捷菜单上单击 Save Project As 命令，在弹出的对话框中使用浏览功能选定适当的路径（如：F:\集成库），然后输入名称 New Integrated_Library1.LibPkg，单击 Save 按钮。

注意：如果不输入后缀名的话，系统会自动添加默认名。

（3）添加空白原理图库文件。执行 File→New→Library→Schematic Library 命令，Projects 面板将显示新建的原理图库文件，默认名为 Schlib1.SchLib。自动进入电路图新元件的编辑界面，如图 4-3 所示。

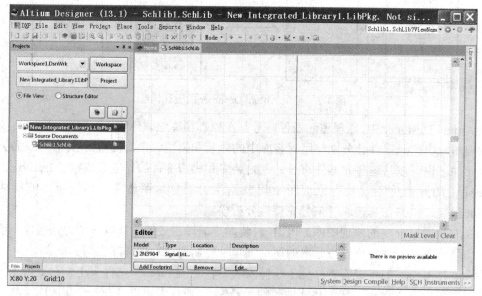

图 4-3 原理图库新元件的编辑界面

（4）单击 File→Save As 命令，将库文件保存为 New Schlib1.SchLib。

（5）单击 SCH Library 标签打开 SCH Library 面板，如图 4-4 所示。如果 SCH Library 标签未出现，单击主设计窗口右下角的 SCH 按钮，并从弹出的菜单中选择 SCH Library 即可（√表示选中）。

原理图库元器件编辑器（SCH Library）管理面板如图 4-4 所示，其各组成部分介绍如下：

1）Components 区域。

Components 区域用于对当前元器件库中的元件进行管理。可以在 Components 区域对元件进行放置、添加、删除和编辑等工作。在图 4-4 中，由于是新建的一个原理图元件库，其中只包含一个新的名称为 Component_1 的元件。Components 区域上方的空白区域用于设置元器件过滤项，在其中输入需要查找的元件起始字母或者数字，在 Components 区域便显示相应的元件。

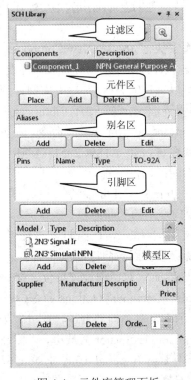

图 4-4　元件库管理面板

Place 按钮可将 Components 区域中所选择的元件放置到一个处于激活状态的原理图中。如果当前工作区没有任何原理图打开，则建立一个新的原理图文件，然后将选择的元件放置到这个新的原理图文件中。

Add 按钮可以在当前库文件中添加一个新的元件。

Delete 按钮可以删除当前元器件库中所选择的元件。

Edit 按钮可以编辑当前元器件库中所选择的元件。单击此按钮，屏幕将弹出元件属性设置窗口，可以在其中对该元件的各种参数进行设置。

2）Aliases 区域。

该区域显示在 Components 区域中选择的元件的别名。单击 Add 按钮，可为 Components 区域中所选中的元件添加一个新的别名。单击 Delete 按钮，可以删除在 Aliases 区域中所选择的别名。单击 Edit 按钮，可以编辑 Aliases 区域中所选择的别名。

3）Pins 信息框。

Pins 信息框显示在 Components 区域中所选择元件的引脚信息，包括引脚的序号、引脚名称和引脚类型等相关信息。

单击 Add 按钮，可以为元件添加引脚。单击 Delete 按钮，可以删除在 Pins 区域中所选择的引脚。

4) Model 信息框。

设计者可以在 Model 信息框中为 Components 区域中所选择的元件添加 PCB 封装（PCB Footprint）模型、仿真模型和信号完整性分析模型等，具体设置方法将在 4.5 节介绍。

4.3　创建新的原理图元件

设计者可在一个已打开的库中执行 Tools→New Component 命令新建一个原理图元件。由于新建的库文件中通常已包含一个空的元件，因此一般只需要将 Component_1 重命名就可开始对第一个元件进行设计。这里以 AT89C2051 单片机为例介绍新元件的创建步骤。

（1）在原理图新元件的编辑界面内，在 SCH Library 面板上的 Components 列表中选中 Component_1 选项，执行 Tools→Rename Component 命令，在弹出的重命名元件对话框中输入一个新的、可唯一标识该元件的名称，如 AT89C2051，单击"确定"按钮，显示一张中心位置有一个巨大十字准线的空元件图纸以供编辑。

（2）如有必要，执行 Edit→Jump→Origin 命令（快捷键 J→O），将设计图纸的原点定位到设计窗口的中心位置。检查窗口左下角的状态栏，确认光标已移到原点位置。新的元件将在原点周围生成，此时可看到在图纸中心有一个十字准线。设计者应该在原点附近创建新的元件，因为在以后放置该元件时，系统会根据原点附近的电气热点定位该元件。

（3）可在 Library Editor Workspace 对话框设置单位、捕获栅格（Snap Grid）和可视栅格（Visible Grid）等参数。执行 Tools→Document Options 命令（快捷键 T→D），弹出 Library Editor Workspace 对话框，如图 4-5 所示。针对当前的例子，此处需要按图 4-5 所示设置对话框中各项参数。选中 Always Show Comment/Designator 复选框，以便在当前文档中显示元器件的注释和标识符。单击 Units 标签，选中 Use Imperial Unit System 复选框，其他使用默认值，单击 OK 按钮关闭对话框。如果关闭对话框后看不到原理图库编辑器的栅格，可按 PageUp 键进行放大，直到栅格可见。注意缩小和放大均围绕光标所在位置进行，所以在缩放时需保持光标在原点位置。

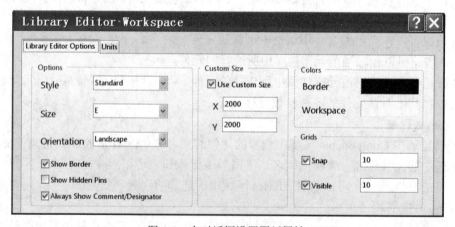

图 4-5　在对话框设置图纸属性

下面介绍捕获栅格（Snap Grid）和可视栅格（Visible Grid）的概念。

- 捕获栅格（Snap Grid）：是指设计者在放置或移动对象（如元件等）的时候，光标移动的间距。

- 可视栅格（Visible Grid）：是指在区域内以线或者点的形式显示。

注意：并不是在每次需要调整栅格时都要打开 Library Editor WorkSpace 对话框，也可按 G 键使 Snap Grid 在 1、5 或 10 三种单位设置中快速轮流切换。这三种设置可在 Preferences 对话框 Schematic Grids 页面指定（具体方法在项目 6 介绍）。

（4）为了创建 AT89C2051 单片机，首先需定义元件主体。在第 4 象限画矩形框 100*140；执行 Place→Rectangle 命令或单击 图标（该图标可在如图 4-6 所示的工具栏处找到），此时鼠标箭头变为十字光标，并带有一个矩形。在图纸中移动十字光标到坐标原点(0,0)，单击确定矩形的一个顶点，然后继续移动十字光标到另一位置(100,-140)，单击，确定矩形的另一个顶点，这时矩形放置完毕。十字光标仍然带有矩形，可以继续绘制其他矩形。

图 4-6　画矩形框、放引脚等的下拉工具栏

右击退出绘制矩形的工作状态。在图纸中双击矩形，弹出如图 4-7 所示的对话框，供设计者设置矩形的属性，设置完成之后，单击 OK 按钮，返回工作窗口。

在图纸中单击矩形，即可在矩形周围显示出它的节点。拖动这些节点，即可调整矩形的高度、宽度，或者同时调整高度和宽度。

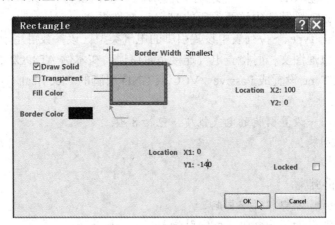

图 4-7　设置矩形属性对话框

（5）元件引脚代表了元件的电气属性，为元件添加引脚的步骤如下。

1）单击 Place→Pin 命令（快捷键 P→P），或单击工具栏 按钮，光标处浮现引脚，带电气属性。

2）放置之前，按 Tab 键打开 Pin Properties 对话框，如图 4-8 所示。如果设计者在放置引脚之前先设置好各项参数，则放置引脚时，这些参数成为默认参数，连续放置引脚时，引脚的编号和引脚名称中的数字会自动增加。

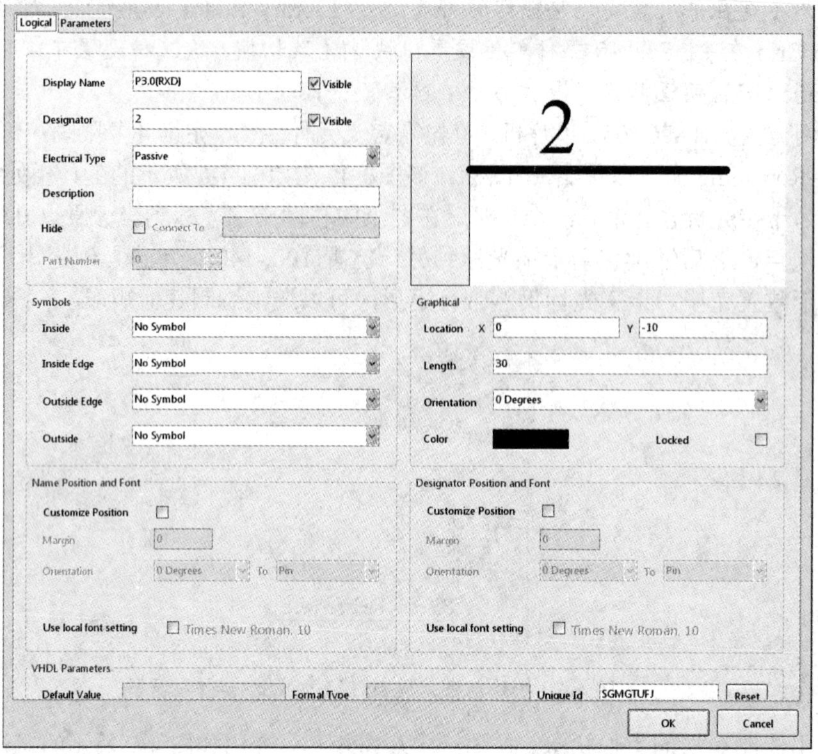

图 4-8 放置引脚前设置其属性

3）在 Pin Properties 对话框中的 Display Name 文本框输入引脚的名字：P3.0(RXD)，在 Designator 文本框中输入唯一（不重复）的引脚编号：2，此外，如果设计者想在放置元件时引脚名和标识符可见，则需选中这两项后的 Visible 复选框。

4）在 Electrical Type 下拉列表中设置引脚的电气类型。该参数可用于在原理图设计图纸中编译项目或分析原理图文档时检查电气连接是否错误。在本例 AT89C2051 单片机中，大部分引脚的 Electrical Type 设置成 Passive，VCC 或 GND 引脚的 Electrical Type 设置成 Power。

注意：

Electrical Type——设置引脚的电气性质，包括 8 项：

①Input：输入引脚。

②I/O：双向引脚。

③Output：输出引脚。

④Open Collector：集电极开路引脚。

⑤Passive：无源引脚（如电阻、电容引脚）。

⑥HiZ：高阻引脚。

⑦Emitter：射极输出。

⑧Power：电源（VCC 或 GND）。

5）在 Symbols 区域设置引脚符号，包括 4 项：

Inside：元器件轮廓的内部。

Inside Edge：元器件轮廓边沿的内侧。

Outside Edge：元器件轮廓边沿的外侧。
Outside：元器件轮廓的外部。
每一项的设置根据需要选定。

6）在 Graphical 区域设置引脚图形（形状），包括 4 项：
Location X、Y：引脚的位置坐标 X、Y。
Length：引脚的长度。
Orientation：引脚的方向。
Color：引脚的颜色。
本例设置引脚长度（所有引脚长度设置为 30mil），单击 OK 按钮。

7）当引脚"悬浮"在光标上时，设计者可按 Space 键以 90°间隔逐级增加来旋转引脚。记住，引脚只有其末端具有电气属性，也称热点（Hot End），图形符号为 ，也就是在绘制原理图时，必须通过热点与其他元件的引脚连接。不具有电气属性的另一末端毗邻该引脚的名字字符。

在图纸中移动十字光标，在适当的位置单击，就可放置元器件的第一个引脚。此时鼠标箭头仍保持为十字光标，可以在适当位置继续放置元件引脚。

8）继续添加元件剩余引脚，确保引脚名、编号、符号和电气属性是正确的。注意：引脚 6（P3.2）、引脚 7（P3.3）的 Outside Edge（元器件轮廓边沿的外侧）处选择 Dot。放置了所有需要的引脚之后，右击，退出放置引脚的工作状态。放置完所有引脚的元件如图 4-9 所示。

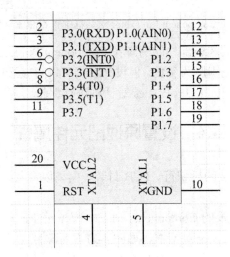

图 4-9 新建元件 AT89C2051

9）完成绘制后，单击 File→Save 命令保存建好的元件。
添加引脚时注意事项如下：

①放置元件引脚后，若想改变或设置其属性，可双击该引脚或在 SCH Library 面板 Pins 列表中双击引脚，打开 Pin Properties 对话框。

②在字母后使用\（反斜线符号）表示引脚名中该字母带有上划线，如 I\N\T\0\将显示为 $\overline{\text{INT0}}$。

③若希望隐藏电源和接地引脚，可选中 Hide 复选框。当这些引脚被隐藏时，系统将按 Connect To 区域的设置将它们连接到电源和接地网络，比如 VCC 引脚被放置时将连接到 VCC

网络。

④选择 View→Show Hidden Pins 命令，可查看隐藏的引脚；不选择该命令，隐藏引脚的名称和编号。

⑤设计者可在 Component Pin Editor 对话框中直接编辑若干引脚属性，如图 4-10 所示，而无需通过 Pin Properties 对话框逐个编辑引脚属性。在 Library Component Properties 对话框中（图 4-11）单击左下角的 Edit Pins 按钮，打开 Component Pin Editor 对话框。

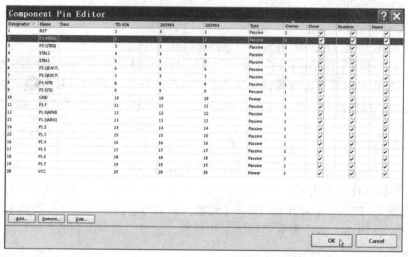

图 4-10　在 Component Pin Editor 对话框中查看和编辑所有引脚

⑥对于多部件的元件，被选中部件的引脚在 Component Pin Editor 对话框中将以白色背景方式加以突出，而其他部件的引脚为灰色。但设计者仍可以直接选中那些当前未被选中的部件的引脚，单击 Edit 按钮，打开 Pin ProPerties 对话框进行编辑。

4.4　设置原理图元件属性

每个元件的参数都跟默认的标识符、PCB 封装、模型以及其他所定义的元件参数相关联。设置元件参数步骤如下：

（1）在 SCH Library 面板的 Components 列表中选择元件，单击 Edit 按钮或双击元件名，打开 Library Component Properties 对话框，如图 4-11 所示。

（2）将 Default Designator 文本框中设置为 U?，以方便在原理图设计中放置元件时，自动放置元件的标识符。如果放置元件之前已经定义好了标识符（按 Tab 键进行编辑），则标识符中的"?"将使标识符数字在连续放置元件时自动递增，如 U1，U2…。要显示标识符，需选中 Default Designator 后的 Visible 复选框。

（3）在 Default Comment 文本框中为元件输入注释内容，如 AT89C2051，该注释会在元件放置到原理图设计图纸上时显示。此处需选中 Default Comment 后的 Visible 复选框。如果 Default Comment 文本框是空白的，放置时系统使用默认的 Library Reference。

（4）在 Description 文本框中输入描述字符串。如对于单片机可输入"单片机 AT89C2051"，该字符串会在库搜索时显示在 Libraries 面板上。

（5）根据需要设置其他参数。

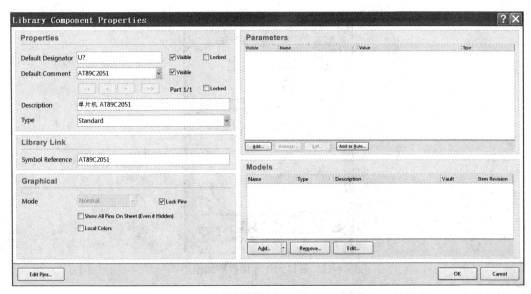

图 4-11　元件基本参数设置

4.5　为原理图元件添加模型

可以为一个原理图元件添加任意数目的 PCB 封装模型、仿真模型和信号完整性分析模型。如果一个元件包含多个模型，如多个 PCB 封装，设计者可在放置元件到原理图时通过元件属性对话框选择合适的模型。

模型的来源可以是设计者自己建立的模型，也可以是 Altium 库中现有的模型，或从芯片提供商网站下载相应的模型文件。

Altium 提供的 PCB 封装模型包含在安装盘符下的\Documents and Settings\All Users\Documents\Altium\AD13\Library\PCB 目录下的各类 PCB 库中（.PcbLib 文件）。一个 PCB 库可以包括任意数目的 PCB 封装。

一般用于电路仿真的 SPICE 模型（.ckt 和.mdl 文件）包含在 Altium 安装目录 library 文件夹下的各类集成库中。如果设计者自己建立新元件的话，需要通过该器件供应商获得 SPICE 模型，也可以执行 Tools→XSpice Model Wizard 命令，使用 XSpice Model Wizard 对话框为元件添加某些 SPICE 模型（本教材不作介绍）。

原理图库编辑器提供的模型管理对话框允许设计者预览和组织元件模型，如可以为多个被选中的元件添加同一模型，单击 Tools→Model Manager 命令可以打开模型管理对话框。

设计者可以通过单击 SCH Library 面板中模型列表下方的 Add 按钮为当前元件添加模型，如图 4-12 所示。

4.5.1　模型文件搜索路径设置

在原理图库编辑器中为元件和模型建立连接时，模型数据并没有复制或存储在元件中，因此当设计者在原理图上放置元件和建立库时，要保证所连接的模型是可获取的。使用库编辑器时，元件到模型的连接方法由以下搜索路径给出。

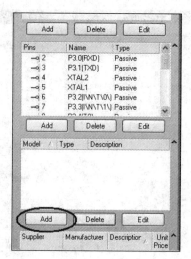

图 4-12　通过元件库面板添加模型

（1）软件首先会搜索项目当前所安装的库文件。

（2）接下来搜索当前库安装列表中可用的 PCB 库文件（非集成库）。

（3）最后搜索位于项目指定搜索路径下所有的模型文件，搜索路径由 Options for Project 对话框指定，单击 Project→Project Options 命令可以打开该对话框。

接下来将使用不同的方法连接元件和它的模型，当库文件包（Library Package）被编译产生集成库（Integrated Library）文件时，各种模型从它们的源文件中拷贝到集成库里。

4.5.2　为原理图元件添加封装模型

封装在 PCB 编辑器中代表元件，在其他设计软件中可能称之为 Pattern。下面将通过一个例子来说明如何为元件添加封装模型，本例中需要选取的封装模型名为 DIP20。

注意：在原理图库编辑器中，为元件指定一个 PCB 封装连接，要求该模型在 PCB 库（不是集成库）中已经存在。

（1）在元件库面板的 Models 区域单击 Add 按钮，如图 4-12 所示，弹出 Add New Model 对话框，如图 4-13 所示，在 Model Type 区域的下拉列表中选择 Footprint 选项，然后单击 OK 按钮。

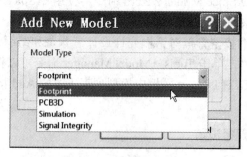

图 4-13　选择封装模型

（2）显示 PCB Model 对话框，如图 4-14 所示。

（3）在 Footprint Model 区域的 Name 文本框中输入封装名：DIP20，在 PCB Library 区域选择单选按钮 Any，单击 Browse 按钮打开 Browse Libraries 对话框（图 4-15），可以浏览所有

已经添加到库项目和安装库列表的模型。

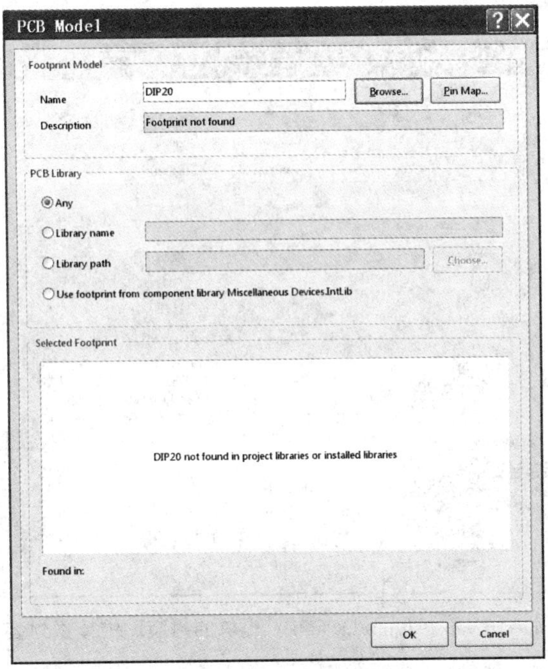

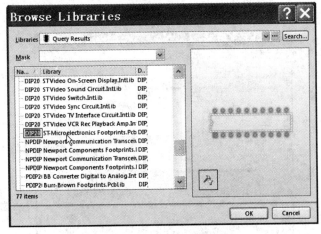

图 4-14　封装模型对话框

图 4-15　DIP20 封装搜索结果

（4）如果所需封装模型在当前库文件中不存在，需要对其进行搜索。在 Browse Libraries 对话框中单击 Search 按钮，弹出 Libraries Search 对话框，如图 4-16 所示。

（5）Filters 区域的设置。在 Field 栏的下拉列表中，选择 Name（名字）；在 Operator 栏的下拉列表中选择 contains（包含）；在 Value 栏的文本框中输入封装的名字 DIP20。

（6）Scope 和 Path 区域的设置。在 Search in 下拉列表框中选择 Footprints，选中单选按钮 Libraries on path，并设置 Path 为 Altium Designer 安装目录下的 Library 文件夹，同时确认选中 Include Subdirectories 复选框。单击 Search 按钮。

（7）在 Browse Libraries 对话框中将列出搜索结果，选择库文件 ST-Microelectronics

Footprints.PcbLib，如图 4-16 所示（注意：选择库文件时，库文件名的后缀是.PcbLib），单击 OK 按钮，返回 PCB Model 对话框。

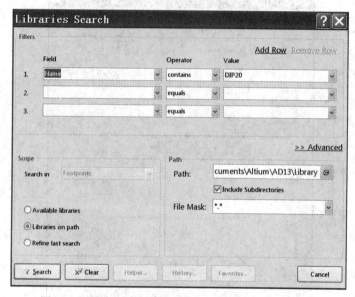

图 4-16　在 Altium Designer 提供的封装库中搜索封装

（8）如果是第一次使用该库，系统会要求设计者确认库的安装，以便该库可以使用。在 Confirm 对话框中单击 Yes 按钮，PCB Model 对话框将利用所选择的封装模型进行更新，如图 4-17 所示。

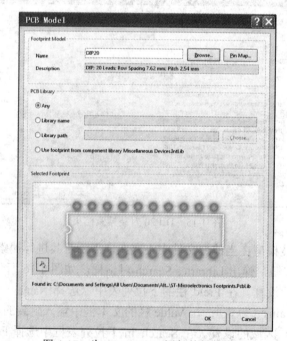

图 4-17　为 AT89C2051 添加的封装模型

（9）在 PCB Model 对话框中单击 OK 按钮添加封装模型，此时在工作区底部 Model 列表中会显示该封装模型，如图 4-18 所示。

项目 4 创建原理图元器件库 77

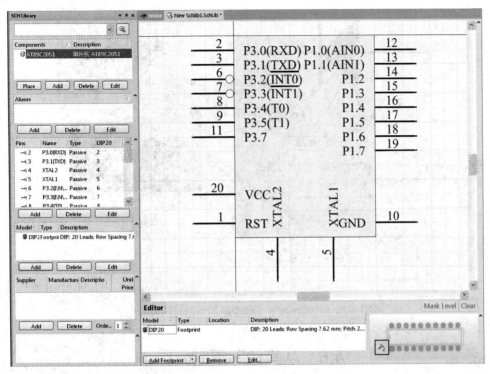

图 4-18 封装模型已被添加到 AT89C2051

4.5.3 用模型管理器为元件添加封装模型

（1）在 SCH Library 面板中选中要添加封装的元件。
（2）执行 Tools→Model Manager 命令，弹出如图 4-19 所示的对话框。

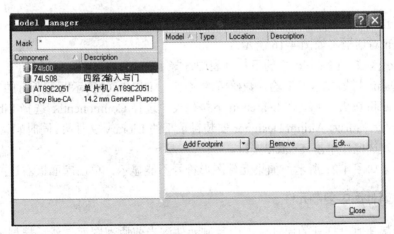

图 4-19 模型管理器对话框

（3）单击 Add Footprint 按钮，弹出图 4-14 所示的对话框，之后的操作与 4.5.2 节介绍的方法相同，为选中的元件添加封装模型。

本章只介绍了为原理图元件添加封装模型，实际上还可以为原理图元件添加仿真（SPICE）模型、信号完整性模型等，如图 4-20 所示。如有需要，设计者可查看相关资料。

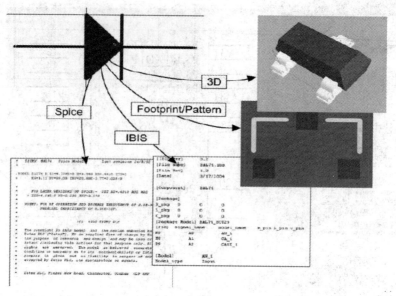

图 4-20　将元件的各个模型添加到原理图符号中

4.6　从其他库复制元件

有时设计者需要的元件在 Altium Designer 提供的库文件中可以找到，但它提供的元件图形不能满足设计者的需要，这时可以把该元件复制到自己建的库里面，然后对该元件进行修改，以满足需要。本节以为后面章节的数码管显示电路准备的数码管元件 DPY Blue-CA 为例介绍该方法。

4.6.1　在原理图中查找元件

首先在原理图中查找数码管 DPY Blue-CA，在 Libraries 面板中，单击 Search 按钮，弹出 Libraries Search 对话框，如图 4-16 所示。

设置 Field 区域。在 Field 栏的下拉列表中选择 Name；在 Operator 栏的下拉列表中选择 contains；在 Value 栏的文本框中输入数码管的名字：*DPY*（*表示匹配所有的字符）。

设置 Scope 和 Path 区域。在 Search in 下拉列表中选择 Components，选择 Libraries on path 单选按钮，并设置 Path 为 Altium Designer 安装目录下的 Library 文件夹，同时确认选中 Include Subdirectories 复选框，单击 Search 按钮。

查找的结果如图 4-21 所示。如果元件图形符号不能显示，单击库面板右边的▼符号。

4.6.2　从其他库中复制元件

设计者可从其他已打开的原理图库中复制元件到当前原理图库，然后根据需要对元件属性进行修改。如果该元件在集成库中，则需要先打开集成库文件。方法如下：

（1）单击 File→Open 命令，弹出 Choose Document to Open（选择打开文档）对话框，如图 4-22 所示，找到 Altium Designer 的库安装的文件夹，选择数码管所在集成库文件 Miscellaneous Devices.IntLib，单击"打开"按钮。

（2）弹出如图 4-23 所示的 Extract Sources or Install（抽取源库文件或安装）对话框，单击 Extract Sources 按钮，释放的库文件如图 4-24 所示。

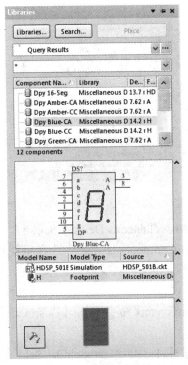

图 4-21 找到的数码管

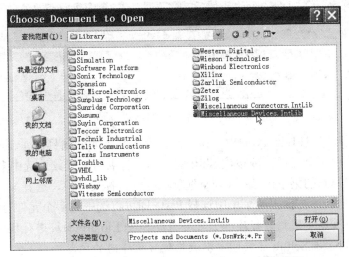

图 4-22 打开 Miscellaneous Devices.IntLib 集成库

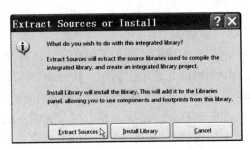

图 4-23 释放集成库或安装集成库

图 4-24　释放的集成库

（3）在 Projects 面板双击 Miscellaneous Devices.Schlib 打开该库文件。

（4）在 SCH Library 面板的 Components 列表中选择想复制的元件 DPY Blue-CA，该元件将显示在设计窗口中（如果 SCH Library 面板没有显示，可单击窗口底部的 SCH 按钮，在弹出的上拉菜单中选择 SCH Library）。

（5）执行 Tools→Copy Components 命令将弹出 Destination Library（目标库）对话框，如图 4-25 所示。

（6）选择想把元件复制到的目标库（New Schlib1.SchLib）文件，如图 4-25 所示，单击 OK 按钮，元件将被复制到目标库文件中（元件可从当前库中复制到任一个已打开的库中）。

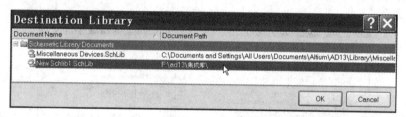

图 4-25　复制元件到目标库文件

设计者可以通过 SCH Library 面板一次复制一个或多个元件到目标库。按住 Ctrl 键单击元件名可以离散地选中多个元件，或按住 Shift 键单击元件名可以连续地选中多个元件，保持选中状态并右击，在弹出的菜单中选择 Copy 选项；打开目标文件库，选择 SCH Library 面板，右击 Components 列表，在弹出的菜单中选择 Paste 即可将选中的多个元件复制到目标库。

注意：元件从源库复制到目标库，一定要通过 SCH Library 面板进行操作。复制完成后，将 Miscellaneous Devices.Schlib 库关闭，以避免破坏该库内的元器件。

4.6.3　修改元件

把数码管改成需要的形状，步骤如下：

（1）选择黄色的矩形框，把它改成左上角坐标(0,0)、右下角坐标(90,-70)的矩形框。

（2）移动引脚 a~g、DP 到顶部。选中引脚时，按 Tab 键可编辑引脚的属性，按 Space 键可以 90°间隔逐级增加来旋转引脚，把引脚移到图 4-26 所示的位置。

（3）改动中间的 8 字。Altium Designer 状态显示栏（底端左边位置）会显示当前栅格信息，按 G 键可以在定义好的 3 种栅格（1mil、5mil、10mil）设置中轮流切换，本例中设置栅格值（Grid）为 1mil。选中要移动的线段，右击，在弹出的快捷菜单中选择剪切（Cut）选项，把它粘贴到需要的地方即可。

（4）也可以重新画 8 字，执行 Place→Line 命令，按 Tab 键编辑线段的属性，如图 4-27 所示，在 Line Width 下拉列表中选择 Medium，Line Style 设置为 Solid，Color 选需要的颜色，设置完成后单击 OK 按钮，即可画出需要的 8 字。

（5）小数点的画法：执行 Place→Ellipse 命令，按 Tab 键编辑椭圆的属性，如图 4-28 所示，在 Border Width 下拉列表中选择 Medium，Border Color 与 Fill Color 的颜色一致（与线段的颜色相同），设置完成后单击 OK 按钮，光标处"悬浮"椭圆轮廓，首先用鼠标在需要的位置确定圆心，再确定 X 方向的半径，最后确定 Y 方向的半径，即可画好小数点。

修改好的数码管如图 4-26 所示。

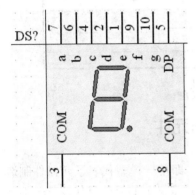

图 4-26 修改好的数码管

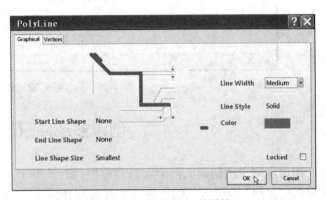

图 4-27 设置 Line 的属性

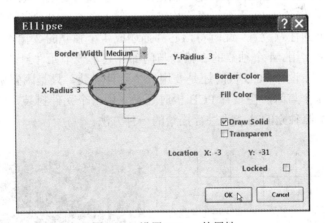

图 4-28 设置 Ellipse 的属性

（6）设置数码管元件属性。

在 SCH Library 面板的 Components 列表中选择 Dpy Blue-CA 元件，单击 Edit 按钮或双击元件名，打开 Library Component Properties 对话框，如图 4-29 所示。

选中 Parameters 栏所有参数的复选框，单击 Remove 按钮，把所有参数删除；把 Models 栏的 HDSP_501B 的仿真模型删除，以避免在后续项目 8 中绘制数码管显示电路原理图时出现模型找不到的错误。

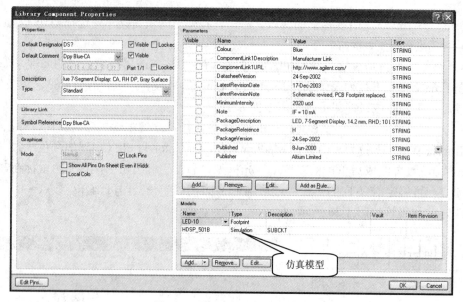

图 4-29　设置数码管元件属性

4.7　创建多部件原理图元件

前面示例中所创建的两个元件的模型代表了整个元件，即单一模型代表了元器件制造商所提供的全部物理意义上的信息（如封装）。但有时一个物理意义上的元件只代表某一部件会更好。比如一个由 8 只分立电阻构成，每一只电阻可以被独立使用的电阻网络。再比如二输入四与门芯片 74LS08，如图 4-30 所示，该芯片包括 4 个 2 输入与门，这些 2 输入与门可以独立地被放置在原理图上的任意位置，此时将该芯片描述成 4 个独立的 2 输入与门部件，比将其描述成单一模型更方便实用。4 个独立的 2 输入与门部件共享一个元件封装，如果在一张原理图中只用了一个与门，在设计 PCB 板时还是要用一个元件封装，只是闲置了 3 个与门；如果在一张原理图中用了 4 个与门，在设计 PCB 板时还是只用一个元件封装，没有闲置与门。多部件元件就是将元件按照独立的功能块进行描绘的一种方法。

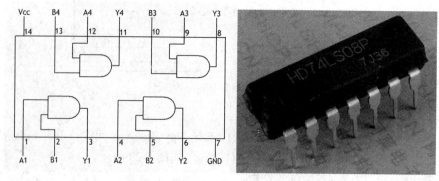

图 4-30　二输入四与门芯片 74LS08 的引脚图及实物图

创建 74LS08 二输入四与门电路的步骤如下：

（1）在 Schematic Library 编辑器中执行 Tools→New Component 命令（快捷键为 T→C），

弹出 New Component Name 对话框。或在 SCH Library 面板单击 Components 列表处的 Add 按钮，也能弹出 New Component Name 对话框。

（2）在 New Component Name 对话框内输入新元件名称：74LS08，单击 OK 按钮，在 SCH Library 面板的 Components 列表中将显示新元件名，同时显示一张中心位置有一个巨大十字准线的空元件图纸以供编辑。

下面将详细介绍如何建立第一个部件及其引脚，其他部件将以第一个部件为基础来建立，只需要更改引脚序号即可。

4.7.1 建立元件轮廓

元件体由若干线段和圆角组成，执行 Edit→Jump Origin 命令（快捷键为 E→J）使元件原点在编辑页的中心位置，同时要确保栅格清晰可见（快捷键为 PageUp）。

1. 放置线段

（1）为了使画出的符号清晰、美观，Altium Designer 状态显示栏会显示当前栅格信息，本例中设置栅格值为 5。

（2）执行 Place→Line 命令（快捷键为 P→L）或单击工具栏 按钮，光标变为十字准线，进入折线放置模式。

（3）按 Tab 键设置线段属性，在 Polyline 对话框中设置线段宽度为 Small，颜色为蓝色。

（4）参考状态显示栏左侧的 X、Y 坐标值，将光标移动到（25，-5）位置，按 Enter 键选定线段起始点，之后用鼠标单击各分点位置从而分别画出折线的各段，单击位置分别为（0，-5），（0，-35），（25，-35），如图 4-31 所示。

（5）完成折线绘制后，右击或按 Esc 键退出折线放置模式，注意要保存元件。

2. 绘制圆弧

放置一个圆弧需要设置 4 个参数：中心点、半径、圆弧的起始角度、圆弧的终止角度。注意：可以按 Enter 键代替单击方式放置圆弧。

（1）执行 Place→Arc（Center）命令（快捷键为 P→A），光标处显示最近所绘制的圆弧，进入圆弧绘制模式。

（2）按 Tab 键弹出 Arc 对话框，设置圆弧的属性，这里将半径设置为 15，起始角度设置为 270°，终止角度设置为 90°，线条宽度设置为 Small，如图 4-32 所示，单击 OK 按钮。

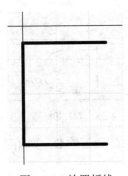

图 4-31　放置折线

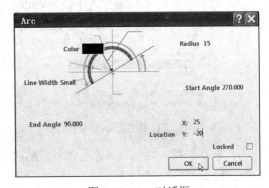

图 4-32　Arc 对话框

（3）移动光标到（25，-20）位置，按 Enter 键或单击选定圆弧的中心点位置，无需移动鼠标，光标会根据 Arc 对话框中所设置的半径自动跳到正确的位置，按 Enter 键确认半径设置。

(4) 光标跳到对话框中所设置的圆弧起始位置，不移动鼠标按 Enter 键确定圆弧起始角度，此时光标跳到圆弧终止位置，按 Enter 键确定圆弧终止角度。

(5) 右击或按 Esc 键退出圆弧放置模式。

绘制圆弧的另一种方法：执行 Place→Arc 命令，依次单击圆弧的中心（25，-20）、圆弧的半径（40，-20）、圆弧的起点（25，-35）、圆弧的终点（25，-5），即绘制好圆弧，右击或按 Esc 键退出圆弧放置模式。

4.7.2 添加信号引脚

设计者可使用 4.3 节所介绍的"创建 AT89C51 单片机"的方法为元件第一部件添加引脚，如图 4-33 所示，引脚 1 的 Display Name 输入 A1，取消显示（把 Visible 前的 √ 去掉），在 Electrical Type 上设置为输入引脚（Input）；引脚 2 的 Display Name 输入 B1，取消显示（把 Visible 前的 √ 去掉），在 Electrical Type 上设置为输入引脚（Input）；引脚 3 的 Display Name 输入 Y1，取消显示（把 Visible 前的 √ 去掉），在 Electrical Type 上设置为输出引脚（Output），所有引脚长度均为 20。

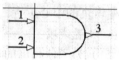

图 4-33　元件 74LS08 的部件 A

如图 4-33 所示，图中引脚方向可在放置引脚时按 Space 键以 90°间隔逐级增加来旋转引脚时决定。

4.7.3 建立元件其余部件

(1) 执行 Edit→Select→All 命令（快捷键为 Ctrl+A）选择目标元件。

(2) 执行 Edit→Copy 命令（快捷键为 Ctrl+C）将前面所建立的第一部件复制到剪贴板。

(3) 执行 Tools→New Part 命令显示空白元件页面，此时若在 SCH Library 面板的 Components 列表中单击元件名左侧的"+"标识，将看到 SCH Library 面板元件部件计数被更新，包括 Part A 和 Part B 两个部件，如图 4-34 所示。

(4) 选择部件 Part B，执行 Edit→Paste 命令（快捷键为 Ctrl+V），光标处将显示元件部件轮廓，以原点（黑色十字准线为原点）为参考点，将其作为部件 B 放置在页面的对应位置，如果位置没对应好可以移动部件调整位置。

(5) 对部件 B 的引脚编号逐个进行修改，双击引脚，在弹出的 Pin Properties 对话框中修改引脚编号和名称，修改后的部件 B 如图 4-35 所示。

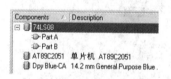

图 4-34　部件 B 被添加到元件

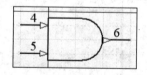

图 4-35　74LS08 部件 B

(6) 重复步骤 (3)～(5) 生成余下的两个部件：部件 C 和部件 D，如图 4-36 所示，并保存库文件。

4.7.4 添加电源引脚

为元件定义电源引脚有两种方法。第一种是建立元件的第五个部件，在该部件上添加 VCC

引脚和 GND 引脚，这种方法需要选中 Component Properties 对话框的 Locked 复选框（Part 5/5 ☑Locked），以确保在对元件部件进行重新注释时电源部分不会跟其他部件交换。第二种方法是将电源引脚设置成隐藏引脚，元件被使用时系统自动将其连接到特定网络。在多部件元件中，隐藏引脚不属于某一特定部件而属于所有部件（不管原理图是否放置了某一部件，它们都会存在）。

（1）为元件添加 VCC（Pin14）和 GND（Pin7）引脚，将其 Part Number 属性设置为 0，Electrical Type 设置为 Power，Hide 状态设置为 Hidden，Connect to 分别设置为 VCC 和 GND。

（2）从菜单栏中执行 View→Show Hidden Pins 命令以显示隐藏目标，则能看到完整的元件部件，如图 4-37 所示，注意检查电源引脚是否在每一个部件中都有。

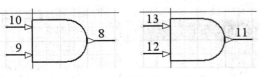

图 4-36　74LS08 的部件 C 和部件 D　　　图 4-37　部件 A 显示出隐藏的电源引脚

4.7.5　设置元件属性

（1）在 SCH Library 面板的 Components 列表中选中目标元件后，单击 Edit 按钮进入 Library Component Properties 对话框，设置 Default Designator 为 "U？"，Description 为二输入四与门，并在 Models 列表中添加名为 DIP14 的封装，下一项目中将介绍使用 PCB ComponentWizard 创建 DIP14 封装模型。

（2）执行 File→Save 命令保存该元件。

本项目在原理图库内创建了 3 个元件，如图 4-38 所示，初步掌握了在原理图库内创建元件的基本方法，设计者可以根据需要在该库内创建多个元件。

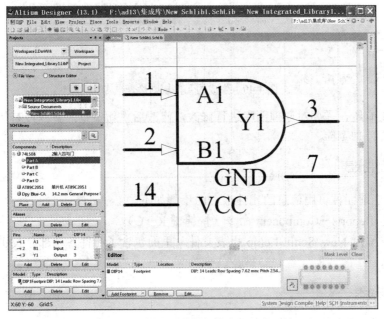

图 4-38　在原理图库内创建了 3 个元件

4.8 检查元件并生成报表

对建立一个新元件是否成功进行检查，会生成 3 个报表，生成报表之前需确认已经对库文件进行了保存，关闭报表文件会自动返回 Schematic Library Editor 界面。

4.8.1 元件规则检查对话框

元件规则检查对话框会检查出引脚重复定义或者丢失等错误，检查步骤如下。

（1）执行 Reports→Component Rule Check 命令（快捷键：R→R），弹出 Library Component Rule Check 对话框，如图 4-39 所示。

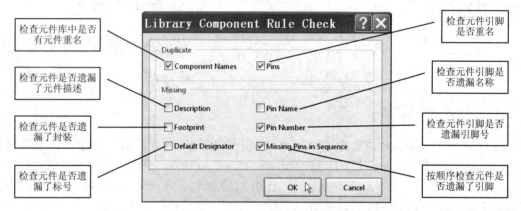

图 4-39 元件规则检查对话框

（2）设置想要检查的各项属性（一般选择缺省值），单击 OK 按钮，将在 Text Editor 中生成 New Schlib1.ERR 文件，如图 4-40 所示，里面列出了所有违反规则的元件。

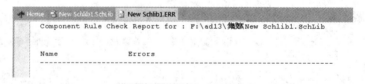

图 4-40 生成的元件规则检查报告

（3）如果有错，需要对原理图库进行修改，修改后重新检查，直到没有错误为止。
（4）保存原理图库。

4.8.2 元件报表

生成包含当前元件可用信息的元件报表的步骤如下。
（1）执行 Reports→Component 命令（快捷键 R→C）。
（2）系统显示 New Schlib1.cmp 报表文件，里面包含了元件各个部分及引脚细节信息，如图 4-41 所示。

4.8.3 库报表

为库里面所有元件生成完整报表的步骤如下。

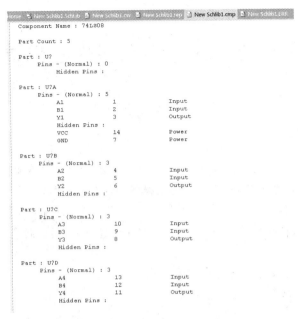

图 4-41 生成的元件报表文件

（1）执行 Reports→Library Report 命令（快捷键 R→T）。

（2）在弹出的 Library Report Settings 对话框中配置报表各设置选项，报表文件可用 Microsoft Word 或网页浏览器打开，具体取决于选择的格式。该报告列出了库内所有元件的信息。

习题四

1．在 Altium Designer 中使用集成库可以给设计者带来哪些方便？

2．集成库内可以包括哪些库文件？

3．在 Altium Designer 的安装库文件夹下，查看有哪些公司的库文件？哪些是集成库？哪些是原理图库？哪些是封装库？

4．拷贝安装盘符下的\Documents and Settings\All Users\Documents\Altium\AD13\Library\Actel\Actel ACT 1.IntLib 集成库到自己新建的文件夹内，启动 Altium Designer，打开该集成库文件，执行 Extract Sources 命令从集成库中提取出库的源文件，查看该集成库是由哪些库编译而成，在原理图库编辑器内，查看该库元器件添加了哪些模型。

5．拷贝安装盘符下的\Documents and Settings\All Users\Documents\Altium\AD13\Library\Atmel\Atmel Analog Companions.IntLib 集成库到自己新建的文件夹内，完成第 4 题的要求。

6．能否对集成库进行修改？如果要修改集成库，该怎么操作？

7．在 Altium Designer 的库文件中，能找到 AT89C2051 单片机吗？

8．在硬盘上以自己的姓名建立一个文件夹，在该文件夹下新建一个集成库文件包：命名为 Integ_Lib.LibPkg；再新建一个原理图库文件，命名为 MySchlib.SchLib。

9．在原理图库文件 MySchlib.SchLib 内建立以下元件：AT89C2051 单片机、数码管、74LS00，并为这 3 个元件添加封装模型。

10．将库文件 Miscellaneous Devices.IntLib 中的 2N3904 复制到 MySchlib.SchLib 库文件中。

项目 5 元器件封装库的创建

前一项目介绍了原理图元器件库的建立，本项目进行封装库的介绍，针对前一项目介绍的 3 个元器件建立封装，并为这 3 个封装建立 3D 模型。包含以下内容：
- 建立一个新的 PCB 库
- 使用 PCB Component Wizard 为一个原理图元件建立 PCB 封装
- 手动建立封装
- 一些特殊的封装要求，如添加外形不规则的焊盘
- 创建元器件三维模型
- 创建集成库

元件封装是指与实际元件形状和大小相同的投影符号。Altium Designer 为 PCB 设计提供了比较齐全的各类直插元器件和 SMD 元器件的封装库，这些封装库位于 Altium Designer 安装盘符下 \Documents and Settings\All Users\Documents\Altium\AD13\Library\PCB 文件夹中。但由于电子技术的飞速发展，一些新型元器件不断出现，这些新元器件的封装在元器件封装库中无法找到，解决的方法就是利用 Altium Designer 的元件封装库管理器制作新的元器件封装。

在实际应用中电阻、电容的封装名称分别是 AXIAL 和 RAD，对于具体的对应可以不做严格的要求，因为电阻、电容都是有两个管脚，管脚之间的距离可以不做严格的限制。直插元件有双排和单排之分，双排的被称为 DIP，单排的被称为 SIP。表面贴装元件的名称是 SMD，贴装元件又有宽窄之分：窄的代号是 A，宽的代号是 B。电路板的制作过程中，往往会用到插头，它的名称是 DB。

5.1 建立 PCB 元器件封装

封装可以是从 PCB Editor 复制到 PCB 库，或从一个 PCB 库复制到另一个 PCB 库，也可以是通过 PCB Library Editor 的 PCB Component Wizard 或绘图工具画出来。在一个 PCB 设计中，如果所有的封装已经放置好，设计者可以在 PCB Editor 中执行 Design→Make PCB Library 命令生成一个只包含所有当前封装的 PCB 库。

本项目采用手动方式创建 PCB 封装，只是为了介绍 PCB 封装建立的一般过程，这种方式建立的封装其尺寸大小也许并不准确，实际应用时需要设计者根据器件制造商提供的元器件数据手册进行检查。

5.1.1 建立一个新的 PCB 库

1. 建立新的 PCB 库

（1）执行 File→New→Library→PCB Library 命令，建立一个名为 PcbLib1.PcbLib 的 PCB

库文档，同时显示名为 PCBComponent__1 的空白元件页，并显示 PCB Library 面板（如果 PCB Library 面板未出现，单击设计窗口右下方的 PCB 按钮，在弹出的上拉菜单中选择 PCB Library 即可）。

（2）重新命名该 PCB 库文档为 PCB FootPrints.PcbLib（可以执行 File→Save As 命令），新 PCB 封装库是库文件包的一部分，如图 5-1 所示。

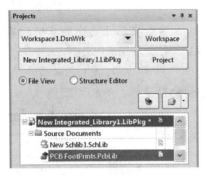

图 5-1　添加了封装库后的库文件包

（3）单击 PCB Library 标签进入 PCB Library 面板。

（4）单击 PCB Library Editor 工作区的灰色区域，并按 PageUp 键进行放大，直到能够看清栅格，如图 5-2 所示。

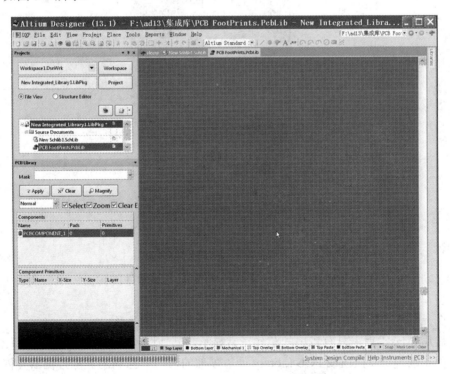

图 5-2　PCB Library Editor 工作区

现在就可以使用 PCB Library Editor 提供的命令在新建的 PCB 库中添加、删除或编辑封装了。PCB Library Editor 用于创建和修改 PCB 元器件封装，管理 PCB 器件库。PCB Library Editor 还提供 Component Wizard，它将引导你创建标准类的 PCB 封装。

2. PCB Library 编辑器面板

PCB Library Editor 的 PCB Library 面板（见图 5-3）提供操作 PCB 元器件的各种功能，包括：

（1）Components 区域列出了当前选中库的所有元器件，在 Components 区域中右击将显示菜单选项，设计者可以新建器件、编辑器件属性、复制或粘贴选定器件，或更新开放 PCB 的器件封装。

注意：右键菜单的 Copy/Paste 命令可用于选中的多个封装，并支持：
- 在库内部执行复制和粘贴操作。
- 从 PCB 板复制粘贴到库。
- 在 PCB 库之间执行复制粘贴操作。

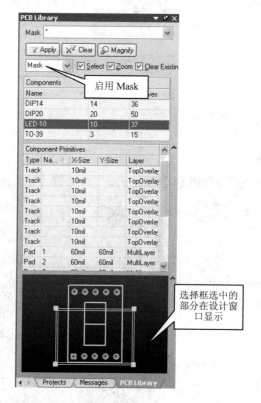

图 5-3　PCB Library 面板

（2）Component Primitives 区域列出了属于当前选中元器件的图元。单击列表中的图元，会在设计窗口中加亮显示。

选中图元的加亮显示方式取决于 PCB Library 面板顶部的选项：
- 启用 Mask 后，只有点中的图元正常显示，其他图元将灰色显示。单击工作空间右下角的 Clear 按钮或 PCB Library 面板顶部的 Clear 按钮将删除过滤器并恢复显示。
- 启用 Select 后，设计者单击的图元将被选中，然后便可以对它们进行编辑。

在 Component Primitives 区域右击可控制其中列出的图元类型。

（3）在 Component Primitives 区域下方是元器件封装模型显示区，该区有一个选择框，选择框选择哪一部分，设计窗口就显示该部分，选择框的大小可以调节。

5.1.2 使用 PCB Component Wizard 创建封装

对于标准的 PCB 元器件封装，Altium Designer 为用户提供了 PCB 元器件封装向导 PCB Component Wizard，帮助用户完成 PCB 元器件封装的制作，使设计者在输入一系列设置后就可以建立一个器件封装。接下来将演示如何利用向导为单片机 AT89C2051 建立 DIP-20 的封装。

（1）执行 Tools→Component Wizard 命令，或者直接在 PCB Library 面板的 Component 列表中右击，在弹出的菜单中选择 Component Wizard…命令，弹出 Component Wizard 对话框，单击 Next 按钮，进入向导。

（2）对所用到的选项进行设置，建立 DIP-20 封装需要如下设置：在模型样式栏内选择 Dual In-line Packages（DIP）选项（封装的模型是双列直插），单位选择 Imperial（mil）选项（英制），如图 5-4 所示，单击 Next 按钮。

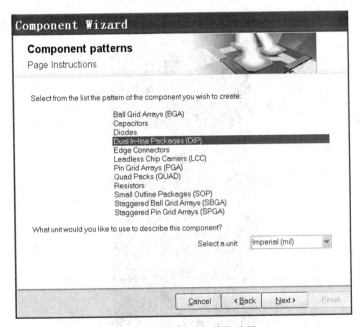

图 5-4　封装模型与单位选择

（3）进入焊盘大小选择对话框，如图 5-5 所示，圆形焊盘选择外径 60mil、内径 30mil（直接输入数值修改尺寸大小），单击 Next 按钮，进入焊盘间距选择对话框，如图 5-6 所示；水平方向设为 300mil，垂直方向设为 100mil，单击 Next 按钮，进入元器件轮廓线宽选择对话框；选默认设置（10mil），单击 Next 按钮，进入焊盘数选择对话框；设置焊盘（引脚）数目为 20，单击 Next 按钮，进入元器件名选择对话框；默认的元器件名为 DIP20，把它修改为 DIP-20，单击 Next 按钮。

（4）进入最后一个对话框，单击 Finish 按钮结束向导，在 PCB Library 面板的 Components 列表中会显示新建的 DIP-20 封装名，同时设计窗口会显示新建的封装，如有需要可以对封装进行修改，如图 5-7 所示。

（5）执行 File→Save 命令（快捷键为 Ctrl+S）保存库文件。

请用 Component Wizard 建立 DIP-14 的元件封装，注意两排焊盘之间的距离为 300mil。

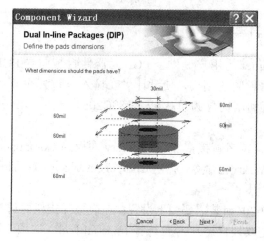 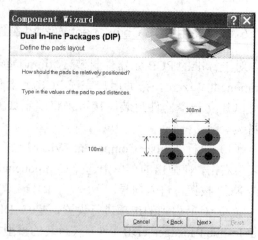

图 5-5　选择焊盘大小　　　　　　　　图 5-6　选择焊盘间距

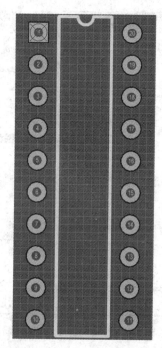

图 5-7　使用 PCB Component Wizard 创建 DIP-20 封装

5.1.3　使用 IPC Footprint Wizard 创建封装

IPC Footprint Wizard 用于创建 IPC 器件封装。IPC Footprint Wizard 不参考封装尺寸，而是根据 IPC 发布的算法直接使用器件本身的尺寸信息。IPC Footprint Wizard 使用元器件的真实尺寸作为输入参数，该向导基于 IPC-7351 规则使用标准的 Altium Designer 对象（如焊盘、线路）来生成封装。可以从 PCB Library Editor 菜单栏的 Tools 菜单中启动 IPC Footprint Wizard，弹出 IPC Footprint Wizard 对话框，单击 Next 按钮，进入元件类型选择（Select Component Type）对话框，选择 BGA，单击 Next 按钮，进入 BGA Package Dimensions 对话框，如图 5-8 所示。

输入实际元器件的参数，根据提示，单击 Next 按钮，即可建立该器件的封装。

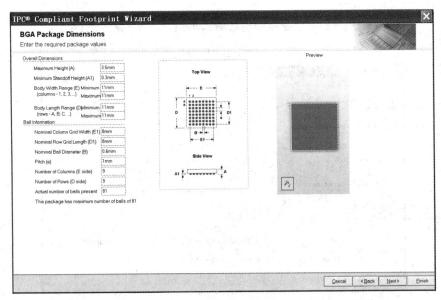

图 5-8 IPC Footprint Wizard 利用元器件尺寸参数建立封装

该向导支持 BGA、BQFP、CFP、CHIP、CQFP、DPAK、LCC、MELF、MOLDED、PLCC、PQFP、QFN、QFN-2ROW、SOIC、SOJ、SOP/TSOP、SOT143/343、SOT223、SOT23、SOT89 和 WIRE WOUND 封装。

IPC Footprint Wizard 的功能还包括：
- 整体封装尺寸、管脚信息、空间、阻焊层和公差在输入后都能立即看到。
- 还可输入机械尺寸，如 Courtyard、Assembly 和 Component Body 信息。
- 向导可以重新进入，以便进行浏览和调整。每个阶段都有封装预览。
- 在任何阶段都可以单击 Finish 按钮，生成当前预览封装。

5.1.4 手工创建封装

对于形状特殊的元器件，用 PCB Component Wizard 不能完成该器件的封装建立，这时就要用手工方法创建该器件的封装。

创建一个元器件的封装，需要为该封装添加用于连接元器件引脚的焊盘和定义元器件轮廓的线段和圆弧。设计者可将所设计的对象放置在任何一层，但一般的做法是将元器件外部轮廓放置在 Top Overlay 层（即丝印层），焊盘放置在 Multilayer 层（对于直插元器件）或顶层信号层（对于贴片元器件）。当设计者放置一个封装时，该封装包含的各对象会被放到其本身所定义的层中。

虽然数码管的封装可以用 PCB Component Wizard 来完成，但为了掌握手动创建封装的方法，本节以之作为示例。

手动创建数码管 Dpy Blue-CA 的封装步骤如下：

（1）先检查当前使用的单位和栅格显示是否合适，执行 Tools→Library Options 命令（快捷键为 T→O）打开 Board Options 对话框，设置 Units 为 Imperial（英制），其他项选缺省值，如图 5-9 所示。

注意：计量单位有两种：英制（Imperial）和米制（Metric），默认为英制单位。1 英寸=1000mil，1 英寸=2.54 厘米，1 厘米（cm）=10 毫米（mm）。

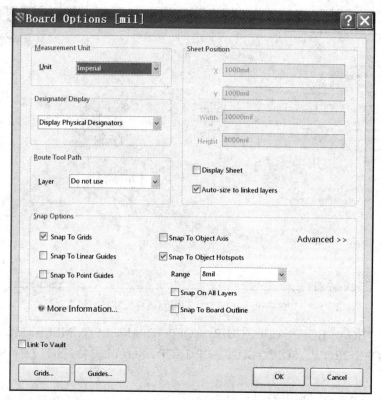

图 5-9 在 Board Options 对话框中设置单位

（2）执行 Tools→New Blank Component 命令（快捷键为 T→W），建立一个默认名为 PCBCOMPONENT_1 的新的空白元件，如图 5-2 所示。在 PCB Library 面板双击该封装名（PCBCOMPONENT_1），弹出 PCB Library Component[mil]对话框，为该元件重新命名，在 PCB Library Component 对话框中的 Name 文本框中输入新名称 LED-10。

推荐在工作区(0,0)参考点位置（有原点定义）附近创建封装，在设计的任何阶段，使用快捷键 J→R 就可使光标跳到原点位置。

提示：参考点就是放置元件时，"拿起"元件的那一个点。一般将参考点设置在第一个焊盘中心点或元件的几何中心。设计者可单击 Edit→Set Reference 命令随时设置元件的参考点。

提示：按 Ctrl+G 快捷键可以在工作时改变捕获栅格大小，按 L 键在 View Configurations 对话框中设置栅格是否可见；如果原点不可见，在 View Configurations 对话框中选择 View Options 标签，选择 Origin Marker 选项。

（3）为新封装添加焊盘。

Pad Properties 对话框为设计者在所定义的层中检查焊盘形状提供了预览功能，设计者可以将焊盘设置为圆形、椭圆形、方形等，还可以决定焊盘是否需要镀金，同时其他一些基于散热、间隙计算，Gerber 输出，NC Drill 等设置可以由系统自动添加。无论是否采用了某种孔型，NC Drill Output（NC Drill Excellon format 2）将为 3 种不同孔型输出 6 种不同的 NC 钻孔文件。

放置焊盘是创建元器件封装中最重要的一步，焊盘放置是否正确，关系到元器件是否能够被正确焊接到 PCB 板，因此焊盘位置需要严格对应于器件引脚的位置。放置焊盘的步骤如下：

1）执行 Place→Pad 命令（快捷键为 P→P）或单击工具栏中的 按钮，光标处将出现焊盘，放置焊盘之前，先按 Tab 键，弹出 Pad[mil]对话框，如图 5-10 所示。

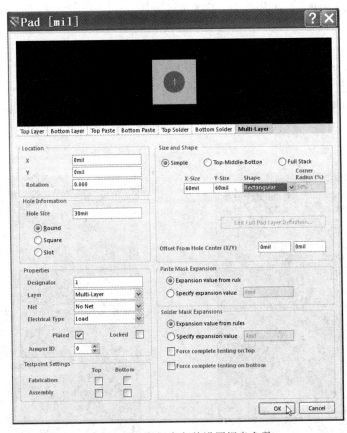

图 5-10　放置焊盘之前设置焊盘参数

2）在图 5-10 所示对话框中编辑焊盘各项属性。在 Hole Information 区域设置 Hole Size（焊盘孔径）为 30mil，孔的形状为 Round（圆形）；在 Properties 区域的 Designator 文本框中输入焊盘的序号 1，在 Layer 下拉列表中选择 Multi-Layer（多层）；在 Size and Shape（大小和形状）区域设置 X-Size：60mil，Y-Size：60mil，Shape：Rectangular（方形），其他项选缺省值，单击 OK 按钮，建立第一个方形焊盘。

3）利用状态栏显示坐标，将第一个焊盘拖到（X：0，Y：0）位置，单击或者按 Enter 键确认放置。

4）放置完第一个焊盘后，光标处自动出现第二个焊盘，按 Tab 键，弹出 Pad[mil]对话框，将焊盘 Shape（形状）改为 Round（圆形），其他采用上一步的缺省值，将第二个焊盘放到（X：100，Y：0）位置。注意焊盘标识符会自动增加。

5）在（X：200，Y：0）处放置第三个焊盘（该焊盘用上一步的缺省值），然后在 X 方向每隔 100mil，Y 方向不变，依次放好第四、五个焊盘。

6）然后在（X：400，Y：600）处放置第六个焊盘（Y 的距离由实际数码管的尺寸决定），X 方向每次减少 100mil，Y 方向不变，依次放好其余四个焊盘。

7）右击或者按 Esc 键退出放置模式，所放置焊盘如图 5-11 所示。

8）执行 File→Save 命令（快捷键为 Ctrl+S）保存封装。

(4) 为新封装绘制轮廓。

PCB 丝印层的元器件外形轮廓在 Top Overlay（顶层）中定义，如果元器件放置在电路板底面，则该丝印层自动转为 Bottom Overlay（底层）。

1) 在绘制元器件轮廓之前，先确定它们所属的层，单击编辑窗口底部的 Top Overlay 标签。

2) 执行 Place→Line 命令（快捷键为 P→L）或单击 按钮，放置线段前可按 Tab 键编辑线段属性，这里选默认值。光标移到(-60,-60)mil 处单击绘出线段的起始点，移动光标到(460,-60)处单击绘出第一段线，移动光标到(460,660)处单击绘出第二段线，移动光标到(-60,660)处单击绘出第三段线，然后移动光标到起始点(-60,-60)处单击绘出第四段线，数码管的外框绘制完成，如图 5-12 所示。

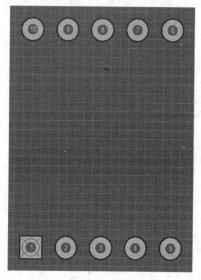
图 5-11　放置好焊盘的数码管

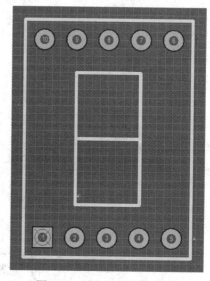
图 5-12　建好的数码管封装

3) 接下来绘制数码管的 8 字，执行 Place→Line 命令（快捷键为 P→L），在坐标(100,100)，(300,100)，(300,500)，(100,500)，(100,100)处单击绘制 0 字，右击，再在(100,300)，(300,300)这 2 个坐标处单击，绘制出 8 字，右击或按 Esc 键退出线段放置模式。建好的数码管封装符号如图 5-12 所示。

注意：①画线时，按 Shift+Space 快捷键可以切换线段转角（转弯处）形状。②画线时如果出错，可以按 Backspace 键删除最后一次所画线段。③按 Q 键可以将坐标显示单位从 mil 改为 mm。④在手工创建元器件封装时，一定要与元器件实物相吻合。否则 PCB 板做好后，元件安装不上。

下面介绍相关知识点：

1. 焊盘标识符

焊盘由标识符（通常是元器件引脚号）进行区分，标识符由数字和字母组成，最多允许 20 个数字和字母，也可以为空白。

如果标识符以数字开头或结尾，则当设计者连续放置焊盘时，该数字会自动增加，使用 Paste Array 功能可以实现字母（如 1A、1B）的递增或数字递增步进值 1 以外的其他数值（如 A1、A3 的递增）。

提示：不使用鼠标定位光标处浮现的焊盘的方法：按 J→L 快捷键弹出 Jump to Location 对话框，按 Tab 键在 X、Y 数值域切换，按 Enter 键接受所作的修改，再一次按 Enter 键放置焊盘。

2. 阵列粘贴功能

在设置好前一个焊盘标识符的前提下，使用阵列粘贴功能可以在连续多次粘贴时，自动为焊盘分配标识符。通过设置 Paste Array 对话框的 Text Increment 选项，可以使焊盘标识按以下方式递增：

①数字方式（1、3、5）。

②字母方式（A、B、C）。

③数字和字母组合方式（A1 A2、1A 1B、A1 B1 或 1A 2A 等）。

④以数字方式递增时，需要设置 Text Increment 选项为所需要的数字步进值。

⑤以字母方式递增时，需要设置 Text Increment 选项为字母表中的字母，代表每次所跳过的字母数。比如焊盘初始标识为 1A，设置 Text Increment 选项为 A（字母表中的第一个字母）则标识符每次递增 1；设置 Text Increment 选项为 C（字母表中的第三个字母），则标识符将为 1A，1D，1G…（每次增加 3）。

使用阵列粘贴的步骤如下：

①创建原始焊盘，输入起始标识符，如 1，执行 Edit→Copy 命令将原始焊盘复制到剪粘板（快捷键为 Ctrl+C），单击焊盘中心复制参考点。

②执行 Edit→Paste Special 命令（快捷键为 E→A），弹出 Paste Special 对话框，如图 5-13 所示。

③单击 Paste Array 按钮，弹出 Setup Paste Array 对话框，如图 5-14 所示，在 Item Count 文本框中输入需要复制的焊盘数；在 Text Increment 文本框中输入焊盘标识符的增量值；Array Type（焊盘阵列的形状）有 Circular（圆形）和 Linear（线形）两个选项；Linear Array（线形阵列）区域可设置 X 和 Y 方向的间距。根据需要进行设置，设置完成后单击 OK 按钮，鼠标在需要放置焊盘的位置单击即可，如图 5-15 所示。

图 5-13 粘贴焊盘对话框

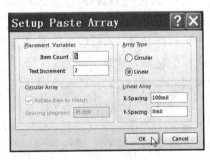

图 5-14 一次复制多个焊盘

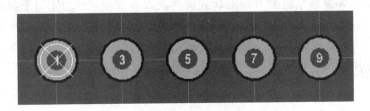

图 5-15 按图 5-14 中的设置值粘贴的焊盘

5.1.5 创建带有不规则形状焊盘的封装

有时设计者可能需要创建一些包含不规则焊盘的封装，使用 PCB Library Editor 可以实现这类要求。但有一个很重要的因素需要注意。Altium Designer 会根据焊盘形状自动生成阻焊和锡膏层，如果设计者使用多个焊盘创建不规则形状，系统会为之生成匹配的不规则形状层；而如果设计者使用其他对象，如线段（线路）、填充对象、区域对象或圆弧来创建不规则形状，则需要同时在阻焊和锡膏层定义大小适当的阻焊和锡膏蒙板。

图 5-16 给出了不同设计者所创建的同一封装 SOT-89 的两个不同版本。左图使用了两个焊盘来合成中间那个大的不规则焊盘，而右图则使用了"焊盘+线段"的方式，因此需要手动定义阻焊和锡膏层。

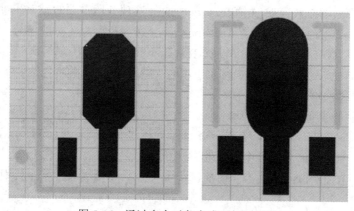

图 5-16 通过多个对象合成不规则焊盘

5.1.6 其他封装属性

1. 阻焊层和锡膏层

阻焊层（Solder Mask）：有顶部阻焊层（Top Solder Mask）和底部阻焊层（Bottom Solder Mask）两层，是 Altium Designer PCB 对应于电路板文件中的焊盘和过孔数据自动生成的板层，主要用于铺设阻焊漆。本板层采用负片输出，所以板层上显示的焊盘和过孔部分代表电路板上不铺阻焊漆的区域，也就是可以进行焊接的部分。

锡膏层（Paste Mask）：有顶部锡膏层（Top Paste Mask）和底部锡膏层（Bottom Paste mask）两层，它是过焊炉时用来对应 SMD 元件焊点的，也是采用负片形式输出。

对于每一个焊点，系统会在 Solder Mask（阻焊层）和 Paste Mask（锡膏层）为其自动创建阻焊和锡膏蒙板，形状与焊盘形状一致，大小则根据 PCB Editor 中的 Solder Mask and Paste Mask 设计规则和 Pad 对话框的设置进行适当缩放。

设计者在编辑焊盘属性时会看到阻焊和锡膏蒙板设置项，该功能用于限定焊盘的区域范围，一般应用中不会用到该功能。通常在 PCB Editor 设定适当的设计规则更易于满足阻焊和锡膏蒙板控制的需求。设计者可以为板上全部元器件的范围建立一个设计规则，然后根据需要为某些特殊应用情形（如板上某一封装对应的所有元器件或某一元件的某个焊盘）添加设计规则。

2. 显示隐藏层

在 PCB Library Editor 检查系统自动生成的阻焊和锡膏层，设计者需要打开 Top Solder Layer 并检查以下内容。

（1）先设置系统显示隐藏层：执行 Tools→Layers&Colors 命令（快捷键为 L）进入 View Configurations 对话框，分别选中 Top Paste、Bottom Paste、Top Solder、Bottom Solder 右边的 Show 复选框，然后单击 OK 按钮。

（2）单击设计窗口底部的层标签，如 Top Solder，显示 Top Solder 层，如图 5-17 所示。

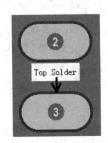

图 5-17 显示了阻焊层的焊盘

注意：围绕焊盘边缘的显示颜色为 Top Solder Mask 层颜色的环形，即为阻焊层的形状，该形状由 Multilayer 层下面的焊盘形状经过适当放大而成（从层绘制顺序角度来看，Multilayer 层位于最顶端，可以在 Preferences 对话框的 PCB Editor–Display 选项卡设置层绘制顺序，将在项目 8 详细介绍）。

3. 标识和注释字符串

（1）默认的标识和注释字符串。

在库中创建一个封装后，将封装放置到 PCB 板时，系统会为之分配标识符和注释——此时可以将其视为一个元件。设计者在创建封装时没必要手动为标识和注释定义占位符，因为使用该封装时，系统会自动添加标识符和注释。

（2）附加的标识和注释字符串。

在有些应用场合，设计者可能需要附加标识符和注释字符串信息，比如装配厂需要设计者结合标识符为每一个元件提供比较详细的装配信息，而公司需要设计者在 PCB 元件丝印层提供标识符信息。在封装中包括.Designator（对于注释则使用.Comment）特定字符串就可以实现附加标识符信息的功能，为满足装配厂的要求，设计者可以在库编辑器中在机械层放置.Designator 字符串，然后打印包括该层的输出信息。

实现这一功能需要以下步骤。

①显示选定的机械层。执行 Tools→Board Layers&Colors 命令，弹出 View Configurations 对话框，在 Mechanical 处选中 Show 和 Enable 两个复选框。

②在设计窗口底部单击 Mechanical Layer 标签，激活该层，所有新的文本将放置在该层。

③执行 Place→String 命令（快捷键为 P→S）或单击 Place String 按钮 A。

④按 Tab 键显示 String 对话框，如图 5-18 所示，在放置字符串之前可先设置一些参数，如字体、大小、所属层等。从 Text 下拉列表中选择.Designator 选项，将高度设置为 40mil，宽度设置为 6mil，单击 OK 按钮，".Designator"字符串悬浮在光标上。

⑤按 Space 键可以转动字符串，将其移动到所需位置，单击即可放置，右击或按 Esc 键可以退出放置模式。

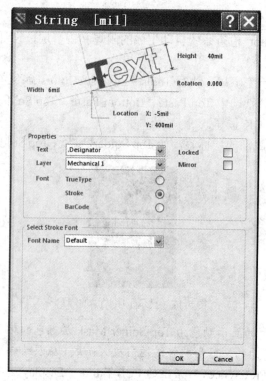

图 5-18 设置 Designator 参数

⑥如有需要，可按相同步骤放置".Comment"字符串。

⑦在 PCB 中放置封装以测试刚才所建立的字符串是否合格。在 PCB Library 面板中右击封装名，选择 Place 选项放置封装（假定当前已打开了一个 PCB）。如果将封装放置到 PCB 文档时不能显示标识符，请先检查 PCB Editor 中 View Configurations 对话框的 View Options 选项卡的 Convert Special Strings 复选框是否被选中。

5.2 添加元器件的三维模型信息

鉴于现在所使用的元器件的密度和复杂度，PCB 设计人员必须考虑元器件水平间隙之外的其他设计需求，必须考虑元器件高度的限制、多个元器件空间叠放情况。此外将最终的 PCB 转换为一种机械 CAD 工具，以便用虚拟的产品装配技术全面验证元器件封装是否合格，这已逐渐成为一种趋势。Altium Designer 拥有许多功能，其中的三维模型可视化功能就是为这些不同的需求而研发的。

5.2.1 为 PCB 封装添加高度属性

设计者可以用一种最简单的方式为封装添加高度属性：双击 PCB Library 面板 Component 列表中的封装，如图 5-19 所示，例如双击 DIP-20，打开 PCB Library Component 对话框，如图 5-20 所示，在 Height 文本框中输入适当的高度数值。

可在电路板设计时定义设计规则：在 PCB Editor 中执行 Design→Rules 命令，弹出 PCB Rules and Constraints Editor 对话框，在 Placement 选项卡的 Component Clearance 处对某一类元器件的高度或空间参数进行设置。

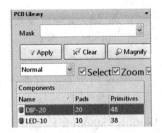

图 5-19　双击 PCB Library 面板的 DIP-20

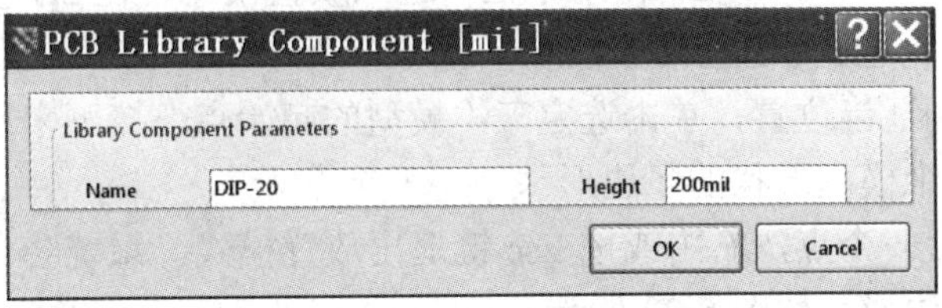

图 5-20　为 DIP-20 封装输入高度值

5.2.2　为 PCB 封装添加三维模型

为封装添加三维模型对象可使元器件在 PCB Library Editor 的三维视图模式下显得更为真实（对应 PCB Library Editor 中的快捷键：2－二维，3－三维），设计者只能在有效的机械层中为封装添加三维模型。在 3D 应用中，一个简单条形三维模型是由一个包含表面颜色和高度属性的 2D 多边形对象扩展而来的。三维模型可以是球体或圆柱体。

多个三维模型组合起来可以定义元器件任意方向的物理尺寸和形状，这些尺寸和形状应用于限定 Component Clearance 设计规则。使用高精度的三维模型可以提高元器件间隙检查的精度，不仅有助于提升最终 PCB 产品的视觉效果，而且有利于产品装配。

Altium Designer 还支持直接导入 3D STEP 模型（*.step 或*.stp 文件）到 PCB 封装中生成 3D 模型，该功能十分有利于在 Altium Designer PCB 文档中嵌入或引用 STEP 模型，但在 PCB Library Editor 中不能引用 STEP 模型。

5.2.3　手工放置三维模型

在 PCB Library Editor 中执行 Place→3D Body 命令可以手工放置三维模型，也可以在 3D Body Manager 对话框（执行 Tools→Manage 3D Bodies for Library/Current Component 命令）中设置成自动为封装添加三维模型。

注意：既可以用 2D 模型方式放置三维模型，也可以用 3D 模型方式放置三维模型。

1. 为 DIP-20 封装添加三维模型

在 PCB Library Editor 中手工添加三维模型的步骤如下：

（1）在 PCB Library 面板双击 DIP-20 打开 PCB Library Component 对话框（图 5-20），该对话框详细列出了元器件名称、高度信息。这里元器件的高度设置最重要，因为需要三维模型能够体现元器件的真实高度。

注意：如果器件制造商能够提供元器件尺寸信息，则尽量使用器件制造商提供的信息。

（2）执行 Place→3D Body 命令，弹出 3D Body 对话框，如图 5-21 所示，在 3D Model Type 区域选中 Extruded 单选按钮。

（3）设置 Properties 区域各选项，为三维模型对象定义一个名称（Identifer）以标识该三维模型，在 Body Side 下拉列表中选择 Top Side，该选项将决定三维模型垂直投影到电路板的哪一个面。

注意：设计者可以为那些穿透电路板的部分如引脚设置负的支架高度值，Design Rules Checker 不会检查支架高度。

（4）设置 Overall Height 为 180mil，Standoff Height（三维模型底面到电路板的距离）为 0mil，3D Color 为适当的颜色。

（5）单击 OK 按钮关闭 3D Body 对话框，进入放置模式，在 2D 模式下，光标变为十字准线，在 3D 模式下，光标为橙色锥形。

（6）移动光标到适当位置，单击选定三维模型的起始点，接下来连续单击选定若干个顶点，组成一个代表三维模型形状的多边形。

（7）选定好最后一个点，右击或按 Esc 键退出放置模式，系统会自动连接起始点和最后一个点，形成闭环多边形，如图 5-22 所示。

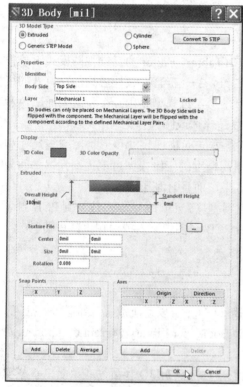
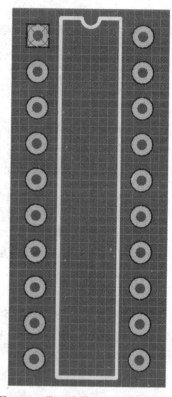

图 5-21　在 3D Body 对话框中定义三维模型参数　　图 5-22　带三维模型的 DIP-20 封装

定义形状时，按 Shift+Space 快捷键可以轮流切换线路转角模式，可用的模式有：任意角、45°、45°圆弧、90°和 90°圆弧。按 Shift+句号组合键和 Shift+逗号组合键可以增大或减小圆弧半径，按 Space 键可以选定转角方向。

当设计者选定一个扩展三维模型时，在该三维模型的每一个顶点会显示可编辑点，当光标变为 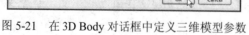 时，可单击并拖动光标到顶点位置。当光标在某个边沿的中点位置时，可通过单击并拖动的方式为该边沿添加一个顶点，并按需要进行位置调整。

将光标移动到目标边沿，光标变为✥时，可以单击拖动该边沿。

将光标移动到目标三维模型，光标变为✥时，可以单击拖动该三维模型。拖动三维模型时，可以旋转或翻动三维模型，编辑三维模型形状。

2. 为 DIP-20 的管脚创建三维模型

（1）仿照上面的步骤（2）～（3）进行操作。

（2）设置 Overall Height 为 100mil，Standoff Height（三维模型底面到电路板的距离）为 -35mil，3D Color 为很淡的黄色。

（3）单击 OK 按钮关闭 3D Body 对话框，进入放置模式。在 2D 模式下，光标变为十字准线。按 PageUp 键，将第一个引脚放大到足够大，在第一个引脚的孔内放一个小的封闭的正方形。

（4）选中小的正方形，按 Ctrl+C 键将它复制到粘贴板，然后按 Ctrl+V 键，将它粘贴到其他引脚的孔内。

3. 为 DIP-20 封装创建引脚标识 1 的小圆

（1）执行 Place→3D Body 命令，弹出 3D Body 对话框（图 5-21），在 3D Model Type 区域选中 Cylinder（圆柱体）单选按钮。

（2）选择圆参数 Radius（半径）：20mil，Height：181mil，Standoff Height：0mil，3D Color 为很淡的黄色，设置好后，单击 OK 按钮，光标处出现一个小方框，把它放在焊盘 1 的附近，单击即可，单击 Cancel 按钮或按 Esc 键退出放置状态。

增加了三维模型的 DIP-20 封装如图 5-23 所示。

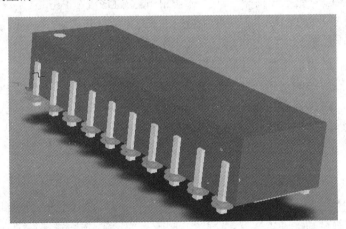

图 5-23 DIP-20 三维模型实例

注意：放置模型时，可按 BackSpace 键删除最后放置的一个顶点，重复使用可以"还原"轮廓所对应的多边形，回到起点。

形状必须遵循 Component Clearance 设计规则，但在 3D 显示时并不足够精确，设计者可为元器件更详细的信息建立三维模型。

完成三维模型设计后，会回到 3D Body 对话框中，设计者可以继续创建新的三维模型，也可以单击 Cancel 按钮或按 Esc 键关闭对话框。

设计者可以随时按 3 键进入 3D 显示模式（也可以在如图 5-24 所示的工具栏处选择 Altium 3D *，*代表各种颜色）以查看三维模型。如果不能看到三维模型，可以按 L 键打开 View Configurations 对话框，找到 3D Bodies 区域，在 Show Simple 3D Bodies 下拉列表中选择 Use

System Setting，如图 5-25 所示，即可显示三维模型。按 2 键可以切换到 2D 模式（也可以在如图 5-24 所示的工具栏处选择 Altium Stanfard 2D 以查看二维模型）。

最后要记得保存 PCB 库。

 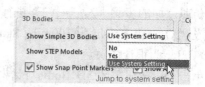

图 5-24　二维、三维模型显示的选择　　图 5-25　不能显示三维模型，选择 Use Syatem Setting 即可

DIP-20 的三维模型如图 5-23 所示，包括 22 个三维模型对象：轮廓主体、20 个引脚和一个标识引脚 1 的圆点。

5.2.4　从其他来源添加封装

为了介绍交互式创建三维模型的方法，需要一个封装在 Miscellaneous Devices.Pcblib 库内的三极管 TO-205AF 封装，设计者可以将已有的封装复制到自己建的 PCB 库中，并对封装进行重命名和修改以满足特定的需求，复制已有封装到 PCB 库可以参考以下方法（如果该元器件在集成库中，则需要先打开集成库文件，方法已在 4.6.2 节"从其他库中复制元器件"中介绍）。

（1）在 Projects 面板打开该库文件（Miscellaneous Devices.Pcblib），双击该文件名。

（2）在 PCB Library 面板中查找 TO-205AF 封装，找到后，在 Components 区域的 Name 列表中选择想复制的元器件 TO-205AF，该器件将显示在设计窗口中。

（3）右击，从弹出的下拉菜单内选择 Copy 命令，如图 5-26 所示。

（4）选择目标库的库文档（如 PCB FootPrints.PcbLib 文档），再单击 PCB Library 面板，在 Components 区域右击，在弹出的下拉菜单（图 5-27）中选择 Paste 1 Components 命令，器件将被复制到目标库文档中（器件可从当前库中复制到任一个已打开的库中）。如有必要，可以对器件进行修改。

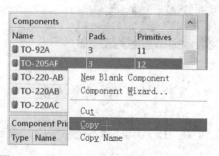 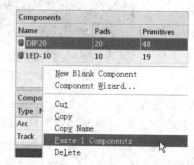

图 5-26　选择想复制的封装元件 TO-205AF　　图 5-27　粘贴想复制的封装元件到目标库

（5）在 PCB Library 面板中按住 Shift 键+单击或按住 Ctrl 键+单击选中一个或多个封装，然后右击选择 Copy 选项，切换到目标库，在封装列表栏中右击选择 Paste 选项，即可一次复制多个元器件到目标库。

下面介绍用交互式方式创建 TO-205AF 的三维模型。

5.2.5 交互式创建三维模型

使用交互式方式创建封装三维模型对象的方法与手动方式类似，最大的区别是该方法中 Altium Designer 会检测闭环形状，闭环形状包含了封装细节信息，可被扩展成三维模型。该方法通过设置 3D Body Manager 对话框实现。

注意：只有闭环多边形才能够创建三维模型对象。

接下来将介绍如何使用 3D Body Manager 对话框为三极管封装 TO-205AF 创建三维模型，该方法比手工定义形状更简单。

使用 3D Body Manager 对话框的方法如下：

（1）在封装库中激活 TO-205AF 封装。

（2）单击 Tools→Manage 3D Bodies for Current Component 命令，弹出 3D Body Manager 对话框，如图 5-28 所示。

（3）依据器件外形在三维模型中定义对应的形状，需要用到列表中的第四个选项 Polygonal shape created from primitives on TopOverlay，在对话框中该选项所在行位置单击 Body State 列的 Not In Component TO-205AF 位置，设置 Overall Height 为合适的值，如 50mil，将 Registration Layer 设置为三维模型对象所在的机械层（本例中为 Mechanical1），设置 Body 3D Color 为合适的颜色，如图 5-28 所示。

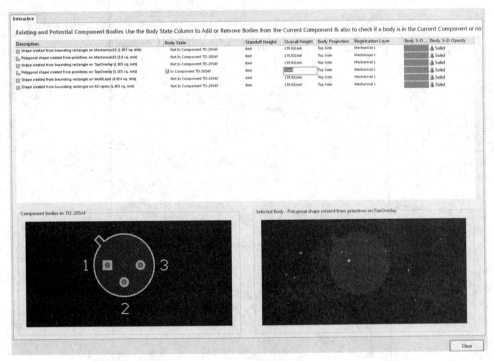

图 5-28 通过 3D Body Manager 对话框快速建立三维模型

（4）单击 Close 按钮，会在元器件上面显示三维模型形状，如图 5-29 所示，保存库文件。图 5-30 给出了 TO-205AF 封装的一个完整的三维模型图，该模型包含 5 个三维模型对象。

① 一个基础性的三维模型对象，根据封装轮廓建立（Overall Height：50mil，Standoff Height：0mil，3D Color：Gray）。

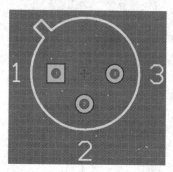 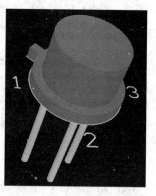

图 5-29　添加了三维模型后的 TO-205AF 2D 封装　　　图 5-30　TO-205AF 3D 模型

②一个代表三维模型的外围，通过放置圆柱体实现（方法为：执行 Place→3D Body 命令，弹出 3D Body 对话框，如图 5-31 所示，在 3D Model Type 栏选中单选按钮 Cylinder（圆柱体），选择圆参数 Radius（半径）：150mil，Height：180mil，Standoff Height：50mil，Color：Gray，设置完成后单击 OK 按钮，光标处出现一个方框，把它放在圆心处单击即可，单击 Cancel 按钮或按 Esc 键退出放置状态）。

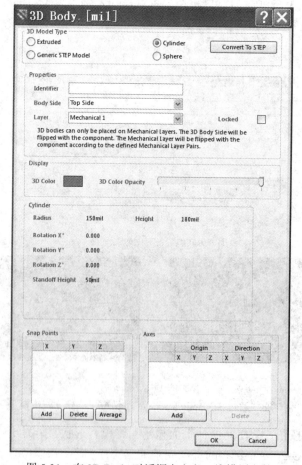

图 5-31　在 3D Body 对话框中定义三维模型参数

③其他 3 个对象对应 3 个引脚，通过放置圆柱体实现（方法同②），选择圆参数 Radius（半

径）：15mil，Height：450mil，Standoff Height：-450mil，Color Gold，设置完成后单击 OK 按钮，光标处出现一个小方框，把它放在焊盘 1 处单击即可；又弹出 3D Body[mil]对话框，选缺省值，单击 OK 按钮，光标处出现一个小方框，把它放在焊盘 2 处单击即可；同样方法放置焊盘 3 的引脚。

设计者也可以先为其中一个引脚创建三维模型对象，再复制、粘贴两次分别建立剩余两个引脚的三维模型对象。

设计者在掌握了以上三维模型的创建方法后，就可以建立数码管 LED-10 的三维模型，建好的三维模型如图 5-32 所示。

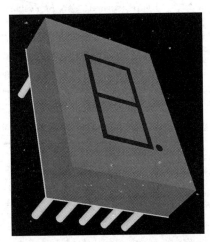

图 5-32　数码管 LED-10 的三维模型

建数码管 LED-10 的三维模型的步骤及数据如下：

管脚：

Place→3D Body，选 Cylinder，3D Color：白色，Radius（半径）：15mil，Height：200mil，Standoff Height：-200mil。

8 字：

Place→3D Body，选 Extruded，3D Color：蓝色，Standoff Height：0mil，Overall Height：182mil。

小数点：

Place→3D Body，选 Cylinder，3D Color：蓝色，Radius（半径）：15mil，Height：182mil，Standoff Height：0mil。

主体：

Tools→Manager 3D …，选择 Polygonal shape created from primitives on TopOverlay 行，在该选项所在行位置单击 Body State 列的 Not In Component LED-10 位置，Standoff Height 列为 0mil，Overall Height 列为 180mil。

5.2.6　检查元器件封装并生成报表

1. 检查元器件封装

Schematic Library Editor 提供了一系列输出报表供设计者检查所创建的元器件封装是否正确以及当前 PCB 库中有哪些可用的封装。设计者可以通过 Component Rule Check 输出报表以检查当前 PCB 库中所有元器件的封装，可以检验是否存在重叠部分、焊盘标识符是否丢失、是否存在浮铜、元器件参数是否恰当。

（1）使用这些报表之前，先保存库文件。

（2）执行 Reports→Component Rule Check 命令（快捷键为 R→R）打开 Component Rule Check 对话框，如图 5-33 所示。

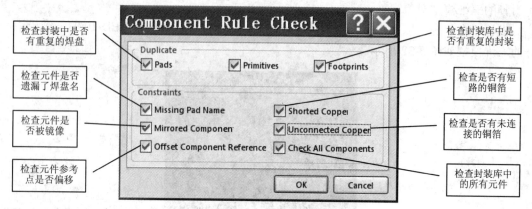

图 5-33　在封装应用于设计之前对封装进行查错

（3）检查所有项是否可用，单击 OK 按钮生成 PCB FootPrints.err 文件并自动在 Text Editor 打开，系统会自动标识出所有错误项，如图 5-34 所示，从中可看出，封装库内的 4 个元件没有错误。

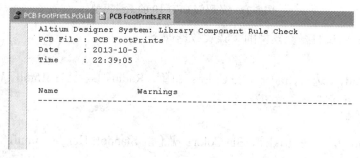

图 5-34　错误检查报告

（4）关闭报表文件返回 PCB Library Editor。

2. 元件报表

生成包含当前元件可用信息的元件报表的步骤如下。

（1）执行 Reports→Component 命令（快捷键 R→C）。

（2）系统显示 PCB FootPrints.CMP 报表文件，如图 5-35 所示，里面包含了选中封装元件的焊盘、线段、文字等信息。

3. 库清单

为库里面所有元件生成清单的步骤如下。

（1）执行 Reports→Library List 命令。

（2）系统显示 PCB FootPrints.REP 清单文件，如图 5-36 所示，里面包含了库内所有元件封装的名字。

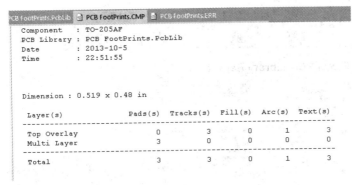

图 5-35 生成的元件报表文件

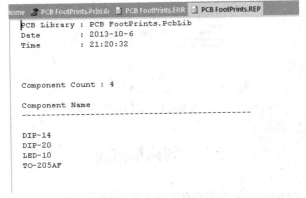

图 5-36 生成的元件库清单文件

4. 库报表

为库里面所有元件生成 Word 格式的报表文件步骤如下。

（1）执行 Reports→Library Report 命令。

（2）系统弹出 Library Report Settings 对话框，如图 5-37 所示，选择产生输出文件的路径，其他采用缺省值，单击 OK 按钮，产生 PCB FootPrints.doc 文件并自动显示，如图 5-38 所示，里面包含了库内所有封装元件的信息。

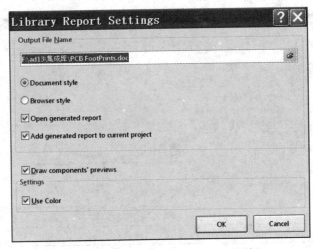

图 5-37 Library Report Settings 对话框

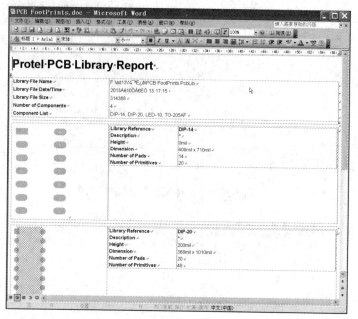

图 5-38 生成的 Word 格式的元件库报告文件

5.3 创建集成库

（1）建立集成库文件包——集成库的原始工程文件。
（2）为库文件包添加原理图库和 PCB 封装库。
（3）为元器件指定可用于板级设计和电路仿真的多种模型（本教材只介绍封装模型）。

为项目 4 新建的原理图库文件内的单片机 AT89C2051、与非门 74LS08、数码管 Dpy Blue-CA 三个器件重新指定在本项目新建的封装库 PCB FootPrints.PcbLib 内的封装。

为 AT89C2051 单片机更新封装的步骤如下：

1）在 SCH Library 面板的 Components 列表中选择 AT89C2051 器件，单击 Edit 按钮或双击元件名，打开 Library Component Properties 对话框，如图 5-39 所示。

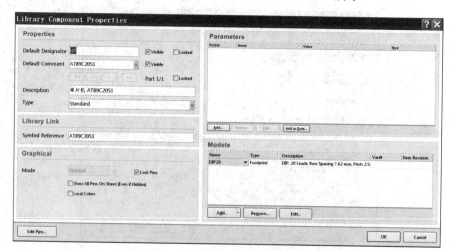

图 5-39 Library Component Properties 对话框

2）在 Models 栏删除原来添加的 DIP20 封装，选中该 DIP20，单击 Remove 按钮。然后添加设计者新建的 DIP-20 封装，单击 Add 按钮，弹出 Add New Model 对话框，选 FootPrint，单击 OK 按钮，弹出 PCB Model 对话框，单击 Browse 按钮，弹出 Browse Libraries 对话框，查找新建的 PCB 库文件（PCB FootPints.PcbLib），选择 DIP-20 封装，单击 OK 按钮即可。

用同样的方法为与非门 74LS08 添加新建的封装 DIP-14，再用同样的方法为数码管 Dpy Blue-CA 添加新建的封装 LED-10。

（4）检查库文件包 New Integrated_ Library1.LibPkg 是否包含原理图库文件和 PCB 图库文件，如图 5-40 所示。

图 5-40　库文件包包含的文件

在本项目的最后，将编译整个库文件包以建立一个集成库，该集成库是一个包含了项目 4 建立的原理图库（New Schlib1.SchLib）及本项目建立的 PCB 封装库（PCB FootPrints.PcbLib）的文件。即便设计者可能不需要使用集成库而是使用源库文件和各类模型文件，也有必要了解如何去编译集成库文件，这一步工作将对元器件和跟元器件有关的各类模型进行全面的检查。

（5）编译库文件包步骤如下：

1）执行 Project→Compile Integrated Library New Integrated_Library1.LibPkg 命令，将库文件包中的源库文件和模型文件编译成一个集成库文件。系统将在 Messages 面板显示编译过程中的所有错误信息（执行 View→Workspace Panels→System→Messages 命令），在 Messages 面板双击错误信息可以查看更详细的描述，直接跳转到对应的元件，可在修正错误后进行重新编译。

2）系统会生成名为 New Integrated_Library1.IntLib 的集成库文件（该文件名 New Integrated_Library1 是在 4.2 节创建新的库文件包时建立的），并将其保存于 ProjectOutputs 文件夹下，同时新生成的集成库会自动添加到当前安装库列表中，以供使用。

现在设计者已经学会了建立电路原理图库文件、PCB 库文件和集成库文件。

5.4　集成库的维护

自己建立集成库后，可以给设计工作带来极大的方便。但是，随着新元器件的不断出现和设计工作范围的不断扩大，用户的元器件库也需要不断地进行更新和维护以满足设计的需要。

5.4.1　将集成零件库文件拆包

系统通过编译打包处理，将关于某个特定元器件的所有信息封装在一起，存储在一个文件扩展名为.IntLib 的独立文件中构成集成元件库。对于该类型的元件库，用户无法直接对库中内容进行编辑修改。而用户自己建立的集成库文件，如果在创建时保留了完整的集成库库文件包，就可以通过再次打开库文件包的方式，对库中的内容进行编辑修改。修改完成后只要重新编译库文件包，就可以重新生成集成库文件。如果用户只有集成库文件，要对集成库中的内容进行修改，则需要先将集成库文件拆包，方法：打开一个集成库文件，弹出 Extract Sources or Install 对话框，单击 Extract Sources 按钮，从集成库中提取出库的源文件，在库的源文件中可以对元件进行编辑、修改、编译，才能最终生成新的集成库文件。

5.4.2 集成库维护的注意事项

集成库的维护是一项长期的工作。用户开始使用 Altium Designer 进行设计时就应该随时注意收集整理，形成自己的集成元件库。在建立并维护自己的集成库的过程中，用户应注意以下问题：

1. 对集成库中的元器件进行验证

为保证元器件在印制电路板上的正确安装，用户应随时对集成零件库中的元器件封装模型进行验证。验证时，应注意以下几个方面的问题：元器件的外形尺寸，元器件焊盘的具体位置，每个焊盘的尺寸，包括焊盘的内径与外径。穿孔式焊盘应尤其需要注意内径，太大有可能导致焊接问题，太小则可能导致元器件根本无法插入进行安装。在决定具体选用焊盘的内径尺寸时，还应考虑尽量减少孔径尺寸种类的数量。因为在印制电路板的加工制作时，对于每一种尺寸的钻孔，都需要选用一种不同尺寸的钻头，减少孔径种类，也就减少了更换钻头的次数，相应的也就减少了加工的复杂程度。贴片式焊盘则应注意为元器件的焊接留有足够的余量，以免造成虚焊盘或焊接不牢。另外，还应仔细检查封装模型中焊盘的序号与原理图元器件符号中管脚的对应关系。如果对应关系出现问题，无论是对原理图进行编译检查，还是对印制电路板文件进行设计规则检查，都不可能发现此类错误，只能在制作成型后的硬件调试阶段才有可能发现，这时想要修改错误，通常只能重新另做板，无疑给产品的生产带来浪费。

2. 不要轻易对系统安装的元器件库进行改动

Altium Designer 系统在安装时，会将自身提供的一系列集成库安装到系统的 Library 文件夹下。对于这个文件夹中的库文件，建议用户轻易不要对其进行改动，以免破坏系统的完整性。另外，为方便用户的使用，Altium Designer 的开发商会不定时地对系统发布服务更新包。当这些更新包被安装到系统中时，有可能会用新的库文件将系统中原有的库覆盖。如果用户修改了原有的库文件，则系统更新时会将用户的修改结果覆盖,如果系统更新时不覆盖用户修改结果，则无法反映系统对库其他部分的更新。因此，正确的做法是将需要改动的部分复制到用户自己的集成库中，再进行修改，以后使用时从用户自己的集成库中调用。

熟悉并掌握 Altium Designer 的集成库，不仅可以大量减少设计时的重复操作，还能减少出错的机率。对一个专业电子设计人员而言，对系统提供的集成库进行有效的维护和管理，以及具有一套属于自己的经过验证的集成库，将会极大地提高设计效率。

习题五

1. 简述进入 PCB 库编辑器的步骤。
2. 简述创建集成库的步骤。
3. 在习题四第 8 题的基础上，在集成库文件包 Integ_Lib.LibPkg 下新建一个 PCB 图库文件，命名为 MyFootPrints.PcbLib。
4. 在 MyFootPrints.PcbLib 库文件内，使用 PCB Component Wizard 创建一个双列直插元

件封装 DIP14（两排焊盘间距 300mil），并为该元件建立 3D 模型。

5．在 MyFootPrints.PcbLib 库文件内，用手工方法为单片机 AT89C51 创建一个 DIP40 的封装（两排焊盘间距 600mil），并为该元件建立 3D 模型。

6．在习题四第 10 题的基础上，为 2N3904 器件建立封装及 3D 模型。

7．有几种方法为原理图库内的元器件添加模型？

8．为项目 4 建立的原理图库和本项目建立的封装库建立集成库，并指出集成库存放的位置。

项目 6　原理图绘制的环境参数及设置方法

在掌握了前几个项目的内容后，绘制一个简单的原理图、设计印制电路板应该没有问题，但为了设计复杂的电路图，提高设计者的工作效率，把该软件的功能充分发掘出来，则需要进行后续章节的学习。本项目主要介绍原理图编辑环境下的相关参数设置，它将涵盖以下主题：
- 原理图编辑的操作界面设置
- 原理图图纸设置
- 创建原理图图纸模板
- 原理图工作环境设置

6.1　原理图编辑的操作界面设置

启动 Altium Designer 后，系统并不会进入原理图编辑的操作界面，只有当用户新建或打开一个 PCB 工程中的原理图文件后，系统才会进入原理图编辑的操作界面，如图 6-1 所示。本项目介绍的所有操作，都是在原理图编辑的操作界面内完成，所以用户一定要用前面介绍的方法打开原理图编辑器。

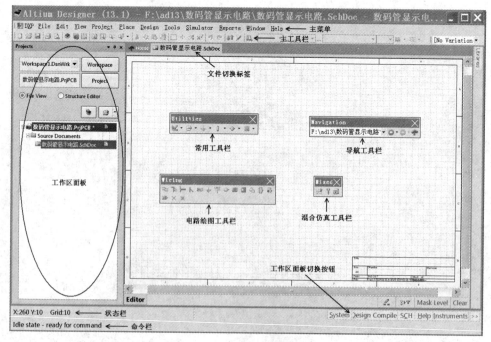

图 6-1　原理图编辑操作界面

原理图绘制的环境，就是原理图编辑器以及它提供的设计界面。若要更好地利用强大的电子线路辅助设计软件 Altium Designer 进行电路原理图设计，首先要根据设计的需要对软件的设计环境进行正确的配置。Altium Designer 的原理图编辑操作界面的顶部为主菜单和主工具栏，左部为工作区面板，右边大部分区域为编辑区，底部为状态栏及命令栏，还有电路绘图工具栏、常用工具栏等。除主菜单外，其余各部件均可根据需要打开或关闭。工作区面板与编辑区之间的界线可根据需要左右拖动。几个常用工具栏除可将它们分别置于屏幕的上下左右任意一个边上外，还可以以活动窗口的形式出现。下面分别介绍各部件的打开和关闭。

Altium Designer 的原理图编辑操作界面中各部件的切换可通过选择主菜单 View 中相应项目实现，如图 6-2 所示。Toolbars 为常用工具栏切换命令；Workspace Panels 为工作区面板切换命令；Desktop Layouts 为桌面布局切换命令；Command Status 为命令栏切换命令。菜单上的部件切换选项具有开关特性，例如，屏幕上有状态栏，当单击一次 Status Bar 时，状态栏从屏幕上消失，再单击一次 Status Bar 时，状态栏又会显示在屏幕上。

1. 状态栏的切换

要打开或关闭状态栏，可以执行菜单命令 View→Status Bar。状态栏中包括光标当前的坐标位置、当前的 Grid 值。

2. 命令栏的切换

要打开或关闭命令栏，可以执行菜单命令 View→Command Status。命令栏用来显示当前操作下的可用命令。

3. 工具栏的切换

Altium Designer 的工具栏中常用的有主工具栏（Schematic Standard）、连线工具栏（Wiring）、常用工具栏（Utilities）等。这些工具栏的打开与关闭可通过菜单 View→Toolbars 子菜单中的相关命令的执行来实现。工具栏菜单及子菜单如图 6-2 所示。

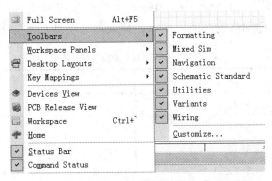

图 6-2 工具栏的切换

6.2 图纸设置

6.2.1 图纸尺寸

在电路原理图绘制过程中，对图纸的设置是原理图设计的第一步。虽然在进入原理图设计环境时，Altium Designer 系统会自动给出默认的图纸相关参数，但是对于大多数电路图的设计，这些默认的参数不一定适合设计者的要求。尤其是图纸幅面的大小，一般都要根据设计对象的复杂程度和需要对图纸的大小重新定义。在图纸的设置参数中除了要对图幅进行设置外，还包括图纸选项、图纸格式以及栅格的设置等。

1. 选择标准图纸

设置图纸尺寸时可执行 Design→Document Options 菜单命令，系统将弹出 Document Options 对话框，选择其中的 Sheet Options 标签进行设置，如图 6-3 所示。

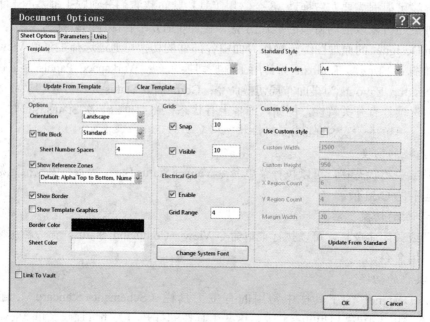

图 6-3 在 Sheet Options 选项卡进行原理图图纸的设置

在 Standard Style 区域的 Standard Styles 下拉列表中可选择各种规格的图纸。Altium Designer 系统提供了 18 种规格的标准图纸，各种规格的图纸尺寸如表 6-1 所示。

表 6-1 各种规格的图纸尺寸

代号	尺寸（英寸）	代号	尺寸（英寸）
A4	11.5×7.6	E	42×32
A3	15.5×11.1	Letter	11×8.5
A2	22.3×15.7	Legal	14×8.5
A1	31.5×22.3	Tabloid	17×11
A0	44.6×31.5	OrCADA	9.9×7.9
A	9.5×7.5	OrCADB	15.4×9.9
B	15×9.5	OrCADC	20.6×15.6
C	20×15	OrCADD	32.6×20.6
D	32×20	OrCADE	42.8×32.8

在 Altium Designer 给出的标准图纸格式中主要有公制图纸格式（A4～A0）、英制图纸格式（A～E）、OrCAD 格式（OrCADA～OrCADE）以及其他格式（Letter、Legal 等）。选择后，通过单击图 6-3 所示对话框右下角的 Update From Standard 按钮就更新当前图纸的尺寸。

2. 自定义图纸

如果需要自定义图纸尺寸，必须设置图 6-3 所示 Custom Style 区域中的各个选项。首先，应选中 Use Custom Style 复选框，以激活自定义图纸功能。

Custom Style 区域中其他各项的含义如下：

（1）Custom Width：设置图纸的宽度。

（2）Custom Height：设置图纸的高度。

（3）X Region Count：设置 x 轴参考坐标的刻度数。如图 6-3 中设置为 6，就是将 x 轴 6 等分。

（4）Y Region Count：设置 y 轴参考坐标的刻度数。如图 6-3 中设置为 4，就是将 y 轴 4 等分。

（5）Margin Width：设置图纸边框宽度。如图 6-3 中设置为 20，就是将图纸的边框宽度设置为 200mil。

6.2.2 图纸方向

1. 设置图纸方向

在图 6-3 中，使用 Orientation（方位）下拉列表框可以选择图纸的布置方向。单击右边的 按钮可以选择为横向（Landscape）或纵向（Portrait）格式。

2. 设置图纸标题栏

图纸标题栏是对图纸的附加说明。Altium Designer 提供了两种预先定义好的标题栏，分别是标准格式（Standard）和美国国家标准协会支持的格式（ANSI），如图 6-4 和图 6-5 所示。设置时首先选中 Title Block（标题块）复选框，然后单击右边的 按钮即可选择。若未选中该复选框，则不显示标题栏。

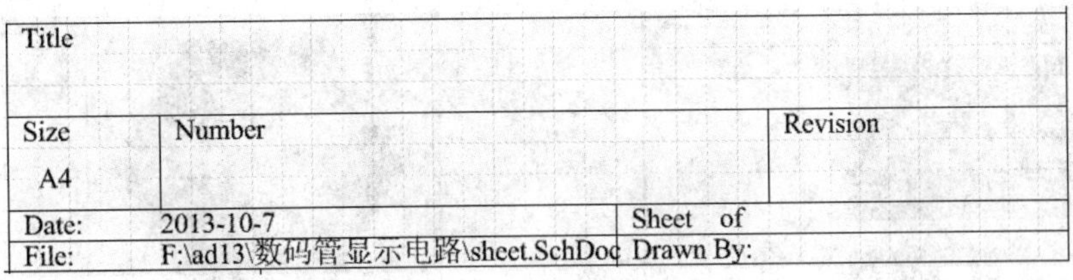

图 6-4 标准格式（Standard）标题栏

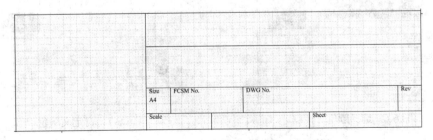

图 6-5 美国国家标准模式（ANSI）标题栏

Show Reference Zones 复选框用来设置图纸上索引区的显示。选中该复选框后，图纸上将显示索引区。所谓索引区是指为方便描述一个对象在原理图文档中所处的位置，在图纸的四个边上分配索引栅格，用不同的字母或数字来表示这些栅格，再用字母和数字的组合来代表由对应的垂直和水平栅格所确定的图纸中的区域。

Show Border 复选框用来设置图纸边框线的显示。选中该复选框后，图纸中将显示边框线。若未选中该项，将不会显示边框线，同时索引栅格也将无法显示。

Show Template Graphics 复选框用来设置模板图形的显示。选中该复选框后，将显示模板图形；若未选中，则不会显示模板图形。

3. Template 区域

Template 区域用于设定文档模板，单击该区域下拉列表框的 ⌄ 按钮，即可选择 Altium Designer 提供的标准图纸模板。

6.2.3 图纸颜色

图纸颜色设置包括图纸边框（Border）和图纸底色（Sheet）的设置。

在图 6-3 中，Border Color 用来设置边框的颜色，默认值为黑色。单击右边的颜色框，系统将弹出 Choose Color 对话框，如图 6-6 所示，我们可通过它来选取新的边框颜色。

Sheet Color 用来设置图纸的底色，默认设置为浅黄色。要改变底色时，双击右边的颜色框，打开 Choose Color 对话框，如图 6-6 所示，然后选取新的图纸底色。

Choose Color 对话框的 Basic 选项卡中列出了当前可用的 239 种颜色，并定位于当前所使用的颜色。如果用户希望改变当前使用的颜色，可直接在 Colors 列表框或 Custom Colors 区域中用鼠标单击选取。

如果设计者希望自己定义颜色，单击 Standard 标签，如图 6-7 所示，选择好颜色后单击 Add to Custom Colors 按钮，即可把颜色添加到 Custom Colors 中。

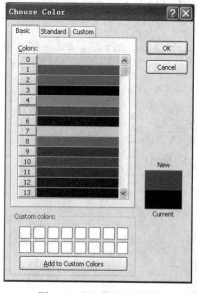

图 6-6　选择颜色对话框

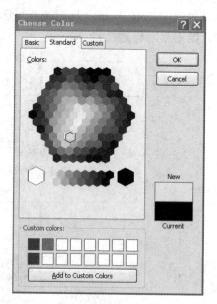

图 6-7　自定义颜色

6.3　栅格（Grids）设置

在设计原理图时，图纸上的栅格为放置元器件、连接线路等设计工作带来了极大的方便。

在进行图纸的显示操作时，可以设置栅格的种类以及是否显示栅格。在 Document Options 对话框中栅格设置区域可以对电路原理图的图纸栅格（Grids）和电气栅格（Electrical Grid）进行设置。

具体设置内容介绍如下：

（1）捕获栅格（Snap）：表示设计者在放置或者移动"对象"时，光标移动的距离。捕获功能的使用，可以在绘图中快速地对准坐标位置，若要使用捕获栅格功能，先选中（Snap）复选框，然后在右边的文本框中文本设定值。

（2）可视栅格（Visible）：表示图纸上可视的栅格，要使栅格可见，选中（Visible）复选框，然后在右边的文本框中文本设定值。建议在该文本框中设置与 Snap 文本框中相同的值，使可视栅格与捕获栅格一致。若未选中该复选框则不显示栅格。

（3）电气栅格（Electrical Grid）：用来设置在绘制图纸上的连线时捕获电气节点的半径。该选项的设置值决定系统在绘制导线（wire）时，以鼠标当前坐标位置为中心，以设定值为半径向周围搜索电气节点，然后自动将光标移动到搜索到的节点表示电气连接有效。实际设计时，为能准确快速地捕获电气节点，电气栅格应该设置得比当前捕获栅格稍微小点，否则电气对象的定位会变得相当困难。

栅格的使用和正确设置可以使设计者在原理图的设计中准确地捕捉元器件。使用可视栅格点，可以使设计者大致把握图纸上各个元件的放置位置和几何尺寸，电气栅格的使用则大大地方便了电气连线的操作。在原理图设计过程中恰当地使用栅格设置，可方便电路原理图的设计，提高电路原理图绘制的速度和准确性。

6.4 其他设置

6.4.1 Document Options 中的系统字体设置

在 Document Options 对话框中，单击 Change System Font（更改系统字体）按钮，屏幕上会弹出系统字体对话框，可以对字体、大小、颜色等进行设置。选择好字体后，单击"确定"按钮即可完成字体的重新设置。

6.4.2 图纸设计信息

图纸的设计信息记录了电路原理图的设计信息和更新记录。Altium Designer 的这项功能使原理图设计者可以更方便、有效地对图纸的设计进行管理。若要打开图纸设计信息设置对话框，可以在 Document Options 对话框中单击 Parameters 标签，如图 6-8 所示。Parameters 选项卡为原理图文档提供 20 多个文档参数，供用户在图纸模板和图纸中放置。当用户为参数赋了值，并选中"转换特殊字符串"选项后（方法：单击主菜单 DXP→Preferences→Schematic→Graphical Editing 命令，在选项卡内选中 Convert Special Strings 复选框），图纸上即显示所赋参数值。

在图 6-8 所示对话框中可以设置的选项很多，其中常用的有以下几个：

Address：设计者所在的公司以及个人的地址信息。
ApprovedBy：原理图审核者的名字。
Author：原理图设计者的名字。
CheckedBy：原理图校对者的名字。

CompanyName：原理图设计公司的名字。
CurrentDate：系统日期。
CurrentTime：系统时间。
DocumentName：文件的名称。
SheetNumber：原理图页面数。
SheetTotal：整个设计项目拥有的图纸数目。
Title：原理图的名称。

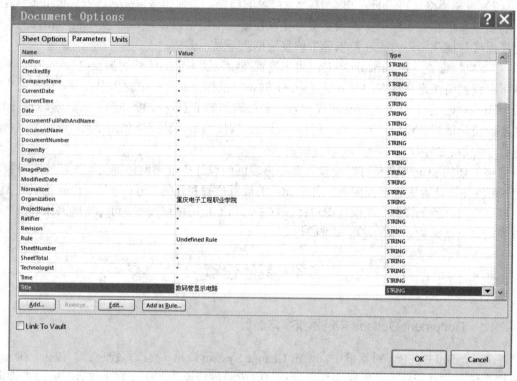

图 6-8　图纸设计信息对话框

在上述选项中可填写的信息包括参数的值（Value）和数值的类型（Type）。设计者可以根据需要添加新的参数值，填写的方法有以下几种：

- 单击欲填写参数值（Value）的文本框，把*去掉，可以直接在文本框中输入参数。
- 单击要填写参数值所在的行，使该行变为选中状态，然后单击对话框下方的 Edit 按钮，进入参数编辑对话框，如图 6-9 所示，这时设计者可以根据需要在对话框中填写参数。
- 双击要编辑参数所在行的任意位置，系统也将弹出参数编辑对话框。
- 在图纸设计信息对话框中单击 Add 按钮，系统自动弹出参数属性编辑对话框，此时可以添加新的参数。

在图 6-9 所示的 Parameter Properties 对话框的 Value 文本框内输入参数值。如果是系统提供的参数，其参数名是不可更改的（灰色）。确定后单击 OK 按钮，即完成参数赋值的操作。

如果完成了参数赋值后，标题栏内没有显示任何信息。如在图 6-8 中的 Title 行后，赋了"数码管显示电路"的值，而标题栏无显示。则需要执行如下操作：

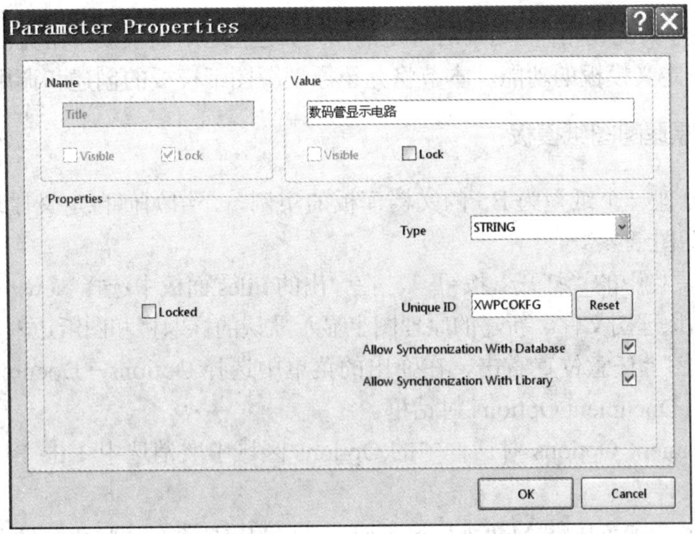

图 6-9 参数设置对话框

单击工具栏中的绘图工具按钮，在弹出的工具面板中选择添加文本按钮 A，按 Tab 键，打开 Annotation 对话框，如图 6-10 所示，可在 Properties 区域中的 Text 下拉列表框中选择"=Title"选项，在 Font 处单击 Change 按钮，设置字体颜色、大小等属性，然后再单击 OK 按钮，关闭 Annotation 对话框，在标题栏中 Title 处的适当位置单击即可。

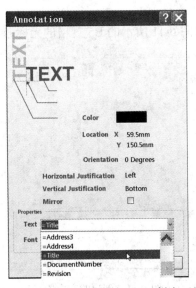

图 6-10 让设置的参数在 Value 栏内可见

在图 6-3 所示的 Document Options 对话框中单击 Units 标签，可以设置图纸使用英制（Imperial）或公制（Metric）单位。

6.5 原理图图纸模板设计

Altium Designer 提供了大量的原理图的图纸模板供用户调用，这些模板存放在 Altium Designer 安装目录下\Documents and Settings\All Users\Documents\Altium\AD13\Templates 子目录

里，用户可根据实际情况调用。但是针对特定的用户，这些通用的模板常常无法满足需求，Altium Designer 提供了自定义模板的功能，本节将介绍原理图图纸模板的创建和调用方式。

6.5.1 创建原理图图纸模板

本节将通过创建一个纸型为 B5 的文档模板的实例，介绍如何自定义原理图图纸模板，以及如何调用原理图图纸参数。

（1）单击工具栏中的"打开"按钮 ，在弹出的 Files 面板中选择 New→Schematic Sheet 命令，新建一个空白原理图文件。新建的原理图上显示默认的标题栏和图纸边框，如图 6-4 所示。

（2）在原理图上任意位置右击，在弹出的菜单中选择 Options→Document Options 命令，打开图 6-3 所示的 Document Options 对话框。

（3）在 Document Options 对话框中的 Options 区域中取消选中 Title Block 复选框，然后单击 Units 标签。

（4）在 Units 选项卡中的 Metric Unit System 区域中勾选 Use Metric Unit System 复选框，在激活的 Metric Unit Used 下拉列表中选择 Millimeters 选项，将原理图图纸中使用的长度单位设置为毫米。

（5）单击 Sheet Options 标签，打开该选项卡，勾选 Custom Style 区域中的 Use Custom Style 复选框，然后在激活的 Custom Width 文本框中输入 257，在 Custom Height 文本框中输入 182，在 X Region Count 文本框中输入 4，在 Y Region Count 文本框中输入 3，在 Margin Width 文本框中输入 5，单击 OK 按钮。

通过以上操作，创建了如图 6-11 所示的 B5 规格的无标题栏的空白图纸。

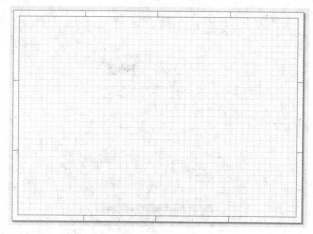

图 6-11 创建的空白图纸

（6）单击工具栏中的绘图工具按钮 ，在弹出的工具面板中选择绘制直线工具按钮 ，按 Tab 键，打开直线属性编辑对话框，然后设置直线的颜色为黑色。

（7）在图纸的右下角绘制如图 6-12 所示的标题栏边框。

（8）单击工具栏中的绘图工具按钮 ，在弹出的工具面板中选择添加文本按钮 A，按 Tab 键，打开 Annotation 对话框，然后设置文字的颜色为"黑色"，字体为"黑体"，字形为"常规"，字体大小为"小二"，文字内容为"标题："，单击 OK 按钮。然后将文字移动到如图 6-13 所示的位置。

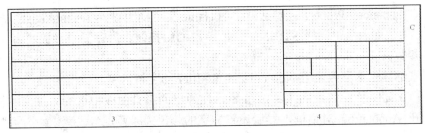

图 6-12　绘制的标题栏边框

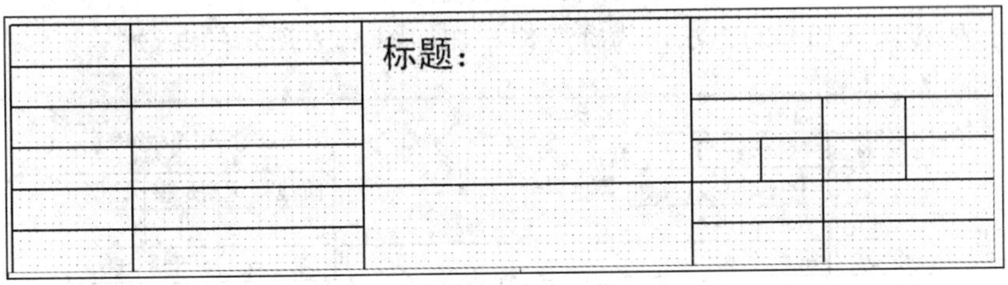

图 6-13　输入标题

（9）再次按 Tab 键，打开 Annotation 对话框，然后设置字体大小为"四号"，按照如图 6-14 所示的标题栏，添加其他的文字。

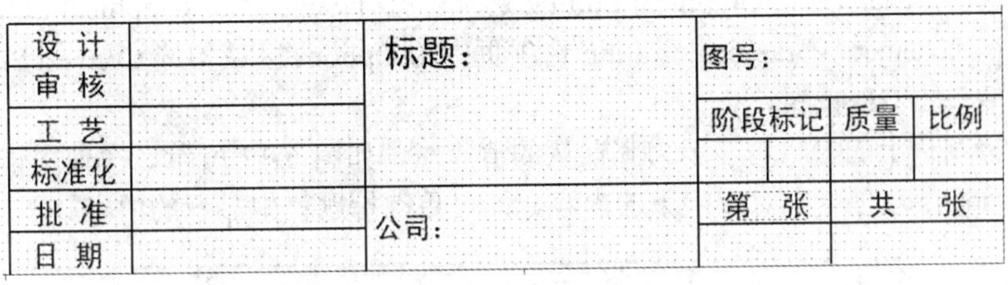

图 6-14　添加标题文字后的标题栏

（10）选择 Design→Document Options 命令，打开 Document Options 对话框，切换到 Parameters 选项卡，如图 6-8 所示。

（11）单击 Parameters 选项卡中的 Add 按钮，打开如图 6-15 所示的 Parameter Properties 对话框。

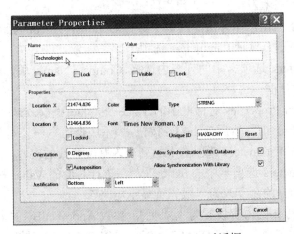

图 6-15　Parameter Properties 对话框

（12）在 Parameter Properties 对话框中的 Name 文本框中输入 Technologist，在 Properties 区域的 Type 下拉列表框中选择 STRING 项，单击 OK 按钮，创建一个参数名为 Technologist 的字符串型参数。

以此方法继续创建参数名为 Normalizer、Ratifier 的字符串型参数。

（13）单击工具栏中的绘图工具按钮，在弹出的工具面板中选择添加文本按钮 A，按 Tab 键，打开 Annotation 对话框，然后设置文字的颜色为"蓝色"，字体大小为"四号"，在 Properties 区域中的 Text 下拉列表框中选择"=Title"选项，单击 OK 按钮，然后在标题栏中标题处的适当位置单击，即把"=Title"参数放在标题区。

（14）按照步骤（13）的方法，为标题栏添加如图 6-16 所示的参数。

图 6-16 添加参数后的标题栏

（15）选择 Tools→Schematic Preferences 命令，打开 Preferences 对话框，在对话框左边的树型列表中选择 Schematic→Graphical Editing 选项，打开 Schematic-Graphical Editing 选项页。

（16）在 Schematic-Graphical Editing 选项页中的 Options 区域勾选 Convert Special Strings 复选框，然后单击 OK 按钮。

此时，标题栏上的参数均显示为其默认的值"*"，如图 6-17 所示。在使用该模板时，只需更新 Parameters 选项卡中对应参数的内容，即可更改标题栏中显示的内容。

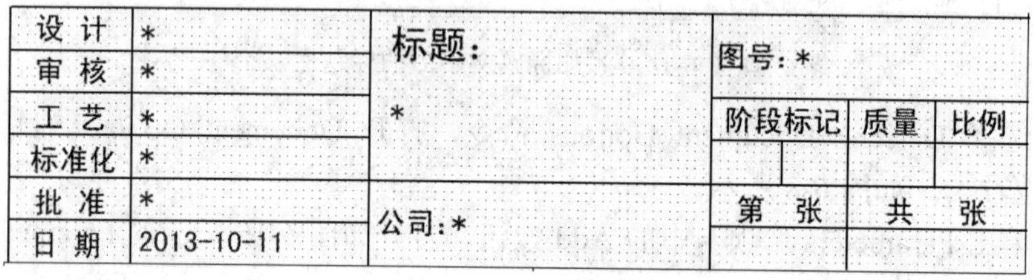

图 6-17 标题栏

（17）在原理图上右击，在弹出的菜单中选择 Options→Document Parameters 命令，打开 Document Options 对话框，显示 Parameters 选项卡。

（18）在 Parameters 选项卡中的列表内选择 CompanyName 项，单击 Edit 按钮，打开 Parameter Properties 对话框。

（19）在 Parameter Properties 对话框中的 Value 文本框中输入公司名称，本例中输入的是虚构的"重庆森达电子公司"，然后单击 OK 按钮，"重庆森达电子公司"即出现在标题栏的公司处。用户也可直接在 Parameters 选项卡中的列表内修改参数的内容。

（20）选择 Parameters 选项卡中的 Title 项，在该行对应的 Value 栏中输入"数码管显示电路"，即可将参数 Title 的内容改为"数码管显示电路"。

（21）将参数 Author 的内容设置为"刘明"，参数 ApprovedBy 的内容设置为"李思进"，参数 SheetNumber 的内容设置为"BD2.898.000"，单击 OK 按钮，结束参数修改。

此时的标题栏如图 6-18 所示，标题和公司等处的内容已经更新为"数码管显示电路"和"重庆森达电子公司"，当调用该原理图图纸模板时，用户就不用修改这几个参数了。

设 计	刘明			标题：		图号：BD2.898.000		
审 核	李思进							
工 艺	*			数码管显示电路		阶段标记	质量	比例
标准化	*							
批 准	*			公司：重庆森达电子公司		第 张	共 张	
日 期	2013-10-11							

图 6-18　修改参数内容后的标题栏

（22）单击"保存"按钮 ![save]，在弹出的"保存"对话框中设置文件名为 B5_Template.SchDot；保存类型为原理图模板文件.SchDot，单击"保存"按钮。

注意：日期这一栏的参数为 CurrentDate，所以它显示的就是绘图时计算机内的系统日期。

6.5.2　原理图图纸模板文件的调用

本节将通过一个调用 6.5.1 节创建的原理图图纸模板的实例，介绍模板文件的调用方法。

（1）在主菜单中执行 File→New→Schematic 命令，新建一个空白原理图文件。

注意：在调用新的原理图图纸模板之前，首先要删除旧的原理图图纸模板。

（2）在主菜单中执行 Design→General Template→Choose Another File 命令，弹出"打开文件"对话框，选择 6.5.1 节中创建的原理图图纸模板文件 B5_Template.SchDot，单击"打开"按钮，弹出 Update Template 对话框，如图 6-19 所示。

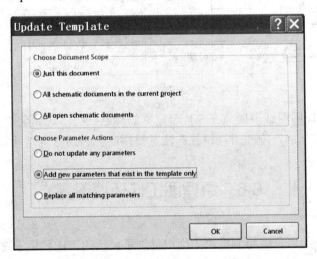

图 6-19　Update Template 对话框

该对话框中的 Choose Document Scope 有三个选项，用来设置操作的对象范围，其中：

Just this document 表示仅仅对当前原理图文件进行操作，即移除当前原理图文件模板，调用新的原理图图纸模板。

All schematic documents in the current project 表示将对当前原理图文件所在工程中的所有原理图文件进行操作，即移除当前原理图文件所在工程中所有的原理图文件模板，调用新的原理图图纸模板。

All open schematic documents 表示将对当前所有已打开的原理图文件进行操作，即移除当前打开的所有原理图文件模板，调用新的原理图图纸模板。

该对话框中的 Choose Parameter Actions 有三个选项，用于设置对于参数的操作，其中：

Do not update any parameters 表示不更新任何参数。

Add new parameters that exist in the template only 表示将原理图图纸模板中新定义的参数添加到调用原理图图纸模板的文件中。

Replace all matching parameters 表示用原理图图纸模板中的参数替换当前文件的对应参数。

（3）在图 6-19 所示的 Update Template 对话框中选中 Just this document 和 Add new parameters that exist in the template only 单选按钮，单击 OK 按钮，弹出如图 6-20 所示的 Information 对话框，要求用户确认在一个原理图文档中调用新的原理图模板。

图 6-20　Information 对话框

（4）单击 Information 对话框中的 OK 按钮，即调用了原理图图纸模板，如图 6-21 所示。

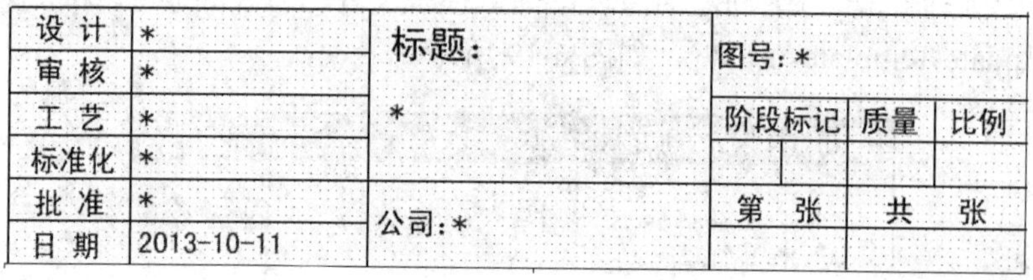

设 计	*	标题：		图号：*		
审 核	*					
工 艺	*	*		阶段标记	质量	比例
标准化	*					
批 准	*	公司：*		第　张		共　张
日 期	2013-10-11					

图 6-21　调用的原理图图纸模板

（5）调用的原理图图纸模板与 6.5.1 节建立的标题栏的格式完全相同，只是标题栏里的参数需要用户根据实际的原理图进行设置；注意日期这一栏的内容是计算机内的系统日期。

6.6　原理图工作环境设置

Altium Designer 的原理图绘制模块为用户提供了灵活的工作环境设置选项，这些选项和参数主要集中在 Preferences 对话框内的 Schematic 选项页内，如图 6-22 所示，通过对这些选项和参数的合理设置，可以使原理图绘制模块更能满足用户的操作习惯，有效提高绘图效率。在原理图编辑环境下，打开图 6-22 所示的对话框可以通过以下操作完成：

- 在菜单中执行 Tools→Schematic Preferences 菜单命令。
- 使用右键快捷菜单。在原理图编辑环境中的工作区任意位置右击，这时系统弹出原理图编辑的快捷菜单，选择 Options→Schematic Preferences 选项。
- 在主菜单中执行 DXP→Preferences 菜单命令，选择 Schematic 选项。

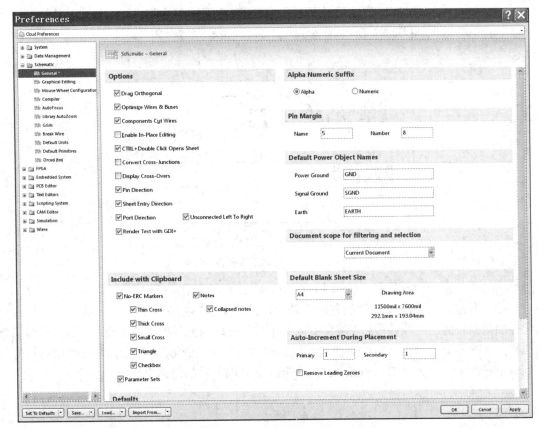

图 6-22 原理图参数设置对话框

Preferences 对话框中 Schematic 选项下共有 12 个选项,它们分别是原理图参数选项（General）、图形编辑参数选项（Graphical Editing）、编译器选项（Compiler）、导线分割选项（Break Wire）、默认的初始值选项（Default Primitives）和软件参数选项（Orcad(tm)）等,分别用于设置原理图绘制过程中的各类功能选项,下面就常用的选项页介绍如下。

6.6.1 General 选项页

General 选项页如图 6-22 所示,该选项页主要用于原理图编辑过程中通用项的设置,按照选项功能细分,共分为 10 个选项区域,其中各选项的功能介绍如下。

1. 选项参数（Options）设置

在选项参数部分通过复选的方式可设置下列参数：

- 直角拖动（Drag Orthogonal）

选中此复选框,在绘图过程中拖动元器件或其他对象时,与之连接的导线将始终保持与屏幕坐标的正交（与拖动方向的平行或垂直）关系。若取消,拖动时导线将以任意角度保持原有的连接关系。

- 优化导线或总线连接（Optimize Wires & Buses）

选中此复选框,两根独立的导线或总线连接在一起时不论是否正对端点的连接导线都会自动地结合为一根导线,具体意义如图 6-23 所示。

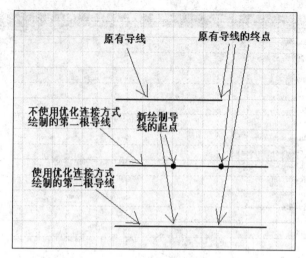

图 6-23　优化连线举例

- 元器件自动切割导线（Component Cut Wires）

选中此复选框，当一个元件放置时，若元件的两个管脚同时落在一根导线上，该导线将被元件的两个管脚切割成两段，并将切割的两个端点分别与元件的管脚相连接。如果未选中该复选框，系统不会自动切除连线夹在元件引脚中间的部分。图 6-24 所示为将一个电容符号移动到一条导线上时，选中 Components Cut Wires 复选框前后的结果对比。

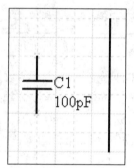 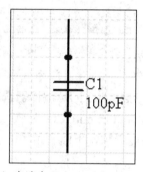 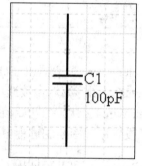

（a）移动电容前　　　（b）未选中 Components Cut Wires　　　（c）选中 Components Cut Wires

图 6-24　选中 Components Cut Wires 复选框前后的区别

- 允许直接编辑（Enable In-Place Editing）

用于设置在原理图中直接编辑文本，选中该项后，用户可通过在原理图中的文本上单击或使用快捷键 F2，直接进入文本编辑框，修改文本内容。建议选中该复选框。

- 按下 Ctrl 键的同时双击打开页面（CTRL+Double Click Opens Sheet）

选中此复选框，在绘制层次电路原理图的过程中，按下 Ctrl 键的同时双击原理图中的方块图即可打开相应的电路模块原理图。

- 转换交叉接点（Convert Cross-Junctions）

当允许转换交叉接点时，向三根导线的交叉处再添加一根导线，系统自动将四条导线的连接形式转换成两个三线的连接，以保证四条导线之间在电气上是连通的。如果禁止，一个四线连接会被视为两根不相交的导线，其在电气上是不连通时，但可以通过放置手动节点将其相连，如图 6-25 所示。

项目 6　原理图绘制的环境参数及设置方法

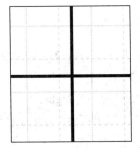 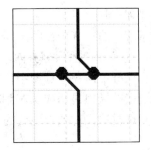

（a）未选中 Convert Cross-Junctions 复选框　　　（b）选中 Convert Cross-Junctions 复选框

图 6-25　选中 Convert Cross-Junctions 复选框前后的区别

- 显示交叉（Display Cross-Overs）

允许显示交叉时，原理图中的交叉接点处会显示为一个弧形，以明确指出两条导线不具有电气上的连通，如图 6-26 所示。

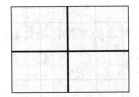 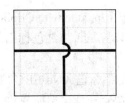

（a）未选中 Display Cross-Overs 复选框　　　（b）选中 Display Cross-Overs 复选框

图 6-26　选中 Display Cross-Overs 复选框前后的区别

- 显示管脚方向（Pin Direction）

用于显示引脚上的信号流向。允许显示管脚方向时，系统在元器件的管脚处用三角箭头明确指出管脚的输入输出方向，否则不显示管脚方向，如图 6-27 所示。

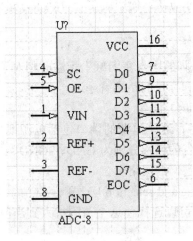 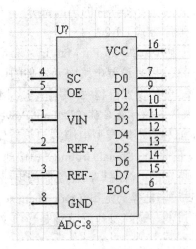

（a）显示管脚方向　　　　　　　　　　　　（b）不显示管脚方向

图 6-27　选中 Pin Direction 复选框前后的区别

- 显示方块图入口的方向（Sheet Entry Direction）

在层次化电路图设计中，显示图纸连接端口的信号流向。选中该复选框后，原理图中的图纸连接端口将通过箭头的方式显示该端口的信号流向，这样能避免原理图中电路模块间信号流向矛盾的错误出现。

- 显示端口方向（Port Direction）

用于显示连接端口的信号流向，选中该选项后，电路端口将通过箭头的方式显示该端口的信号流向，这样能避免原理图中信号流向矛盾的错误出现。

- 未连接的端口显示成从左到右的方向（Unconnected Left To Right）

选中该复选框时，对于未连接的端口，一律显示为从左到右的方向（相当于 Right 显示风格），如图 6-28 所示。

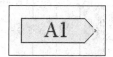   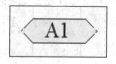

（a）选中 Unconnected Left To Right 复选框　　（b）未选中 Unconnected Left To Right 复选框

图 6-28　选中 Unconnected Left To Right 复选框前后的区别

2. 剪贴板（Include with Clipboard）设置

这一部分设置是否将红色标出的 No-ERC 标志和设置对象的参数复制到剪贴板中。共有两个复选框，分别设置：

- No-ERC 标记（No-ERC Markers）

此复选框决定在使用剪贴板进行复制时，对象的 No-ERC 标志是否随图形文件被复制。

- 参数设置对象（Parameter Sets）

这个复选框决定在使用剪贴板进行复制操作时，是否将对象的参数设置随图形文件复制。

3. 字母或数字后缀方式（Alpha Numeric Suffix）设置

这一部分用于在放置一个包括多个部件的器件时，定义每个部分序号的表示形式。选单选按钮 Alpha 表示字母，选 Numeric 表示数字。

例如：对于一个器件的第二部分，一般有两种表示方法：使用英文字母顺序方式 U1:B 或使用数字顺序方式 U1:2。

4. 引脚标注边距（Pin Margin）设置

这一部分用来设置电路中元器件的引脚名称和引脚的序号在图纸上标注时相对于元器件的位置。这个值设置得越大，引脚与之相对应的名称和标号的距离就越远。

5. 默认电源对象名称（Default Power Object Names）设置

这一部分为不同类型电源端口设置默认的网络名。这些电源的端口包括电源地（Power Ground）、信号地（Signal Ground）和接地（Earth），缺省的名称分别为 GND、SGND、EARTH。对于这些特定的电源端口，在绘制的电路图中不显示它们的网络名。

6. 过滤与选择的范围（Document scope for filtering and selection）设置

通常过滤与选择操作的范围是当前文档，用户也可以选择使这个范围扩大到当前所有打开的文档。

7. 新建原理图的默认尺寸（Default Blank Sheet Size）设置

选择新建一个空白的原理图文档时初始的图纸尺寸。用户可以设置为最习惯使用的一种图纸尺寸。对于每个新建的原理图文档，对其最终的图纸尺寸，可以在文档选项中进行修改。

8. 编号自动增加（Auto-Increment During Placement）设置

当放置一个支持自动增量的对象时，这一部分定义自动增量值的大小。在 Altium Designer

电路原理图编辑环境中，支持自动增量的对象包括：元器件的标号、元器件的引脚以及所有与网络有关的标号（网络的标号、端口的标号和电源端口等）。Secondary 用于包含两个可以增加/减少增量值的对象时，例如对于元器件的引脚就有名称有关的序号和引脚有关的序号。

注意：Primary 和 Secondary 的值都可以设置为数字或者英文字母顺序的值。

- 去掉前面的零（Remove Leading Zeroes）

选中该复选框，放置一个数字字符时，前面的 0 自动去掉。如放置 000456，显示为 456，前面的 0 自动去掉。

9. 默认模板文件名称（Defaults）设置

Default Template 区域用于设定默认的模板文件，用户可在 Template 编辑框内选择需要的模板文件，设定完成后，新建的原理图文件将自动套用设定的模板文件。该选项的默认值为 No Default Template File，表示没有设定默认模板文件。

6.6.2 Graphical Editing 选项页

Graphical Editing 选项页如图 6-29 所示，该选项页主要对原理图编辑中的图像编辑属性进行设置，如鼠标指针类型、栅格、后退或重复操作次数等，具体介绍如下：

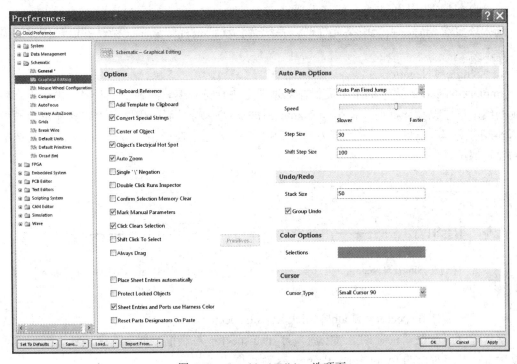

图 6-29 Graphical Editing 选项页

1. Options 区域

Options 区域用于设定原理图文档的操作属性。

- 剪贴板参考点（Clipboard Reference）

该复选框用于设置在剪贴板中使用的参考点，选中该项后，用户在进行复制和剪切操作时，系统会要求用户设定所选择对象复制到剪贴板时的参考点。当把剪切板中的对象粘贴到电路图上时，将以参考点为基准。如果没有选择此项，进行复制（Copy）和剪切（Cut）时系统不会要求指定参考点。
- 将模板添加到剪贴板（Add Template to Clipboard）

该复选框用于设置剪贴板中是否包含模板内容。选中该项后，包含图形边界、标题栏和任何附加图形的当前页面模板在使用复制或剪切命令时，将被复制到 Windows 的剪贴板。若未选中该复选框，用户可以直接将原理图复制到 Word 文档。

- 转换特殊字符串（Convert Special Strings）

选中该复选框后，系统会将电路图中的特殊字符串转换成它所代表的内容，例如 Date，将会转换成它实际代表的意义，这里显示的将会是系统当前的日期。若未选中，电路图中的特殊字符串将不进行转换。

- 对象中心（Center of Object）

该复选框用于设置对象的中心点为操作的基准点，选中该项后，当使用鼠标调整元件位置时，将以对象的中心点为操作的基准点。此时鼠标指针将自动移到元件的中心点。

- 对象的电气热点（Object's Electrical Hot Spot）

该复选框用于设置元件的电气热点为操作的基准点，选中该项后，使用鼠标调整元件位置时，以元件离鼠标指针位置最近的热点，一般是元件的引脚末端为基准点。

- 自动放大（Auto Zoom）

选中该复选框后，当选中某元件时，系统会自动调整视图显示比例，并以最佳比例显示所选择的对象。

- Single '\' Negation

Single '\' Negation 复选框用于设置在原理图上进行符号编辑时，以"\"字符表示引脚名上加短横线。选中该复选框后，在引脚 Name 后添加"\"符号后，引脚名上方就显示短横线，如图 6-30 所示为一个 Name 项设置为"R\E\S\E\T"的引脚在选中 Single '\' Negation 复选框前后的显示情况。

(a) 未选中 Single '\' Negation 复选框　　　　(b) 选中 Single '\' Negation 复选框

图 6-30　选中 Single '\' Negation 复选框的显示效果

- 双击运行 Inspector（Double Click Runs Inspector）

该复选框用于设置在对象上双击后，打开 Inspector 对话框。如未选中该复选框，则双击对象后将打开该对象的 Component Properties 对话框。

- 确认选择存储器消息框（Confirm Selection Memory Clear）

该复选框用于设置在清除选择存储器时，显示确认消息框。若选中该项，当用户单击存储器选择对话框的 Clear 按钮，欲清除选择存储器时，将弹出如图 6-31 所示的 Confirm 对话框，请求确认。若未选中该项，在清除选择存储器的内容时，将不会出现确认对话框，直接进行清除。建议选中该项，这样可以防止由于疏忽而删掉已选存储器。

- 单击清除选中（Click Clears Selection）

该复选框用于设置通过单击原理图编辑窗口内的任意位置来清除其他对象的选中状态。

若未选中该复选框，单击原理图编辑窗口内已选中对象以外的任意位置，只会增加已选取的对象，无法清除其他对象的选中状态。

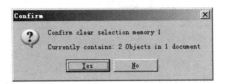

图 6-31　Confirm 消息框

● 按住 Shift 键单击选中（Shift Click To Select）

该复选框用于指定需要按住键盘 Shift 键，然后单击才能选中的对象。选中该项后，该项右侧的 Primitives 按钮被激活，单击 Primitives 按钮，打开如图 6-32 所示的 Must Hold Shift To Select 对话框。在该对话框内的列表中勾选对象类型对应的 Use Shift 栏，所有勾选的对象类型都需要按住 Shift 键，然后单击才能被选中。

● 总是拖曳（Always Drag）

该复选框用于设置在移动具有电气意义的对象位置时，将保持对象的电气连接状态，系统会自动调整导线的长度和形状。

2. Undo/Redo 区域

Undo/Redo 区域用于设置可撤销或重复操作的次数。

Stack Size 文本框内的数字用来设定操作存储堆栈的大小，即设定原理图编辑过程中可以撤销或重复操作的次数。可撤销或重复的操作次数仅受系统内存

图 6-32　Must Hold Shift To Select 对话框

容量的限制，设定的次数越多，系统所需要的内存开销就越大，这样将会影响到编辑操作的速度。系统默认的堆栈深度为 50，即最多可以进行 50 步操作的撤销或重复。

Group Undo 复选框用于将撤销的操作进行分组，可以以组为单位进行撤销操作。

3. Color Options 区域

Color Options 区域用于设定有关对象的颜色属性。

Selections 彩色条用来设定被选中对象边框的高亮显示颜色。单击 Selections 颜色框，打开 Choose Color（颜色选择）对话框。用户可以从中选择合适颜色，然后单击 OK 按钮确定。建议选择比较鲜艳的色彩，以便与普通对象有明显区别。系统默认的色彩为亮绿色。

4. Cursor 区域

Cursor 区域用于定义鼠标指针的显示类型。

Cursor Type 下拉列表用于设置操作对象时的鼠标指针类型，共有四个选项。

（1）Large Cursor 90 项将鼠标指针设置为由水平线和垂直线组成的 90°大鼠标指针，其中的水平线和垂直线延伸到整个原理图文档。

（2）Small Cursor 90 项将鼠标指针设置为由水平线和垂直线组成的 90°小鼠标指针。

（3）Small Cursor 45 项将鼠标指针设置为由 45°线组成的小鼠标指针。

（4）Tiny Cursor 45 项将鼠标指设置为由 45°线组成的更短更小的鼠标指针。

这四种鼠标指针视图如图 6-33 所示。鼠标指针类型可根据个人习惯进行选择，系统默认为 Small Cursor 90 型的鼠标指针。这些鼠标指针只有在进行编辑活动（如放置或拖动对象等）时才会显示，其他状态下鼠标指针为箭头类型。

（a）Large Cursor 90

（b）Small Cursor 90

（c）Small Cursor 45

（d）Tiny Custor 45

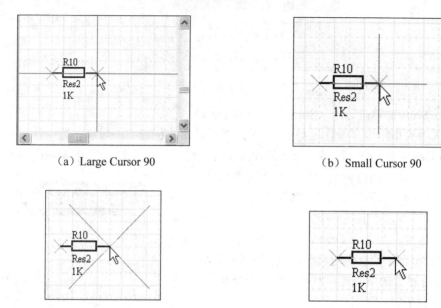

图 6-33　四种不同的鼠标指针视图

6.6.3　Mouse Wheel Configuration 选项页

Mouse Wheel Configuration 选项页如图 6-34 所示，该选项页用于设置鼠标滚轮的功能，列表中共有两栏，分别是实现的操作功能和使用的操作对应的按键设置，列表中共列举了四种鼠标滚轮参与的操作，分别介绍如下。

Mouse Wheel Configuration

Action	Button Configuration			
	Ctrl	Shift	Alt	Mouse
Zoom Main Window	☑	☐	☐	Wheel
Vertical Scroll	☐	☐	☐	Wheel
Horizontal Scroll	☐	☑	☐	Wheel
Change Channel	☑	☑	☐	Wheel

图 6-34　Mouse Wheel Configuration 选项页

Zoom Main Window 表示调整工作区的视图显示比例，默认是由 Ctrl 键与鼠标滚轮共同实现，即按住键盘的 Ctrl 键，滚动鼠标滚轮即可调整工作区的视图显示比例。

Vertical Scroll 表示竖直方向移动视图，默认是通过滚动鼠标滚轮实现。

Horizontal Scroll 表示水平方向移动视图，默认是由 Shift 键与鼠标滚轮共同实现，即按住 Shift 键，滚动鼠标滚轮即可水平移动视图。

Change Channel 表示改变通道时，默认是由 Ctrl+Shift 组合键与鼠标滚轮共同实现，即同时按住键盘的 Ctrl、Shift 键，再滚动鼠标滚轮即可实现改变通道。

6.6.4 Compiler 选项页

Compiler 选项页如图 6-35 所示，该选项页用于设置原理图编译属性，各选项介绍如下。

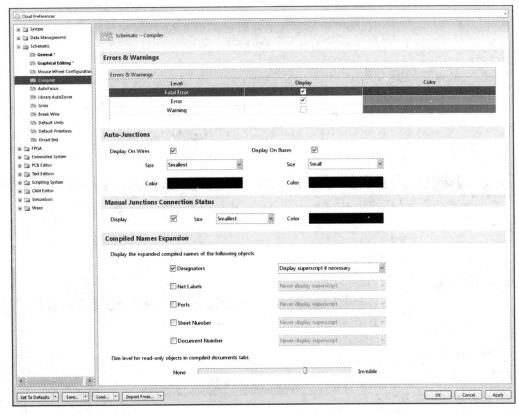

图 6-35　Compiler 选项页

1. Errors & Warnings 列表

Errors & Warnings 列表用于设置编译错误或警告信息的显示属性，系统提供三种错误或警告的级别，分别是 Fatal Error（致命错误）、Error（错误）和 Warning（警告），用户可在 Display 栏中设置是否显示对应级别的错误或警告信息，在 Color 栏中设置对应级别的错误或警告信息的文本颜色。

2. Auto-Junctions 区域

Auto-Junctions 区域用于设置原理图中自动生成的电气连接点的属性，其中的选项介绍如下。

Display On Wires 复选框用于设置显示导线上自动生成的电气连接点，选中该项后，电路原理图中显示导线上自动生成的电气连接点，同时该选项下方的 Size 和 Color 选项将被激活，用于设置导线上电气连接点的尺寸和颜色。

Display On Buses 复选框用于设置显示总线上自动生成的电气连接点，选中该项后，电路原理图中显示总线上自动生成的电气连接点，同时该选项下方的 Size 和 Color 选项将被激活，用于设置总线上电气连接点的尺寸和颜色。

3. Manual Junctions Connection Status 区域

Manual Junctions Connection Status 区域用于设置原理图中手工布置的电气连接点的属性，

其中 Display 复选框用于设置显示手工布置的电气连接点，选中该项后，电路原理图中显示手工布置的电气连接点，同时该选项区域的 Size 和 Color 选项将被激活，用于设置手工布置的连接点的尺寸和颜色。

4. Compiled Names Expansion 区域

Compiled Names Expansion 区域用于设置显示编译扩展名称的显示对象，通过选择 Compiled Names Expansion 区域的各类对象，使其显示对应的编译扩展名称。

6.6.5 Grids 选项页

Grids 选项页如图 6-36 所示，该选项页用于设置原理图绘制界面中的栅格选项。在进行原理图绘制时，为了使元件的布置更加整齐，连线更加方便，Altium Designer 提供了三种栅格，分别是 Snap Grid、Electrical Grid 和 Visible Grid。

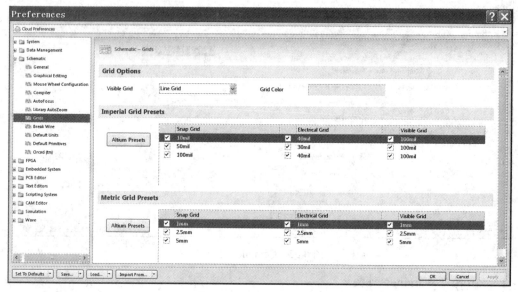

图 6-36　Grids 选项页

Grids 选项卡中共有三个区域，其中选项的功能介绍如下。

1. Grid Options 区域

Grid Options 区域用于设置工作区可视栅格（Visible Grid）的属性，包括栅格显示的类型和栅格的颜色。

Visible Grid 下拉列表用于设置工作区可视栅格的类型。Altium Designer 提供两种栅格类型，分别是 Line Grid 和 Dot Grid。Line Grid 由纵横交叉的直线组成；Dot Grid 由等间距排列的点阵组成，如图 6-37 所示。

Grid Color 颜色框用于设置栅格的颜色，单击 Grid Color 颜色框，打开 Choose Color 对话框，选择需要显示的栅格的颜色，建议栅格的颜色不要设置得过深，以免影响原理图的绘制。

2. Imperial Grid Presets 区域

该区域用于设置当系统采用英制长度单位时，三种栅格的预置尺寸。单击该区域左侧的 Altium Presets 按钮，选择栅格的预置参数项。

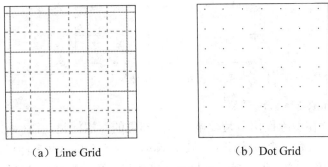

（a）Line Grid　　　　（b）Dot Grid

图 6-37　两种栅格

3. Metric Grid Presets 区域

该区域用于设置当系统采用公制长度单位时，三种栅格的预置尺寸。单击该区域左侧的 Altium Presets 按钮，选择栅格的预置参数项。

6.6.6　Break Wire 选项页

Break Wire 选项页如图 6-38 所示，该选项页用于设置使用 Break Wire 命令后，导线断开的状态，以及操作时的显示状态。其中包含三个区域，分别介绍如下。

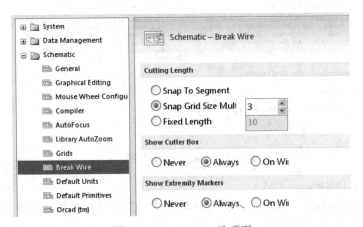

图 6-38　Break Wire 选项页

1. Cutting Length 区域

Cutting Length 区域用于设置导线断开的长度选项，包含三个单选按钮。Snap To Segment 项表示将切除从剪切处向两侧扩展的完整的一段导线。Snap Grid Size Multiple 项表示将切除 N 个单位的 Snap Grid 栅格长度，当选择该项后，其右侧的文本框将被激活，在该文本框内输入 N 的数值。Fixed Length 项表示将切除一定长度的导线，当选择该项后，其右侧的文本框将被激活，在该文本框内输入导线长度的值，单位为当前的单位。

2. Show Cutter Box 区域

Show Cutter Box 区域用于设置在切除操作中是否显示如图 6-39 所示的虚线切除框，该切除框可方便确定切除的导线部位和长度。在该区域中共有三个单选按钮，其中 Never 表示不显示切除框，Always 表示一直显示切除框，On Wire 表示仅在导线上显示切除框。系统默认选择 Always 项。

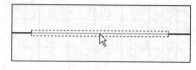

图 6-39　切除框

3. Show Extremity Markers 区域

该区域用于设置在切除操作中是否显示切除部位的两端标记，该标记可显示切除的导线的两端。在该区域中共有三个单选按钮，其中 Never 表示不显示两端标记，Always 表示一直显示两端标记，On Wire 表示仅在导线上显示两端标记。系统默认选择 Always 项。

6.6.7　Default Units 选项页

Default Units 选项页如图 6-40 所示，该选项页用于设置系统默认的长度单位，包含三个区域，分别介绍如下。

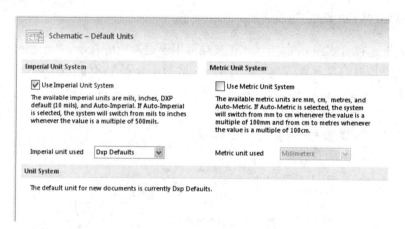

图 6-40　Default Units 选项页

1. Imperial Unit System 区域

Imperial Unit System 区域用于设置英制单位作为系统默认单位，勾选 Use Imperial Unit System 复选框表示将使用英制单位作为默认单位，Imperial unit used 下拉列表框用于设置具体的英制长度单位名称，该下拉列表中有 Mils、Inches、Dxp Defaults 和 Auto-imperial 四个选项，系统默认选择 Mils 项。

2. Metric Unit System 区域

Metric Unit System 区域用于设置公制单位作为系统默认单位，勾选 Use Metric Unit System 复选框表示将使用公制单位作为默认单位，Metric unit used 下拉列表框用于选择具体的公制长度单位名称，该下拉列表中有 Millimeter、Centimeter、Meters 和 Auto-Metric 四个选项。

3. Unit System 区域

Unit System 区域用于显示当前使用单位的提示信息。

6.6.8　Default Primitives 选项页

Default Primitives 选项页如图 6-41 所示，该选项页用于设置各对象的默认初始参数。用户可在 Primitives List 的下拉列表中选择需要修改默认初始参数的对象所属的类型，系统提供了

All、Wiring Objects、Drawing Objects、Sheet Symbol Objects、Library Objects 和 Others 等类型选项，然后从 Primitives 下拉列表中选择具体的对象。例如在 Primitives 下拉列表中选择 Arc，然后单击 Edit Values 按钮，打开所选择对象的属性对话框，如图 6-42 所示，在该属性对话框中可以设置圆弧的颜色（Color）、半径（Radius）、线宽（Line Width），以及圆弧的起始夹角（Start Angle）和终止夹角（End Angle）等参数的默认值，设置完成后单击 OK 按钮退出设置。对选中的设置对象，还可以通过 Reset 按钮恢复系统初始设置的属性参数。

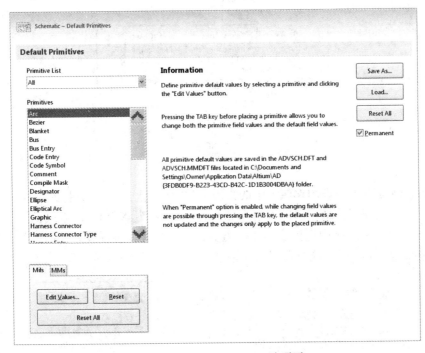

图 6-41　Default Primitives 选项页

用户单击 Reset All 按钮，可将所有对象的参数恢复到系统的初始默认值设置。

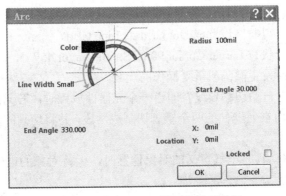

图 6-42　圆弧（Arc）属性设置对话框

所有的默认初始参数设置均保存在 ADVSCH.DFT 和 ADCSCH.MMDFT 文件中，用户也可以将自定义对象的默认初始参数设置保存在其他文件中，只需要在完成自定义设置后，单击 Save As 按钮，在打开的 Save default primitive file as 对话框中设置保存自定义设置的文件名，然后单击"保存"按钮，就可以将当前的设置保存到 DFT 文件中。当需要调用 DFT 文件时，只需要单击 Load 按钮，在打开的 Open default primitive file 对话框中选择 DFT 文件，然后单击"打开"按钮即可。

在原理图工作环境设置下，有几个选项页没有介绍，用户可以根据自己的需要，通过帮助自学。方法如下：打开选项页，单击"帮助"按钮，鼠标变成后带"？"，单击需要查看的地方，即显示帮助信息，如图 6-43 所示。

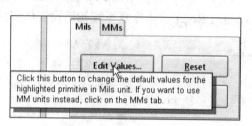

图 6-43　显示的帮助信息

习题六

1. Altium Designer 原理图编辑器中的常用工具栏有哪些？各工具栏的主要用途是什么？
2. 新建一个原理图图纸，图纸大小为 Letter，标题栏为 ANSI，图纸底色为浅黄色 214。
3. 在 Altium Designer 中提供了哪几种类型的标准图纸？能否根据用户需要定义图纸？
4. 创建如题图 6-1 所示的原理图的标题栏。

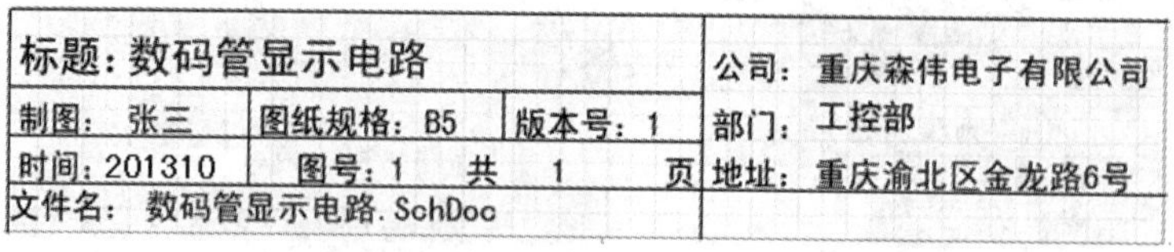

标题：数码管显示电路			公司	重庆森伟电子有限公司
制图：张三	图纸规格：B5	版本号：1	部门	工控部
时间：201310	图号：1	共 1 页	地址	重庆渝北区金龙路6号
文件名：数码管显示电路.SchDoc				

题图 6-1

5. 窗口设置。反复尝试各项窗口设置命令及操作，如 View 菜单中的环境组件切换命令、工作区面板的切换、状态栏的切换、命令栏的切换、工具栏的切换等。
6. 如何将原理图可视栅格设置成 Dot Grid 或 Line Grid？
7. 如何设置光标形状为 Larger Cursor 90 或 Small Cursor 45？
8. 在原理图中如何设置撤销或重复操作的次数？
9. 如何设置元器件自动切割导线？即当一个元器件放置时，若元器件的两个管脚同时落在一根导线上，该导线将被元器件的两个管脚切割成两段，并将切割的两个端点分别与元器件的管脚相连接。
10. 如何设置在移动具有电气意义的对象位置时，保持对象的电气连接状态？系统会自动调整导线的长度和形状。

项目 7　数码管显示电路原理图绘制

本项目主要介绍数码管显示电路原理图（图7-1）的绘制。在该原理图中，首先调用项目6中建立的原理图图纸模板，然后调用项目4中建立的原理图库内的两个元件：AT89C2051 单片机、数码管。通过该电路图验证建立的原理图库内的两个元件的正确性，并进行新知识的介绍，将涵盖以下主题：
- 导线的放置模式、放置总线及总线引入线
- 原理图对象的编辑
- Navigator 面板、SCH Inspector 面板、SCH List 面板

通过本项目的学习，将能够更加快捷和高效地使用 Altium Designer 的原理图编辑器进行原理图的设计。

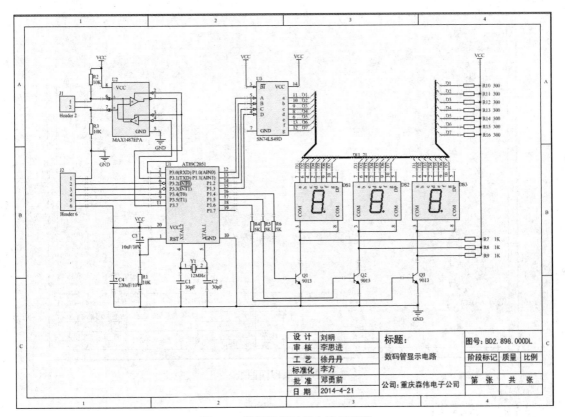

图 7-1　数码管显示器电路原理图

7.1 数码管原理图的绘制

7.1.1 绘制原理图首先要做的工作

首先在硬盘上建立一个"数码管显示电路"文件夹,然后建立一个"数码管显示电路.PrjPCB"项目文件并把它保存在"数码管显示电路"文件夹下。新建一个原理图,调用项目 6 建立的原理图图纸模板,调用方法已在 6.5.2 节中介绍,在此不赘述,并把原理图另存为"数码管显示电路.SchDoc"。

在原理图上右击,在弹出的菜单中选择 Options→Document Parameters 命令,打开 Document Options 对话框,选择 Units 标签,勾选 Use Imperial Unit System(使用英制单位)复选框;选择 Sheet Option 标签,设置 Grid(栅格),Snap:50mil、Visible:100mil、Electrical Grid:30mil。选择 Parameters 标签,修改 Parameters 选项卡内的参数列表的内容,将参数 Title 改为原理图的名称:数码管显示电路;将参数 Author 设置为设计者的姓名:刘明,将参数 ApprovedBy 设置为:李思进,将参数 Technologist 设置为:徐丹丹,将参数 Normalizer 设置为:李方,将参数 Ratifier 设置为:邓勇前,将参数 CompanyName 改为:重庆森伟电子公司;将参数 SheetNumber 改为:BD2.898.000DL;然后单击 OK 按钮。设计好的原理图图纸如图 7-2 所示。

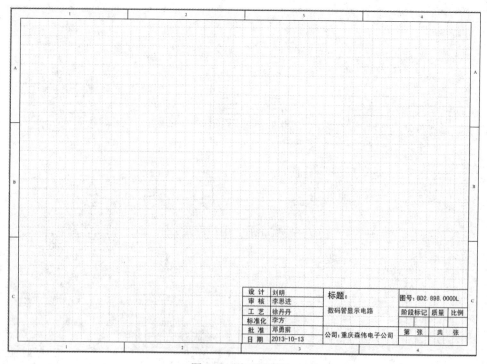

图 7-2 原理图图纸

7.1.2 加载库文件

为了管理数量巨大的电路标识,Altium Designer 的电路原理图编辑器提供了强大的库搜索功能。首先在库面板查找 MAX1487E 和 74LS49 两个元件，并加载相应的库文件。然后加载设计者在项目 5 建立的集成库文件 New Integrated_Library1.IntLib。

1. 查找型号为的 74LS49 元件

（1）单击 Libraries 标签，显示 Libraries 面板，如图 7-3 所示。

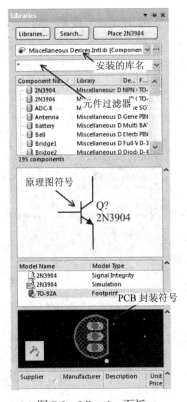

图 7-3　Libraries 面板

（2）在 Libraries 面板中单击 Search 按钮，或选择 Tools→Find Component 命令，将打开 Libraries Search 对话框，如图 7-4 所示。

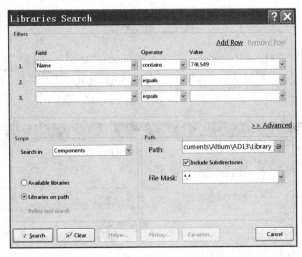

图 7-4　"库搜索"对话框

（3）本例必须确认 Scope 区域的 Search in 选择为 Components（对于库搜索存在不同的情况需使用不同的选项），选择 Libraries on Path 单选按钮，并且 Path 包含了正确的连接到库的路径。如果用户接受安装过程中的默认目录，路径中会显示 C:\Program Files\Altium Designer Winter 09\Library。通过单击文件浏览按钮可以改变库文件夹的路径。还需要确保已经选中 Include Subdirectories 复选框。

（4）我们想查找所有与 74LS49 有关的元件，所以在 Filters 的 Field 列的第 1 行选择 Name（名字），Operator 列选择 Contains（包含），Value 列输入 74LS49，如图 7-4 所示。

（5）单击 Search 按钮开始查找。搜索启动后，搜索结果如图 7-5 所示。

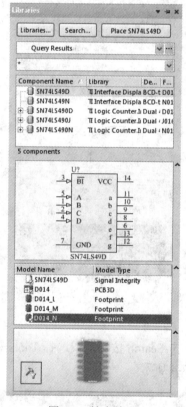

图 7-5　搜索结果

（6）单击 Place SN74LS49D 按钮，弹出 Confirm 对话框，如图 7-6 所示，确认是否安装元件 SN74LS49D 所在的库文件 TI Interface Display Driver.IntLib，单击 Yes 按钮，即安装该库文件。

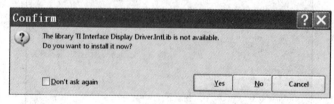

图 7-6　确认是否安装库文件

（7）用以上方法查找 MAX1487E 元件。

2. 安装项目 5 建立的集成库文件 New Integrated_Library1.IntLib

（1）如果用户需要添加新的库文件，单击图 7-3 中库面板的 Libraries 按钮，弹出 Available Libraries 对话框，如图 7-7 所示。

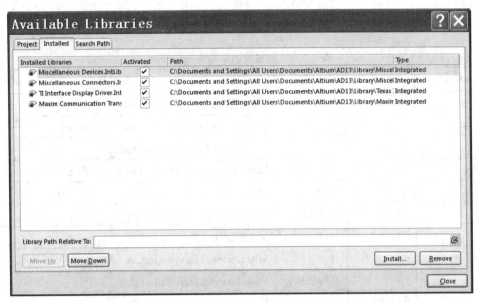

图 7-7　安装库文件对话框

（2）在 Available Libraries 对话框中，单击 Install 按钮，弹出打开路径的对话框，如图 7-8 所示，选择正确的路径，双击需要安装的库名即可。

图 7-8　安装库文件

添加的库将显示在库面板中。如果用户单击库面板中的库名，库中的元件会出现在下面的列表中。面板中的元件过滤器可以用来在一个库内快速定位一个元件。

如果需要删除一个安装的库，在 Available Libraries 对话框中选中该库，单击 Remove 按钮即可。

7.1.3 放置元件

用项目 2 介绍的方法放置元件。表 7-1 给出了该电路中的个元件样本、元件标号、元件名称（型号规格）、所在元器件库等数据。在放置元件时，一定要注意该元件的封装要与实物相符。

表 7-1　数码管显示电路元器件数据

元件样本	元件标号	元件名称	所属元器件库
AT89C2051	U1		New Integrated_Library1.IntLib（新建元件库）
MAX1487EPA	U2		Maxim Communication Transceiver.IntLib
74LS49	U3		TI Interface Display Driver.IntLib
Dpy Blue-CA	DS1～DS3		New Integrated_Library1.IntLib（新建元件库）
NPN	Q1～Q3	9013	Miscellaneous Devices.IntLib
XTAL	Y1	12MHz	Miscellaneous Devices.IntLib
Cap	C1，C2	30pF	Miscellaneous Devices.IntLib
Cap Pol2	C3	10μF/10V	Miscellaneous Devices.IntLib
Cap Pol2	C4	220μF/10V	Miscellaneous Devices.IntLib
Res2	R1～R3	10K	Miscellaneous Devices.IntLib
Res2	R4～R6	5K	Miscellaneous Devices.IntLib
Res2	R7～R9	1K	Miscellaneous Devices.IntLib
Res2	R10～R16	300	Miscellaneous Devices.IntLib
Header2	P1		Miscellaneous Connectors.IntLib
Header6	P2		Miscellaneous Connectors.IntLib

（1）在放置电容 C1、C2 的过程中，将封装改为 RAD-0.1，方法如下：

1）在用户放置 C1 时，光标上"悬浮"着一个电容符号，按 Tab 键编辑电容的属性。在 Component Properties 对话框的 Models For C1-Cap 区域，电容的封装模型为 RAD-0.3，如图 7-9 所示，现在要把它改为 RAD-0.1。

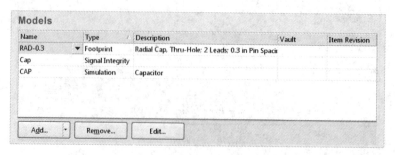

图 7-9　为选中元件选择相应的模型

2）单击图 7-9 中的 Edit 按钮，弹出 PCB Model 对话框，如图 7-10 所示，在 PCB Library 区域，选择 Any 单选按钮；在 FootPrint Model 区域，单击 Browse 按钮，弹出 Browse Libraries 对话框，如图 7-11 所示，在 Mask 文本框内输入 R，下面就列出所有以 R 开头的封装，选择

RAD-0.1 的封装，单击 OK 按钮，将电容 C1 封装改为 RAD-0.1。

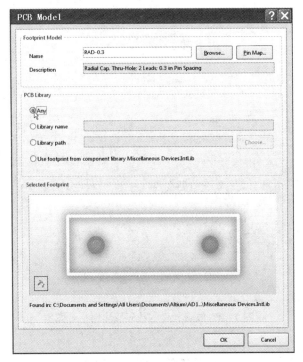

图 7-10 PCB Model 对话框

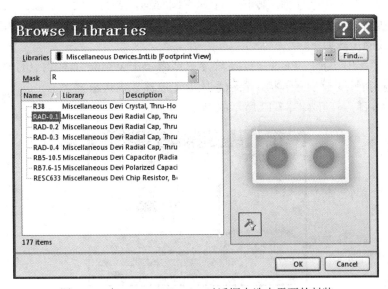

图 7-11 在 Browse Libraries 对话框中选中需要的封装

3）用同样的方法将 C2 封装改为 RAD-0.2；将 C3 封装改为 CAPR5-5×5；将 C4 封装改为 RB5-10.5。

在原理图内也可以不修改元器件的封装，而采用缺省的值。然后在 PCB 板内，根据实际元器件的尺寸修改封装。

（2）放置好元器件位置的数码管电路原理图如图 7-12 所示。

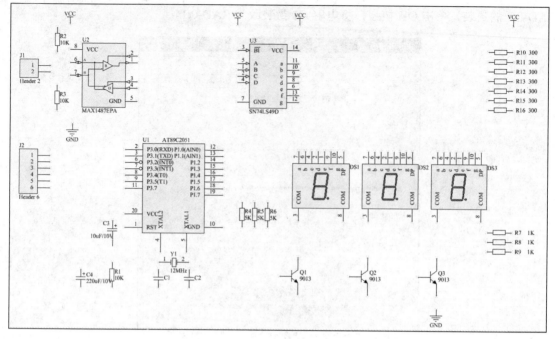

图 7-12　放好元件的数码管电路原理图

7.1.4　导线放置模式

导线用于连接具有电气连通关系的各个原理图管脚，表示其两端连接的两个电气接点处于同一个电气网路中。原理图中任何一根导线的两端必须分别连接引脚或其他电气符号。在原理图中添加导线的步骤如下。

（1）在主菜单中选择的 Place→Wire 命令，或者单击 Wiring 工具栏中的放置导线工具按钮 。此时鼠标指针变成十字形状，表示系统处于放置导线状态。

（2）按 Tab 键，打开如图 7-13 所示的 Wire 对话框。

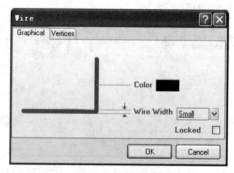

图 7-13　Wire 对话框

（3）单击 Wire 对话框中的 Color 颜色框，可以改变导线的颜色。单击 Wire Width 后的 按钮，弹出的下拉菜单中可以选择导线的线宽，本例中选 Small。设置完成后单击 OK 按钮，即进入导线放置模式，具体放置方法已在前面介绍，在此不赘述。

（4）放置导线时，按 Shift+Space 快捷键可以循环切换导线放置模式。有以下多种模式可选：

- 90°。
- 45°。
- 自由角度，该模式下导线按照直线连接其两端的电气接点。
- 自动连线，该模式是一种提供给用户完成原理图里面两点间自动连接的特殊模式，它可以自动绕过障碍物走线。在这种模式下，按 Tab 键，可打开如图 7-14 所示的 Point to Point Router…对话框。

图 7-14 Point to Point Router …对话框

该对话框用以设置自动布线的规则，其中 Time Out After(s)文本框用来设置自动布线的时间限制，这个时间设置得越长，系统的自动布线效果会越好，但花费的时间也就越长。系统默认值为 3 秒。Avoid cutting wires 滑块用于设定自动布线过程中避免与其他线交叉的要求程度，越向右则要求越高，相应布线质量也就越好，但布线速度会减慢，花费时间也增加了。

以上模式规定了放置导线时转角产生的不同方法。按 Space 键可以在顺时针方向和逆时针方向布线之间切换（如 90°和 45°模式），或在任意角度（Any Angle）和自动连线（Auto wire）之间切换。

在连线过程中，按 Ctrl 键+鼠标上的滑轮，可以任意放大或缩小原理图；按 Shift 键+鼠标上的滑轮，可以左右移动原理图。

这四种布线方式所生成的导线如图 7-15 所示。

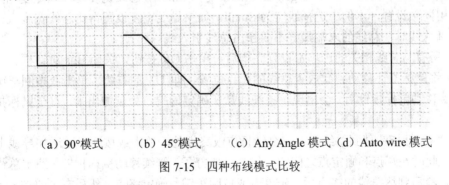

(a) 90°模式　　(b) 45°模式　　(c) Any Angle 模式 (d) Auto wire 模式

图 7-15 四种布线模式比较

7.1.5 放置总线和总线引入线

在数字电路原理图中常会出现多条平行放置的导线，由一个器件相邻的管脚连接到另一个器件的对应相邻管脚。为降低原理图的复杂度，提高原理图的可读性，设计者可在原理图中使用总线（Bus），总线是若干条性质相同的信号线的组合。在 Altium Designer 的原理图编辑器中总线和总线引入线实际上都没有实质的电气意义，仅仅是为了方便查看原理图而采取的一种示意形式。电路上依靠总线形式连接的相应点的电气关系不是由总线和总线引入线确定的，而是由在对应电气连接点上放置的网络标签（Net Label）确定的，只有网络标签相同的各个点之间才真正具备电气连接关系。

通常情况下，为与普通导线相区别，总线比一般导线粗，而且在两端有多个总线引入线和网络标签。放置总线的过程与导线基本相同，其具体步骤如下。

（1）单击 Wiring 工具栏上的放置总线工具按钮 ，或者选择主菜单中的 Place→Bus 命令（快捷键 P→B），如图 7-16 所示。

此时鼠标指针自动变成十字形状，表示系统处于放置导线状态。鼠标指针的具体形状与 Document Options 中的设置有关。

（2）按 Tab 键，打开如图 7-17 所示的 Bus 对话框。

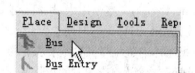

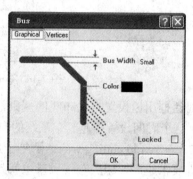

图 7-16　选择主菜单中的 Place→Bus 命令　　　　图 7-17　Bus 对话框

（3）在 Bus 对话框中单击 Color 颜色框，打开 Choose Color 对话框。用户可在其中设置总线的颜色，选好色彩后，单击 OK 按钮即可。

（4）在 Bus 对话框的 Bus Width 下拉列表中选择总线的宽度。

与导线宽度的设置相同，Altium Designer 为用户提供了四种宽度的总线线型供选择，分别是 Smallest、Small、Medium 和 Large，默认的线宽为 Small。总线宽度与导线宽度相匹配，即两者都采用同一设置，本例中选择线宽为 Small。如果导线宽度设置得比总线宽度大，容易引起混淆。画总线时，总线的末端最好不要超出总线引入线。

（5）所有与总线相关的选项都设置完毕后，单击 OK 按钮，关闭 Bus 对话框。

（6）将鼠标指针移动到欲放置总线的起点位置，即 U3 的右边，单击或按回车键确定总线的起点。移动鼠标指针后，会出现一条细线从所确定的端点处延伸出来，直至鼠标指针所指位置。

（7）将鼠标指针移到总线的下一个转折点或终点处，单击或按回车键添加导线上的第二个固定点，此时在端点和固定点之间的导线就绘制好了。继续移动鼠标指针，确定总线上的其他固定点，最后到达总线的终点后，先单击或按回车键，确定终点，然后右击或按 Esc 键，完成这一条总线的放置。

与导线的放置方式相同，Schematic Editor 也为用户提供了四种放置总线模式，分别是 90 度、45 度、任意角度及自动连线模式。通过按 Shift 键+空格键可以在各种模式间循环切换。

仅仅在原理图中绘制完总线并不代表任何意义，总线无法直接连接器件，还需要为其添加总线引入线和网络标签，步骤如下。

（1）单击 Wiring 工具栏中的放置总线引入线工具按钮 ，或者在主菜单选择 Place→Bus

Entry 命令（快捷键 P→U）。

启动放置总线引入线命令后，鼠标指针变成十字形状，并且自动"悬浮"一段与灰色水平方向夹角为 45°或 135°的导线，如图 7-18 所示，表示系统处于放置总线引入线状态。

（2）按 Tab 键，打开如图 7-19 所示的 Bus Entry 对话框。

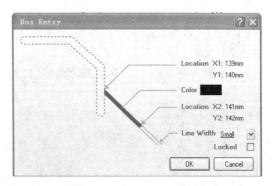

图 7-18 放置总线引入线时的鼠标指针　　　　图 7-19 Bus Entry 对话框

（3）在 Bus Entry 对话框中单击 Color 颜色框，打开 Choose Color 对话框。在其中选择总线引入线的颜色，选好色彩后，单击 OK 按钮即可。

（4）在 Bus Entry 对话框中单击 Bus Width 下拉列表右侧的 按钮，在弹出的列表中选择总线引入线的宽度规格。

与总线宽度一样，总线引入线也有四种宽度线型可选择，分别是 Smallest、Small、Medium 和 Large，默认的线宽为 Small，建议选择与总线相同的线型。

（5）单击 OK 按钮，完成对总线引入线属性的修改。

（6）将鼠标指针移到将要放置总线引入线的器件管脚处，鼠标指针上出现一个红色的星形标记，单击即可完成一个总线引入线的放置，如果总线引入线的角度不符合布线的要求，可以按空格键调整总线引入线的方向。

（7）重复步骤（6）的操作，在其他管脚放置总线引入线，当所有的总线引入线全部放置完毕，右击或按 Esc 键，退出放置总线引入线的状态，此时鼠标指针恢复为箭头状态。

（8）单击选中总线，按住鼠标左键不放，调整总线的位置，使其与一排总线引入线相连，绘制好的总线引入线如图 7-20 所示。

用户也可以直接使用导线 Wire 将总线与元件管脚连接起来，这样操作相对比较麻烦，放置的引入线也不如使用总线引入线整齐美观。

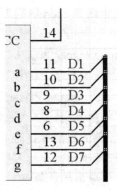

图 7-20 绘制好的总线引入线、放置
网络标签后的总线

7.1.6 放置网络标签

添加了总线引入线后，实际上并未在电路图上建立正确的引脚连接关系，此时还需要添加网络标签，网络标签是用来为电气对象分配网络名称的一种符号。在没有实际连线的情况下，也可以用来将多个信号线连接起来。网络标签可以在图纸中连接相距较远的元件管脚，使图纸清晰整齐，避免长距离连线造成的识图不便。网络标签可以水平或者垂直放置。在原理图中，

采用相同名称的网络标签标识的多个电气接点被视为同一条电气网络上的点,等同于有一条导线将这些点都连接起来了。因此,在绘制复杂电路时,合理地使用网络标签可以使原理图看起来更加简洁明了。放置网络标签的步骤如下。

(1)在主菜单中选择 Place→Net Label 命令(快捷键 P→N),如图 7-21 所示,或在工具栏上选择放置网络标签工具按钮 。

启动放置网络标签命令后,鼠标指针将变成十字形状,并在鼠标指针上"悬浮"着一个默认名为 Net Label 的标签。

(2)按 Tab 键,打开如图 7-22 所示的 Net Label 对话框。

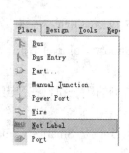

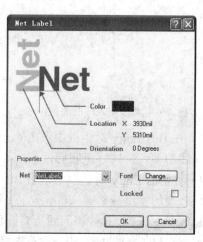

图 7-21 选择 Place→Net Label 命令　　　　图 7-22 Net Label 对话框

(3)单击 Color 颜色框,打开 Choose Color 对话框,在该对话框中选择网络标签的文字色彩,然后单击 OK 按钮,关闭 Choose Color 对话框。

(4)单击 Orientation 右侧的文字,在弹出的列表中选择网络标签的旋转角度。

(5)在 Properties 区域的 Net 下拉列表框内设置网络标签的名称:D1。

(6)单击 Properties 区域内的 Change 按钮,打开"字体"对话框,在其中设置网络标签的字体,然后单击"确定"按钮,关闭"字体"对话框。

Altium Designer 系统中,网络标签的字母不区分大小写。在放置过程中,如果网络标签的最后一个字符为数字,则该数字会按照在 Preferences 对话框的 Graphical Editing 选项页中对 Auto-Increment During Placement 项的设置,自动按指定的数字递增。

(7)将鼠标指针移到需要放置网络标签的导线上,如 U3 元件的 11 引脚处,当鼠标指针上显示出红色的星形标记时,表示鼠标指针已捕捉到该导线,单击即可放置一个网络标签。

如果需要调整网络标签的方向,按空格键,网络标号会逆时针方向旋转 90°。

(8)将鼠标指针移到其他需要放置网络标签的位置,如 U3 元件的 10 引脚的导线上,单击即放置好 D2 的网络标签(D 后面的数字自动递增),依此方法放置好网络标签 D3~D7。右击或按 Esc 键,即可结束放置网络标签状态。

如图 7-20 所示为一个已放置好网络标签的总线的一端。

(9)用以上方法放置好数码管 DS1~DS3 和电阻 R10~R16 的网络标签 D1~D7。

注意:网络标签名称相同的表示是同一根导线。

(10)为总线放置网络标签 D[1..7]。

如图 7-23 所示为放置好网络标签的电路原理图。

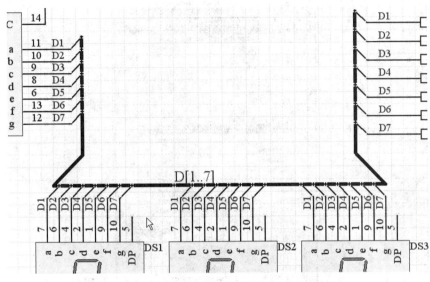

图 7-23　放置好的总线、总线引入线及网络标签

7.1.7　检查原理图

编译项目可以检查设计文件中的设计原理图和电气规则的错误，并提供给用户一个排除错误的环境。

（1）要编译数码管显示电路，选择 Project→"Compile PCB Project 数码管显示电路.PrjPCB"命令。

（2）当项目被编译后，任何错误都将显示在 Messages 面板上。如果电路图有严重的错误，Messages 面板将自动弹出，否则不出现。如果报告给出错误，则检查用户的电路并纠正错误。

项目编译完后，在 Navigator 面板中将列出所有对象的连接关系。如果 Navigator 面板没有显示，从菜单选择 View→Workspace Panels→Design Compiler→Navigator 命令或单击工作区窗口右下角的 Design Compiler 按钮，从弹出的菜单中选择 Navigator。

（3）对于已经编译过的原理图文件，用户还可以使用 Navigator 面板选取其中的对象进行编辑，如图 7-24 所示，是一个原理图文件的 Navigator 面板。

在该面板上部是该项目所包含的原理图文件的列表，本例中包含一个数码管显示电路的原理图文件。

在该面板中部是元器件表，列出了原理图文件中的所有元器件信息，如果用户需要选择任何一个元件进行修改，可以单击元器件列表中的对应元件编号，即可在工作区放大显示该元件，且其他元器件将被自动蒙板盖住，图 7-25 就是在 Navigator 面板中的元器件列表中选择了编号为 C1 的电容后，工作区的显示情况。

采用这种方法，就能很快地在元器件众多的原理图中定位某个元件。

在元器件表的下方是网络连线表，显示所有网络连线的名称和应用的范围，单击任何一个网络名称，在工作区都会放大显示该网络连线，并且使用自动蒙板将其他对象盖住。

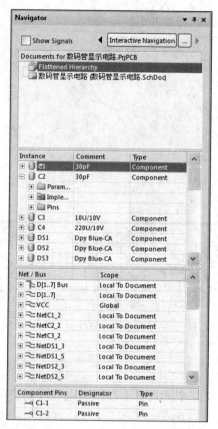

图 7-24 Navigator 面板

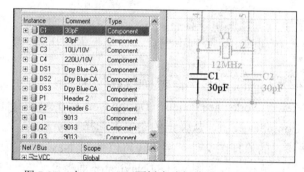

图 7-25 在 Navigator 面板中选择编号为 C1 的电容

在 Navigator 面板的最下方是端口列表，显示当前所选对象的端口（"端口"将在层次原理图中介绍），默认为图纸上的输入、输出端口的信息。当用户在元器件列表或者网络连线列表中选择一个对象时，端口列表将显示该对象的引脚信息，单击端口列表中的信息时，工作区将会放大显示该信息，并且使用自动蒙板将其他图元对象盖住。

数码管原理图绘制正确后，将在项目 9 介绍设计数码管电路的 PCB 图。

7.2 原理图对象的编辑

如果用户在绘制原理图的过程中，元件的位置摆放得不好，连接的导线需要移动，可以采用以下的方法对其进行编辑。

7.2.1 对已有导线的编辑

对已有导线的编辑可有多种方法——移动线端、移动一段、移动整条线或者延长导线到一个新的位置。用户也可以通过 wire 对话框中的 Vertices 选项卡对线端进行编辑、添加或者移除，如图 7-26 所示。

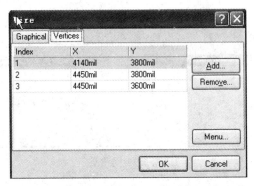

图 7-26 对线端进行编辑

1. 移动线端

要移动某一条导线的线端，应该先选中它。将光标定位在用户想要移动的那个线端，此时光标会变成双箭头的形状，然后按下鼠标左键并拖动该线端到一个新的位置即可。

2. 移动线段

用户可以对线的一段进行移动。先选中该导线，并且移动光标到用户要移动的那一段上，此时光标会变为十字箭头的形状，然后按下鼠标左键并拖动该线段到一个新的位置即可。

3. 移动整条线

要移动整条线而不是改变它的形态，切记按下鼠标左键拖动它之前请不要选中它。

4. 延长导线到一个新的地方

已有的导线可以延长或者补画。选中导线并定位光标到用户需要移动的线端，直到光标变成双箭头的形状。按下鼠标左键并拖动线端到一个新位置，在新位置单击。在移动光标到一个新位置的时候，用户可以通过按下 Shift+Space 快捷键来改变放置模式。

要在相同的方向延长导线，可以在拖动线端的同时按下 Alt 键。

5. 断线

使用 Edit→Break Wire 命令可将一条线段断成两段。本命令也可以在光标停留在导线上的时候，在右键菜单中找到。默认情况下，会显示一个可以放置到需要断开导线上的"断线刀架"标志。被切断的情形如图 7-27 所示。断开的长度就是两段新线段之间的那部分。按下空格键可以循环切换 3 种截断方式（整线段、按照栅格尺寸以及特定长度）。按 Tab 键来设置特定的切断长度和其他切断参数。单击以切断导线。右击或者按 Esc 键以退出断线模式。断线选项也可以在 Preferences 对话框下的 Schematic→Break Wire 选项页中进行设置。

用户可以在 Preferences 对话框下的 Schematic→General 选项页中选中 Components Cut Wires 复选框。当此选项和 Components Cut Wires 复选框都被选中时，用户可以放置一个元件到一条导线上，同时线段会自动分成两段而成为这个元件的两个连接端。

6. 多段线

原理图编辑器中的多线编辑模式允许用户同时延长多根导线。如果多条并行线的结束点具有相同坐标，用户选中那些线（可同时按 Shift 键+单击）并拖动其中一根线的末端就可以同时拖动其他线，并且并行线的末端始终保持对准，如图 7-28 所示。

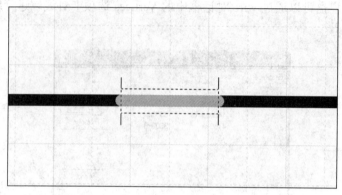

图 7-27 断线

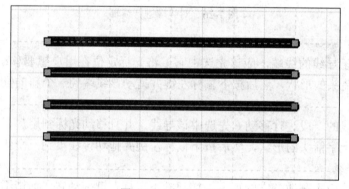

图 7-28 拖动多段线

7.2.2 移动和拖动原理图对象

在 Altium Designer 中，移动一个对象就是对它进行重定位而不影响与之相连的其他对象。例如，移动一个元件不会移动与之连接的任何导线。而拖动一个元件则会牵动与之连接的导线，以保持连接性。如果用户需要在移动对象时保持导线的电气连接，需要在 Preferences 对话框下的 Schematic→Graphical Editing 选项页中选中 Always Drag 复选框。

1. 移动多个对象

用户可以通过鼠标单击和拖动来移动单一的对象，或者是多个已选中的对象。特别地，当用户想要移动一些对象到另外一些已经放置的对象上面或者后面时，也可以使用 Edit→Move 命令。

在 Preferences 对话框下的 Schematic→Graphical Editing 选项页中的 Object's Electrical Hot Spot 复选框定义了对象在被移动或者拖动时定位到哪里。

注意：

①按下空格键可以旋转它。旋转时每次逆时针方向 90°。按 Shift 键+空格键可以按顺时针方向旋转。

②按 X 或者 Y 键可以使对象分别沿 X 轴或 Y 轴翻转。
③按住 Alt 键可以限制移动沿着水平和垂直轴进行。

2. 移动选中的对象

在原理图文档中，用户可以通过 Ctrl 键和方向键的组合，或者 Ctrl 键、Shift 键和方向键的组合来移动选中的对象。

被选中对象的移动是根据 Document Options 对话框（Design→Document Options 命令，快捷键 D→O）中当前捕获栅格的设置来决定的。可使用该对话框来修改捕获栅格的值，这些栅格设置值同时会在 Altium Designer 的状态栏中显示出来。在 Preferences 对话框下的 Schematic→Grids 选项卡中还可以设置栅格的公制和英制预设值。使用 G 键可在不同栅格设置值间切换。用户还可以通过 View→Grids 子菜单或者右键菜单进行设置。

①被选的对象可以在按住 Ctrl 键时，通过方向键进行小步进微动（步进量受限于当前的捕获栅格）。
②被选的对象也可以在按 Ctrl+Shift 组合键时，通过方向键进行大步进移动（步进量为 10 单位栅格）。

3. 拖动对象

Edit→Move→Drag 命令可以让用户移动任何对象，例如元件、导线或者总线，以及所有连接线都会随着对象被拖动而移动，以保持原理图上的连接属性。当定位光标到被拖动对象上时，光标变成十字准线，单击或者按 Enter 键即可开始拖动。移动对象到所需的位置，并单击或者按下 Enter 键即完成放置。此后可以继续移动其他对象，或者右击或按 Esc 键退出拖动模式。

要拖动多个被选对象而保持连接性，可以使用 Edit→Move→Drag Selection 命令。另外，用户也可以采用快捷键进行对象拖动。单击的同时按 Ctrl 键并移动鼠标，当用户已经开始拖动时，即可松开 Ctrl 键，对于多个被选对象也是如此。

注意：
①拖动时，按下空格键可改变连线模式。
②移动模式下，按 Space 键可旋转对象。旋转时每次逆时针方向 90 度。
③移动模式下，按 X 或者 Y 键可分别让对象沿 X 轴或 Y 轴翻转。
④对任何连接到对象的导线，在移动时按下空格键可切换正交走线模式。

4. 锁定对象不被移动

要防止原理图对象被意外移动，用户可以通过 Locked 属性来保护它们不被修改（方法：双击该对象，弹出 Component Properties 对话框，在 Graphical 区域选中 Locked 复选框即可，如图 7-29 所示）。如果用户试图编辑一个被锁定的设计对象，需要在弹出的询问用户是否需要继续这个动作的对话框中进行确认。

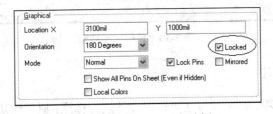

图 7-29　选择 Locked 复选框

提示：如果 Preferences 对话框下的 Schematic→Graphical Editing 选项页中的 Protect Locked Objects 复选框被选中，则对对象的移动不会有效，同时不会有任何确认提示。当用户试图选择一系列包括被锁定对象在内的对象时，被锁定的对象将不能被选中。

7.2.3 使用复制和粘贴

在原理图编辑器中，用户可以在原理图文档中或者文档间复制和粘贴对象。例如一个文档中的元件可以被复制到另一个原理图文档中。用户可以复制这些对象到 Windows 剪贴板，再从 Windows 剪贴板中粘贴到原理图文本框中。用户还可以直接复制、粘贴诸如 Microsoft Excel 之类的表格型内容，或者任何栅格型控件到文档中。通过智能粘贴可以获得更多的复制/粘贴功能。

选择用户要复制的对象，通过 Edit→Copy（快捷键 Ctrl+C）命令和单击以设定粘贴对象时需要精确定位的那个复制参考点。

提示：如果 Preferences 对话框下的 Schematic→Graphical Editing 选项页中的 Clipboard Reference 复选框被选中，用户会被提示单击一次来设置参考点。

原理图编辑器提供的智能粘贴功能允许用户在粘贴对象的时候更加灵活。通过单击 Edit→Smart Paste 命令来将剪贴板中的对象粘贴出来。例如，用户可以复制一组网络标签并把它们粘贴为网络标号和导线，如图 7-30 所示。

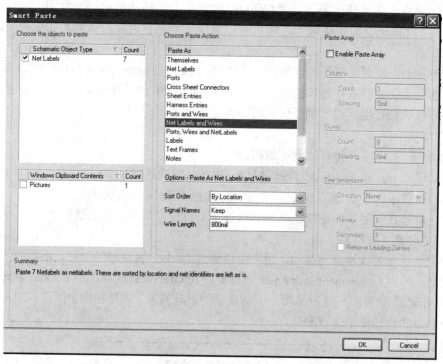

图 7-30　使用智能粘贴

7.2.4 标注和重标注

在 Altium Designer 中，有 3 种方法可以对设计进行标注：原理图级标注、板级标注和 PCB 标注。

原理图级标注功能允许用户针对参数来设置元件，全部重置或者重置类似对象的标识符。

在原理图编辑器中，使用 Tools→Annotate Schematics 命令可以打开"标注"对话框，如图 7-31 所示，用户可以对项目中所有或已选的部分进行重新分配，以保证它们是连续和唯一的。

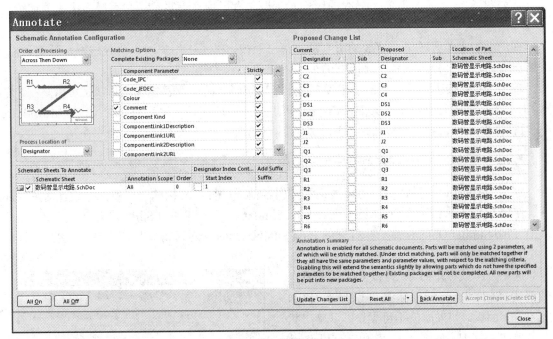

图 7-31 "标注"对话框

在"标注"对话框中按下 F1 键可以获取关于此过程的更多信息。

也可以使用 Tools→Annotate Schematics Quietly 命令来为当前未标注的元件指派唯一的标注，而不用打开标注对话框。这个命令遵从用户先前设置好的 Annotate 对话框中的原理图标注设置。Annotate Schematics Quietly 不会为复制指派唯一的标识符。

使用 Tools→Reset Schematic Designators 命令可以重置当前工程中所有元器件的标识符，或者使用 Tools→Reset Duplicate Schematic Designators 命令只重置所有重复的标识符。

依照 Annotate 对话框中的 Schematic Annotation Configuration，使用 Tools→Force Annotate All Schematics 命令可以重标注所有元件的标识符。

反向标注（Tools→Back Annotate Schematics）会根据工程中 PCB 文档的重新标注来更新项目原理图中的元器件标识符（反向标注在项目 11 中介绍）。

7.3 原理图编辑的高级应用

可以通过以下方式打开对应的属性对话框来查看或者编辑对象的属性。

（1）当处在放置过程，并且对象浮动在光标上时，按 Tab 键可以打开属性对话框。

（2）直接双击已放置对象可以打开对象的属性对话框。

（3）单击主菜单中的 Edit→Change 命令可以进入对象修改模式。单击对象编辑它，也可以右击或者按 Esc 键退出对象的修改模式。

（4）单击以选中对象，然后在 SCH Inspector 或者 SCH List 面板中可以编辑对象的属性。

7.3.1 通过属性对话框编辑顶点

用户可以通过属性对话框中的 Vertices 选项卡编辑总线、导线、折线和多边形对象的坐标顶点，如图 7-26 所示。例如，导线的属性对话框包含了顶点信息，用户可以根据需要编辑已选导线的起点。

在图纸的主要区域里，导线的所有顶点都已经被定义了。用户可以为导线增加新的顶点，编辑已有顶点的坐标，或者移除已有的顶点。

单击 Menu 按钮以弹出菜单，在其中用户可以编辑、增加或者移除顶点，又可以复制、粘贴、选中或移动图元。Move Wire By XY 命令可以用来移动整条导线对象，从打开的 Move Wire By 对话框中，可以输入增量值来应用于所有顶点的 X 和 Y 坐标中。

7.3.2 在 SCH Inspector 面板中编辑对象

SCH Inspector 面板让用户可以查询和编辑当前或已打开文档的一个或几个设计对象的属性。使用 SCH Filter 面板（F12 键）或者 Find Similar Objects 命令（Shift+F 快捷键，或右击并单击 Find Similar Objects 命令）打开的 Find Similar Objects 对话框（见图 7-32），用户可以对多个同类对象进行修改。

选中一个或多个对象，并按 F11 键或者直接单击 SCH Inspector 标签可以显示 SCH Inspector 面板。如果面板不可见，可以单击状态栏上的 SCH 按钮，或者单击 View→WorkSpace Panels→SCH→SCH Inspector 命令，也可以在 Preferences 对话框下的 Schematic Graphical Editing 页面中选中 Double Click Runs Inspector 复选框，从而在设计对象中双击以弹出 SCH Inspector 面板，而不是弹出对象属性对话框，如图 7-33 所示。

提示：SCH Inspector 面板只显示所有被选对象的共有属性。属性列表是可以在 SCH Inspector 面板中直接修改的。输入一个新的属性，选中复选框或者单击下拉菜单中的命令均可。按 Enter 键或者单击面板的其他位置以执行这些改动。

例如要把图 7-1 中所有电阻的封装从 AXIAL-0.4 变为 AXIAL-0.3，依次单个修改太麻烦，这时就可以用 SCH Inspector 面板成批地修改。方法如下：

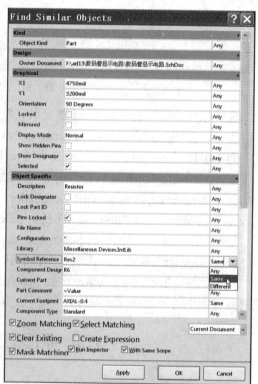

图 7-32 Find Similar Objects 对话框

（1）首先选择一个电阻，右击，从弹出的菜单中选择 Find Similar Objects 命令，弹出 Find Similar Objects 对话框，如图 7-32 所示，在 Symbol Reference 的 Res2 处选择 Same 选项，在 Current Footprint 的 AXIAL-0.4 处选择 Same 选项，表示选择封装的都是 AXIAL-0.4 的电阻，然后单击 Apply 按钮，再单击 OK 按钮，则图 7-1 中的所有电阻被选中，如图 7-34 所示。

项目 7　数码管显示电路原理图绘制　161

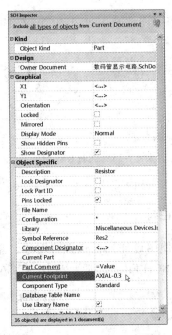

图 7-33　SCH Inspector 面板

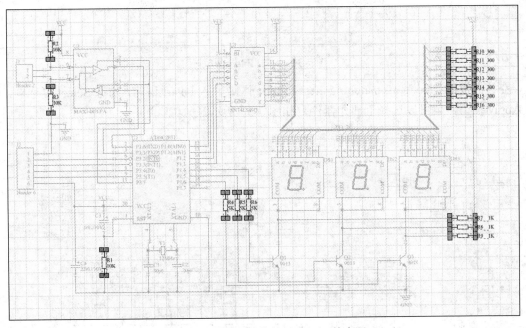

图 7-34　选择封装为 AXIAL-0.4 的电阻

（2）选择 SCH Inspector 面板，将 Current Footprint 处的 AXIAL-0.4 改为 AXIAL-0.3 即可。这时在图 7-1 所示的原理图上检查每个电阻的封装，它们都为 AXIAL-0.3。

7.3.3　在 SCH List 面板中编辑对象

选中一个对象或多个对象并按 Shift+F12 快捷键可以显示 SCH List 面板。在使用 SCH Filter 面板（F12 键）或者 Find Similar Objects 命令时，用户可以配置和编辑多个设计对象。在 SCH

List 面板中，用户可以通过单击面板顶部的 View/Edit 下拉菜单中的 Edit 命令来改变对象的属性，如图 7-35 所示。

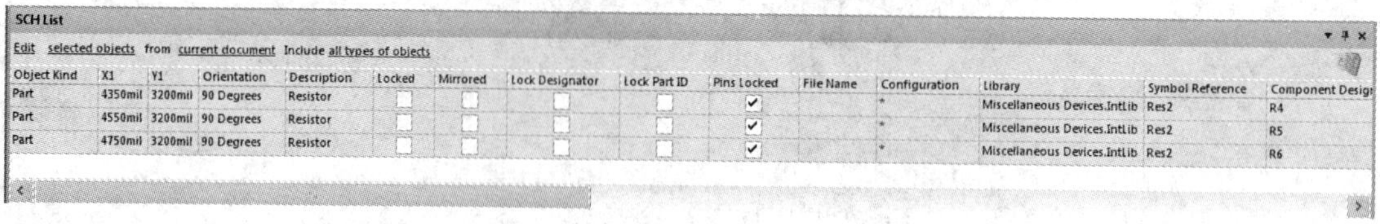

图 7-35 SCH List 面板

在 SCH List 面板中的 Object Kind 内双击对象可以显示它的属性对话框。

7.3.4 使用过滤器选择批量目标

在原理图设计过程中，可以使用过滤器批量选择对象，单击编辑窗口右下角的面板转换按钮 SCH，从弹出的菜单中选择 SCH Filter，则会弹出图 7-36 所示的面板。

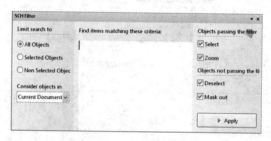

图 7-36 SCH Filter 面板

在该面板的 Find items matching these criteria:区域输入 IsPart 语句，勾选 Select 复选框，单击 Apply 按钮，就可以选择全部元器件，如图 7-37 所示。

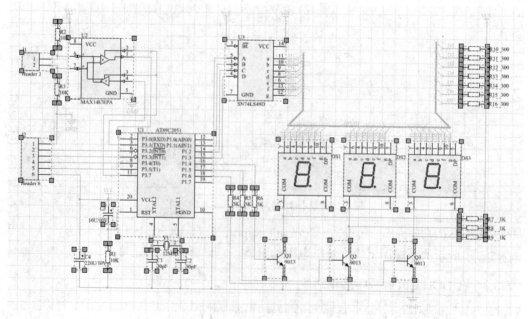

图 7-37 使用 IsPart 语句选择全部器件

在图 7-36 所示面板的 Find items matching these criteria:区域内输入不同的语句，可以选择相应的对象。如输入 IsBus 语句，然后勾选 Select 复选框，单击 Apply 按钮，就可以选择原理图中的全部总线。

习题七

1. 简述 Altium Designer 在电路原理图中使用 Wire 与 Line 工具画线的区别，原理图中连线（Wire）与总线（Bus）的区别。
2. 在原理图的绘制过程中，怎样加载和删除库文件？怎样加载 Atmel 公司的 Atmel Microcontroller 16-Bit ARM.IntLib 库文件？
3. 如果要修改某一类元件的属性，用什么面板最方便？
4. ↘ 和 ↖ 按钮的作用分别是什么？
5. Net 和 A 按钮都可以用来放置文字，它们的作用是否相同？
6. 在元器件属性中，Footprint、Designator、Part Type 分别代表什么含义？
7. 为了防止原理图中对象被意外移动，应该怎样操作？
8. 如果原理图中元器件的 Designator 编号混乱，怎样操作才能让 Designator 编号有序？
9. 绘制题图 7-1 所示高输入阻抗的仪器放大器电路原理图。

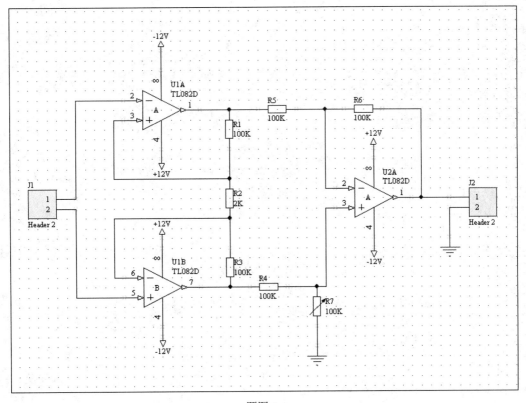

题图 7-1

10. 绘制题图 7-2 所示的铂电阻测温电路原理图。

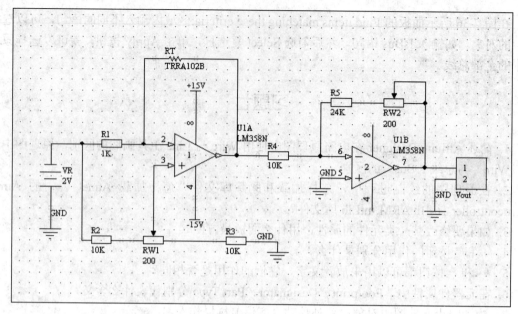

题图 7-2

项目 8 PCB 板的编辑环境及参数设置

拥有一个良好的、得心应手的 PCB 板的编辑环境,可以提高 PCB 板的设计效率,本项目主要介绍 PCB 板的编辑环境及参数设置,涵盖以下主题:
- PCB 的设计环境简介
- PCB 的编辑环境设置
- PCB 板层介绍及设置

通过本项目的学习,将能够更加快捷和高效地使用 Altium Designer 的 PCB 编辑器进行 PCB 板的设计。

8.1 Altium Designer 中的 PCB 设计环境简介

通过创建或打开 PCB 文件,即可启动 PCB 设计界面,PCB 设计界面如图 8-1 所示。与原理图设计界面类似,PCB 设计界面由主菜单、工具栏、工作区和工作区面板组成,工作区面板可以通过移动、固定或隐藏来适应用户的工作环境。

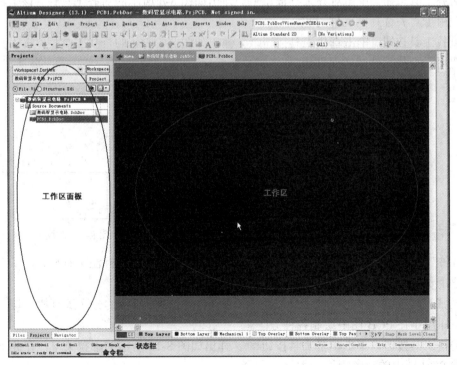

图 8-1 PCB 设计界面

1. 主菜单

PCB 设计界面中的主菜单如图 8-2 所示，包括了与 PCB 设计有关的所有操作命令。

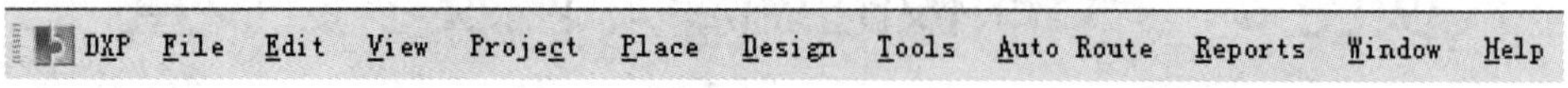

图 8-2 主菜单

2. 工具栏

PCB 设计界面中的工具栏由 Standard 工具栏、Utilities 工具栏、Filter 工具栏、Wiring 工具栏和 Navigation 工具栏组成，分别介绍如下。

（1）标准工具栏如图 8-3 所示，主要进行常用的文档编辑操作，其内容与原理图设计界面中标准工具栏的内容完全相同，功能也完全一致，这里不作详细介绍。

图 8-3 标准工具栏

（2）Utilities 工具栏如图 8-4 所示，其中的工具按钮用于在 PCB 图中绘制不具有电气意义的元件对象，具体介绍如下。

图 8-4 Utilities 工具栏

①绘图工具按钮。单击绘图工具按钮，弹出如图 8-5 所示的绘图工具栏，该工具栏中的工具按钮用于绘制直线、圆弧等不具有电气性质的元件。

②对齐工具按钮。单击对齐工具按钮，弹出如图 8-6 所示的对齐工具栏，该工具栏中的工具按钮用于对齐选择的元件对象。

③查找工具按钮。单击查找工具按钮，弹出如图 8-7 所示的查找工具栏，该工具栏中的工具按钮用于查找元件或者元件组。

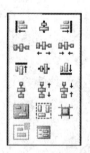

图 8-5 绘图工具栏　　图 8-6 对齐工具栏　　图 8-7 查找工具栏

④标注工具按钮。单击标注工具按钮，弹出如图 8-8 所示的标注工具栏，该工具栏中的工具按钮用于标注 PCB 图中的尺寸。

⑤区域工具按钮。单击区域工具按钮，弹出如图 8-9 所示的分区工具栏，该工具栏中的工具按钮用于在 PCB 图中绘制各种分区。

⑥栅格工具按钮。单击栅格工具按钮，弹出如图 8-10 所示的下拉菜单，在此下拉菜单中可设置 PCB 图中的对齐栅格的大小。

项目 8　PCB 板的编辑环境及参数设置

图 8-8　标注工具栏

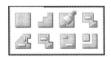

图 8-9　分区工具栏

图 8-10　下拉菜单

单击图 8-10 所示下拉菜单的 Toggle Visible Grid Kind 命令可让 PCB 的栅格线在点状或线状之间切换。

（3）Wiring 工具栏如图 8-11 所示，该工具栏中的工具按钮用于绘制具有电气意义的铜膜导线、过孔、PCB 元件封装等元件对象，与之前版本不同的是 Altium Designer 新增加了两种交互式布线工具。这些工具的使用，将在之后的项目中详细介绍。

图 8-11　Wiring 工具栏

（4）Filter 工具栏如图 8-12 所示，该工具栏用于设置屏蔽选项，在 Filter 工具栏中的编辑框中设置屏蔽条件后，工作区将只显示满足用户设置的元件对象，该功能为用户查看 PCB 板的布线情况提供了极大的帮助，尤其是在布线较密的情况下，使用 Filter 工具栏能让用户更加清楚地检查某一特定的电器通路的连接情况。

图 8-12　Filter 工具栏

3. 工作区

工作区用于显示和编辑 PCB 图文档，每个打开的文档都会在设计窗口顶部有自己的标签，右击标签可以关闭、修改或平铺打开的窗口。

4. 工作区面板

PCB 设计界面中的工作区面板与 Altium Designer Schematic Editor 中的工作面板类似，单击工作区面板标签即可以打开相应的工作面板。

8.2 PCB 编辑环境设置

Altium Designer 为用户进行 PCB 编辑提供了大量的辅助功能，以方便用户的操作，同时系统允许用户对这些功能进行设置，使其更符合自己的操作习惯，本节将介绍这些设置的方法。

启动 Altium Designer，在工作区打开新建的 PCB 文件，启动 PCB 设计界面。

在主菜单中选择 Tools→Preferences 命令，打开如图 8-13 所示的 Preferences 对话框。或者在主菜单中选择 DXP→Preferences 命令，也可打开 Preferences 对话框。

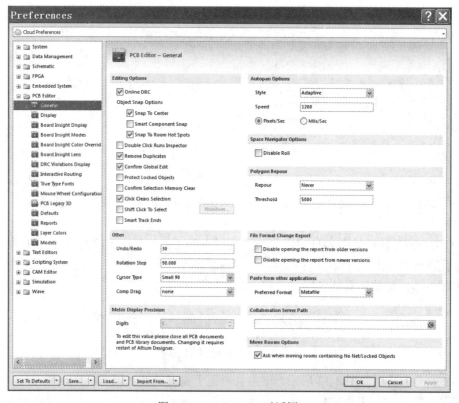

图 8-13 Preferences 对话框

在 Preferences 对话框左侧的树型列表内，PCB Editor 文件夹内有 15 个子选项，通过这些选项，用户可以对 PCB 设计模块进行系统的设置，这些选项页内常用的选项功能介绍如下。

8.2.1 General 选项页

General 选项页如图 8-13 所示，该选项页主要用于进行 PCB 设计模块的通用设置。General 选项页包含四个选项区域，介绍如下。

（1）Editing Options 区域用于 PCB 编辑过程中的功能设置，共有 12 个复选框，其中：
Online DRC 复选框表示进行在线规则检查，一旦操作过程中出现违反设计规则，系统会显示错误警告。建议选中此项。

Object Snap Options（对象的捕获选项）有以下三种方式：

1）Snap to Center 复选框表示移动焊盘和过孔时，鼠标定位于中心。移动元件时定位于参考点，移动导线时定位于定点。

2）Smart Component Snap 复选框表示在对元件对象进行操作时，指针会自动捕获小的元件对象。

3）Snap To Room Hot Spots 复选框表示在对区域对象进行操作时，鼠标定位于区域的热点。

Double Click Runs Inspector 复选框表示在双击元件对象时，将打开 Inspector 面板，用户可对 PCB 元件对象的属性进行修改。

Remove Duplicates 复选框表示系统会自动移除重复的输出对象，选中该复选框后，数据在准备输出时将检查输出数据，并删除重复数据。

Confirm Global Edit 复选框表示在进行全局编辑（如从原理图更新 PCB 图）时，会弹出确认对话框，要求用户确认更改。

Protect Locked Objects 复选框表示保护已锁定的元件对象，避免用户对其误操作。

Confirm Selection Memory Clear 复选框表示在清空选择存储器时，会弹出确认对话框，要求用户确认。

Click Clears Selection 复选框表示当用户单击其他元件对象时，之前选择的其他元件对象将会自动解除选中状态。

Shift Click To Select 复选框表示只有当用户按住 Shift 键后，再单击元件对象才能将其选中。选中该项后，用户可单击 Primitives…按钮，打开 Shift Click To Select 对话框，在该对话框中设置需要按住 Shift 键同时单击才能选中的对象种类。

Smart Track Ends 复选框表示在交互布线时，系统会智能寻找铜箔导线结束端，显示光标所在位置与导线结束端的虚线，虚线在布线的过程中会自动调整。

（2）Autopan Options 区域用于设定平移窗口的类型。

（3）Polygon Repour 区域用于设置多边形铺铜区域被修改后，重新铺铜时的各种参数，该区域中的 Repour 下拉列表用于选择多边形铺铜区域被修改后，重新铺铜的方式。该列表中共有三种选项，其中：

1）Never 选项表示不启动自动重新铺铜。

2）Threshold 选项表示当超过阈值时自动重新铺铜。

3）Always 选项表示只要多边形发生变化，就自动重新铺铜。

Threshold 文本框用于设定重新铺铜的阈值。

（4）Other 区域用于设置其他选项，该区域中的选项及其功能如下。

Undo/Redo 文本框用于设置操作记录堆栈的大小，指定最多取消多少次和恢复多少次以前的操作。在此文本框中输入 0 会清空堆栈，输入数值越大，则可恢复的操作数越大，但占用系统内存也越大，用户可自行配制合适的数据。

Rotation Step 文本框用于输入当能旋转的元件对象"悬浮"于光标上时，每次单击空格键使元件对象逆时针旋转的角度。默认旋转角度为 90°。同时按下 Shift 键和空格键则顺时针旋转。

Cursor Type 下拉列表用于设置在进行元件对象编辑时光标的类型。Altium Designer 提供三种光标类型，Small 90 表示小十字形，Large 90 表示大十字形，Small 45 表示×形。

Comp Drag 下拉列表用于设置对元件的拖动。若选择 None，在拖动元件时只移动元件；

若选择 Connected Tracks，在拖动元件时元件上的连接线会一起移动。

8.2.2　Display 选项页

Display 选项页如图 8-14 所示，该选项页用于设置所有有关工作区显示的方式，具体功能介绍如下。

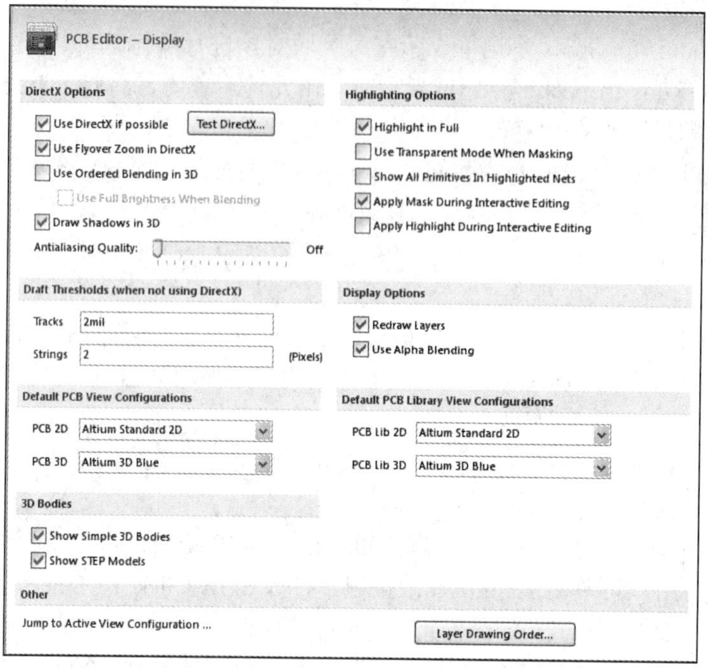

图 8-14　Display 选项页

（1）DirectX Options 区域。

如果选中 Use DirectX if possible 复选框，单击 Test DirectX 按钮可测试显卡是否支持 DirectX。

（2）Highlighting Options 区域用于进行工作区高亮显示元件对象时的设置，其中的选项介绍如下。

Highlight in Full 复选框表示选中的对象会全部高亮显示。若未选中该复选框，所选择器件仅轮廓高亮显示。

Use Transparent Mode When Masking 复选框表示元件对象在被蒙板遮住时，使用透明模式。
Show All Primitives In Highlighted Nets 复选框表示显示高亮状态下网络的所有元件对象内容。
Apply Mask During Interactive Editing 复选框表示在进行交互编辑操作时，使用蒙板标记。
Apply Highlight During Interactive Editing 复选框表示在进行交互编辑操作时，使用高亮标记。

（3）Draft Thresholds（when not using DirecX）区域用于设置线及字符串显示模式转换阈值。

Tracks 文本框用于设置草图模式下，工作区显示线条的模式转换宽度值，宽度低于此设置值的线条将用单个线条显示，所有大于此宽度的线条会以轮廓线的方式显示。

Strings 文本框用于设置文字显示模式下的转换阈值，在当前视图下，所有小于此像素点的文本将以一个轮廓框的形式表示，只有大于此阈值的文本以字符的方式显示。

（4）Display Options 区域中各复选框的具体功能如下。

Redraw Layers 复选框表示进行层操作时，重绘图层。选中该复选框后，当在层间切换时会自动重绘所有的层，当前层最后重绘。若只要求重绘当前层可使用 Alt+End 快捷键。

Use Alpha Blending 复选框表示使用 Alpha 混合的方式显示图层。

（5）Default PCB View Configurations 区域用于设置 PCB 二维及三维的显示模式。

（6）Default PCB Library View Configurations 区域用于设置 PCB 库二维及三维的显示模式。

（7）3D Bodies 区域用于设置三维实体的显示模式。

（8）Other 区域中各选项的具体功能如下。

Jump to Active View Configuration 转到视图配置页面。

Layer Drawing Order 按钮用于设置层重绘的顺序，单击 Layer Drawing Order 按钮，打开如图 8-15 所示的 Layer Drawing Order 对话框。在列表中的层的顺序就是将重绘的层的顺序，列表顶部的层就是屏幕上显示的最上部的层。

图 8-15 Layer Drawing Order 对话框

8.2.3 Board Insight Display 选项页

Board Insight Display 选项页如图 8-16 所示，该选项页用于定义 PCB 板的焊盘、过孔字型显示模式，PCB 板的单层显示模式及元件高亮度的显示方式等内容。

（1）Pad and Via Display Options（焊盘与过孔显示）区域。

Use Smart Display Color（使用漂亮的显示颜色）复选框。选中该复选框，允许 Altium 用户按系统的设置，自动显示焊盘与过孔资料的字体特性，使手动设置字体特性无效。当不选中该复选框时，可以设置焊盘与过孔字体的显示方式。

Font Color（字体颜色），单击右边的颜色框，在弹出的 Choose Color（选择颜色）对话框中可以选择字体的颜色。

Transparent Background（透明背景色）复选框。选中该复选框，显示焊盘/过孔的资料不需要任何可视的背景，否则就可以使用 Background Color 为背景选择指定的颜色。该选项只有在 Use Smart Display Color 无效时才可使用。

Background Color（背景色），单击右边的颜色框，在弹出的 Choose Color（选择颜色）对话框中可以选择背景颜色。

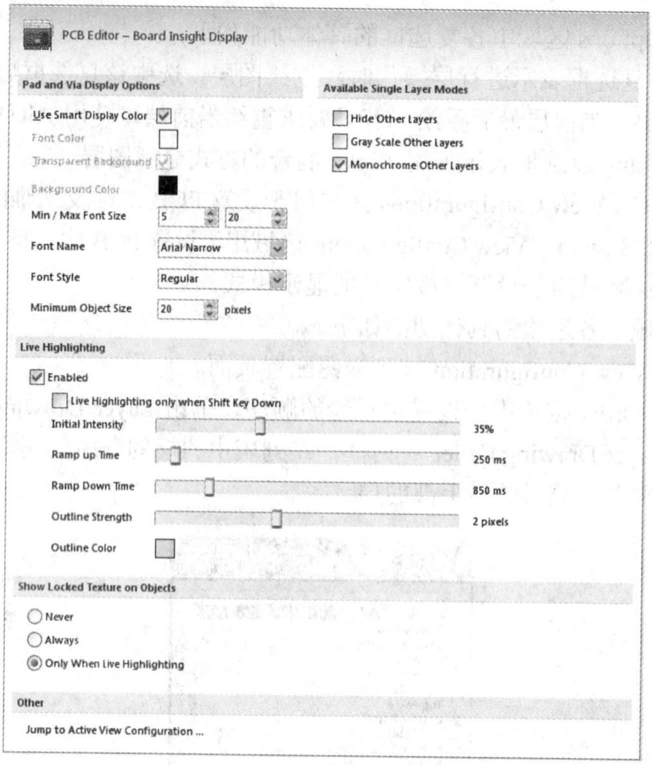

图 8-16 Board Insignt Display 选项页

Min/Max Font Size 编辑框用于设置最小/最大字体的值。

Font Name（字体名字）编辑框。通过单击右边的 ▼ 按钮，选择需要的字体，如楷体_GB2312。

Font Style（字体的文体）编辑框。通过单击右边的 ▼ 按钮，选择字体的类型，如黑体或粗体。

Minimum Object Size（最小物体的尺寸限制）编辑框。通过单击右边的 ▲▼ 微调按钮，选择最小物体的尺寸，单位是像素。

（2）Available Single Layer Modes（有效的单层显示模式）区域，该区域设置 PCB 板的单层显示模式。

Hide Other Layers（隐藏其他层）复选框。该复选框允许用户显示有效的当前层，其他层不显示。同时按 Shift+S 组合键可以在单层与多层显示之间切换。

Gray Scale Other Layers（其他层灰度显示）复选框。该复选框允许用户显示有效的当前层，其他层灰度显示，灰色的程度取决于层颜色的计划。同时按 Shift+S 组合键可以在单层与多层显示之间切换。

Monochrome Other Layers（其他层黑白显示）复选框。该复选框允许用户显示有效的当前层，其他层黑白显示。同时按 Shift + S 组合键可以在单层与多层显示之间切换。

（3）Live Highlighting（激活高亮度）区域。

选中 Enabled（激活）复选框，当光标停留在元件上时，允许与元件相连的网络线（nets）高亮显示。如果该选项没有激活，可防止任何物体高亮显示。

Live Highlighting only when Shift Key Down 复选框，表示该选项允许用户按 Shift 键时激

活网络线（nets）高亮度显示。

Initial Intensity（初始化程度）滑块。移动右边滑块可以设置高亮度第一次出现的初始化程度。

Ramp up Time（上升时间）滑块。当光标移到高亮度的物体上时，移动右边的滑块可以设置达到满刻度高亮时的上升时间。

Ramp Down Time（下降时间）滑块。当光标移开高亮度的物体时，移动右边的滑块可以设置高亮显示的消失时间。

Outline Strength（轮廓线的宽度）滑块。移动右边滑块可以设置高亮显示的网络（Nets）轮廓线的宽度，单位是像素。

Outline Color（轮廓线的颜色）。单击右边的小方框，可以在弹出的 Choose Color（选择颜色）对话框中改变高亮显示网络（Nets）轮廓线的颜色。

（4）Show Locked Texture on Objects 显示锁住的物体区域。

Never 单选按钮。锁住的本质是用户能很容易地从未锁住的物体中区分锁住的物体，锁住物体的特征被显示为一个 Key，选中 Never 选项以显示锁住的特征。

Always 单选按钮。选中 Always 选项用锁住的特征显示锁住的物体。

Only when Live Highlighting 单选按钮。选中该选项后，仅当物体被高亮显示时才显示锁住的特征。

8.2.4 Board Insight Modes 选项页

Board Insight Modes 选项页如图 8-17 所示，该选项页用于定义工作区的浮动状态栏显示选项。所谓浮动状态栏是 Altium Designer 的 PCB 编辑器新增的一项功能，该半透明的状态栏悬浮于工作区上方，如图 8-18 所示。

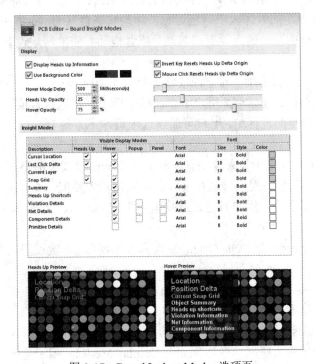

图 8-17　Board Insignt Modes 选项页

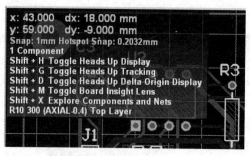

图 8-18 浮动状态栏

通过该浮动状态栏，用户可以方便地从浮动状态栏中获取当前鼠标指针的位置坐标、相对移动坐标等操作信息。为了避免浮动状态栏影响用户的正常操作，Altium Designer 给浮动状态栏设置了两个模式。一个是 Hover 模式，当鼠标指针处于移动状态时，浮动状态栏处于该模式，此时，为避免影响鼠标移动，显示较少的信息；另一个是 Head Up 模式，当鼠标指针处于静止状态时，浮动状态栏处于 Head Up 模式，此时可以显示较多信息。为了充分发挥浮动状态栏的作用，用户可在 Board Insight Modes 选项页内对其进行设置，以满足自己的操作习惯，Board Insight Modes 选项页内的各选项功能介绍如下。

（1）Display 区域用于设置浮动状态栏的显示属性，其中包含七个选项，介绍如下。

Display Heads Up Information 复选框表示显示浮动状态栏，选中该复选框后，浮动状态栏将被显示在工作区中。在工作过程中用户也可以通过快捷键 Shift + H 来切换浮动状态栏的显示状态。

Use Background Color（色彩选择块）用于设置浮动状态栏的背景色，单击该色块将打开 Choose Color 对话框，用户可以选择任意颜色作为浮动状态栏的背景色彩。

Hover Mode Delay 编辑框用于设置浮动状态栏从 Hover 模式到 Heads Up 模式转换的时间延迟，即当鼠标指针静止的时间大于该延迟时，浮动状态栏从 Hover 模式转换到 Heads Up 模式。用户可以在编辑框中直接输入设置的时间，或者拖动右侧的滑块设置延迟时间，时间的单位为毫秒。

Heads Up Opacity 编辑框用于设置浮动状态栏处于 Heads Up 模式下的不透明度，不透明度数值越大，浮动状态栏越不透明。用户可以在编辑框中直接输入数值，或者拖动右侧的滑块设置透明度数值。在调整的过程中，用户可通过选项页左下方的 Heads Up Preview 图例预览透明度显示效果。

Hover Opacity 编辑框用于设置浮动状态栏处于 Hover 模式下的不透明度，不透明度数值越大，浮动状态栏越不透明，用户可以在编辑框中直接输入数值，或者拖动右侧的滑块设置透明度数值，在调整的过程中，用户可通过选项卡右下方的 Hover Preview 图例预览透明度显示效果。

Insert Key Resets Heads Up Delta Origin 复选框表示使用 Ins 键设置浮动状态栏中显示的鼠标相对位置坐标零点。

Mouse Click Resets Heads Up Delta Origin 复选框表示使用鼠标左键设置浮动状态栏中显示的鼠标相对位置坐标零点。

（2）Insight Modes（浮动状态栏显示内容列表）用于设置相关操作信息在浮动状态栏中的显示属性，该列表分两大栏，一栏是 Visible Display Modes，用于选择浮动状态栏在各种模式下显示的操作信息内容，用户只需勾选对应内容项即可，显示效果可参考下方的预览。另一栏是 Font，用于设置对应内容显示的字体样式信息。Altium Designer 共提供了 10 种信息供用户选择在浮动状态栏中显示，分别介绍如下。

- Cursor Location 表示当前鼠标指针的绝对坐标信息。
- Last Click Delta 表示当前鼠标指针相对上一次单击点的相对坐标信息。
- Current Layer 表示当前所在的 PCB 图层名称。
- Snap Grid 表示当前的对齐栅格参数信息。
- Summary 表示当前鼠标指针所在位置的元件对象信息。
- Heads Up Shortcuts 表示鼠标静止时与浮动状态栏操作的快捷键及其功能。
- Violation Details 表示鼠标指针所在位置的 PCB 图中违反规则的错误的详细信息。
- Net Details 表示鼠标指针所在位置的 PCB 图中网络的详细信息。
- Component Details 表示鼠标指针所在位置的 PCB 图中元件的详细信息。
- Primitive Details 表示鼠标指针所在位置的 PCB 图中基本元件对象的详细信息。
- Heads Up Preview 和 Hover Preview 便于用户对设置的浮动状态栏的两种模式显示效果进行预览。

8.2.5 Board Insight Lens 选项页

为了方便用户对 PCB 板中较复杂的区域细节进行观察，Altium Designer 在 PCB 编辑器中新增了放大镜功能，放大镜显示效果如图 8-19 所示。通过放大镜，用户能对鼠标指针所在位置的电路板中的细节进行观察，同时又能了解电路板的整体布局情况。

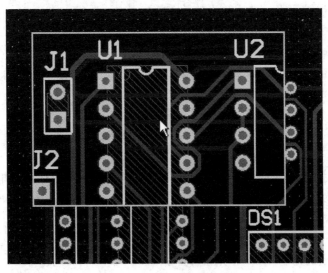

图 8-19 放大镜显示效果

为了让放大镜更适合用户操作习惯，Altium Designer 允许用户对放大镜的显示属性进行自定义。Board Insight Lens 选项页就是专用于设置放大镜显示属性的选项页，如图 8-20 所示，其中的选项功能介绍如下。

（1）Configuration 区域用于设置放大镜视图的大小和形状，其中：

选中 Visible 复选框，表示使用放大镜，否则不使用放大镜。

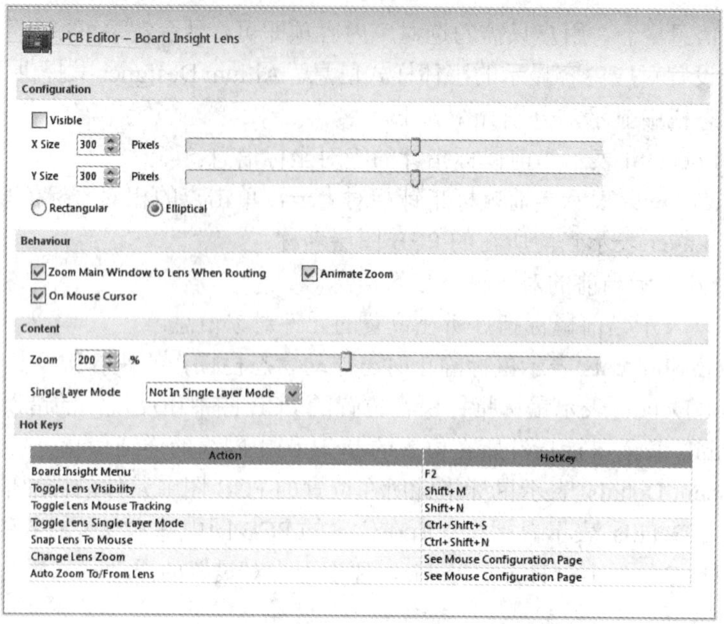

图 8-20　Board Insight Lens 选项页

X Size 编辑框用于设置放大镜视图的 X 轴向尺寸，即宽度，单位是像素。用户可以在编辑框中直接输入设置的数值，或者拖动右侧的滑块设置尺寸数值。

Y Size 编辑框用于设置放大镜视图的 Y 轴向尺寸，即高度，单位是像素。用户可以在编辑框中直接输入设置的数值，或者拖动右侧的滑块设置尺寸数值。

Rectangular 单选按钮表示使用矩形的放大镜。

Elliptical 单选按钮表示使用椭圆形的放大镜。

（2）Behaviour 区域用于设置放大镜的动作，其中有三个选项。

Zoom Main Window to Lens When Routing 复选框表示在进行布线时，使用放大镜缩放主窗口。

Animate Zoom 复选框表示使用动画形式缩放。

On Mouse Cursor 复选框表示放大镜总是位于鼠标指针的位置。

（3）Content 区域用于设置放大镜视图中的显示内容，其中有两个选项。

Zoom 编辑框用于设置放大镜的放大比例，用户可以在编辑框中直接输入放大比例数值，或者拖动右侧的滑块设置放大比例数值。

Single Layer Mode 下拉列表用于设置在放大镜视图中使用单层模式，其中有两个选项，Not In Single Layer Mode 表示不使用单层显示模式，显示所有 PCB 图层；Hide Other Layers 表示使用单层显示模式，隐藏其他的图层。

（4）Hot Keys 列表用于设置与放大镜视图有关的快捷键，列表左侧是动作行为描述，右侧是设置的快捷键，系统默认的设置如下。

快捷键 F2 用于启动 Board Insight 菜单，设置浮动状态栏和放大镜视图。

快捷键 Shift + M 用于切换放大镜视图的显示和隐藏状态。

快捷键 Shift + N 用于绑定放大镜视图到鼠标指针上。

快捷键 Ctrl + Shift + S 用于在放大镜视图内切换单层模式。

快捷键 Ctrl + Shift + N 用于将放大镜视图设置到鼠标指针位置，并随鼠标指针移动。

8.2.6　Interactive Routing 选项页

Interactive Routing 选项页如图 8-21 所示，该选项页用于定义交互布线的属性，其中各选项的功能和意义如下。

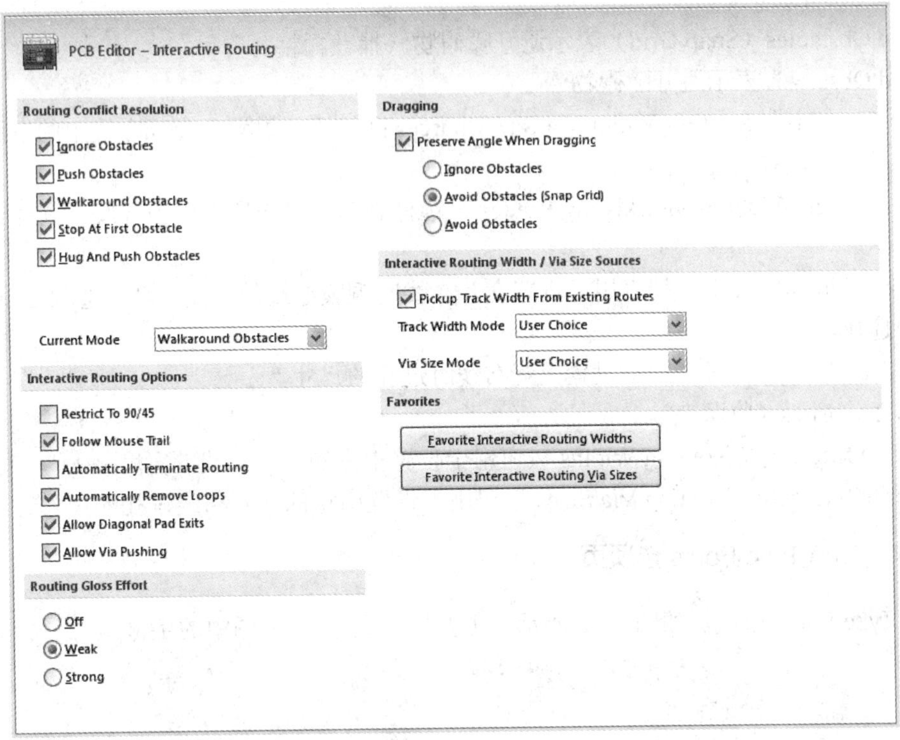

图 8-21　Interactive Routing 选项页

（1）Routing Conflict Resolution 区域用于设置交互布线过程中出现布线冲突时的解决方式，共有五个选项供选择。

Ignore Obstacles 表示忽略障碍物。

Push Obstacles 表示推开障碍物。

Walkaround Obstacles 表示围绕障碍物走线。

Stop At First Obstacle 表示遇到第一个障碍物停止。

Hug And Push Obstacles 表示紧靠和推开障碍物。

（2）Interactive Routing Options 区域用于设置交互布线属性，其中有 6 个选项。

Restrict To 90/45 表示设置布线角度为 90/45°。

Follow Mouse Trail 表示跟随鼠标轨迹。

Automatically Terminate Routing 表示自动判断布线终止时机。

Automatically Remove Loops 表示自动移除布线过程中出现的回路。

Allow Diagonal Pad Exits 表示允许斜线焊盘退出。

Allow Via Pushing 表示允许过孔推压。

（3）Routing Gloss Effort 用于设置布线光滑情况。

Off 表示关闭。

Weak 表示弱的。

Strong 表示强有力的。

（4）Dragging 区域用于设置拖移元件时的情况。

Preserve Angle When Dragging 表示拖移时保持任意角度。

Ignore Obstacles 表示忽略障碍物。

Avoid Obstacles（Snap Grid）表示避开障碍物（捕获栅格打开）。

Avoid Obstacles 表示避开障碍物。

（5）Interactive Routing Width/Via Size Sources 区域用于设置在交互布线中的铜膜导线宽度和过孔尺寸的选择属性。

Pickup Track Width From Existing Routes 复选框表示从已布置的铜膜导线中选择铜膜导线的宽度。

Track Width Mode 下拉列表用于设置交互布线时铜膜导线的宽度，默认选项 User Choice 表示用户选择。

Via Size Mode 下拉列表用于设置交互布线时过孔的尺寸。

（6）Favorites（收藏夹）。

Favorite Interactive Routing Widths 按钮用于设置中意的交互布线的宽度。

Favorite Interactive Routing Via Sizes 按钮用于设置中意的交互布线过孔的尺寸。

8.2.7　True Type Fonts 选项页

True Type Fonts 选项页如图 8-22 所示，主要用于设置 PCB 图中的字体。

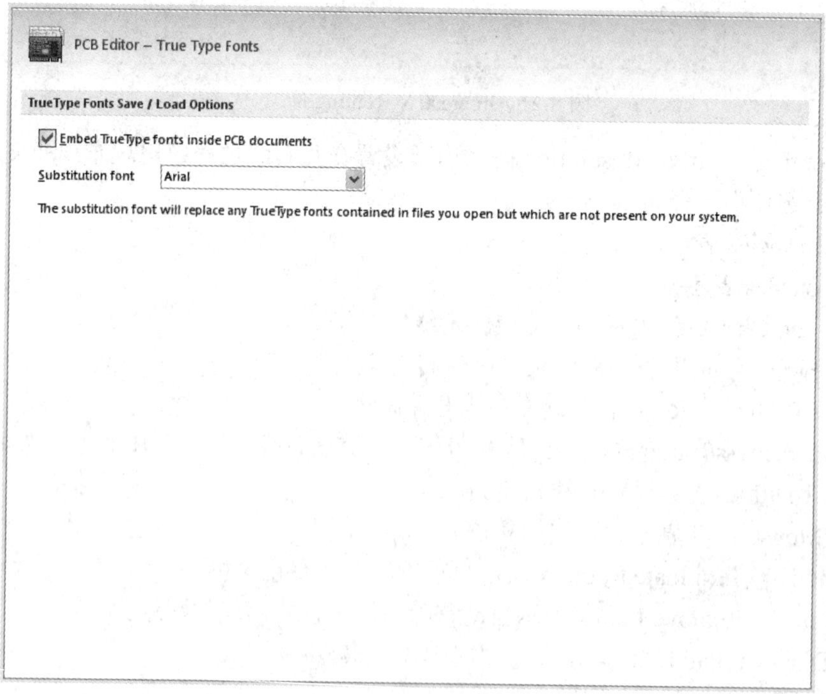

图 8-22　True Type Fonts 选项页

TrueType 字体是微软和 Apple 公司共同研制的字型标准。

Embed TrueType fonts inside PCB documents 复选框。勾选该复选框表明 TrueType 字体嵌入到 PCB 文档中，通过 Substitution font 下拉列表框可以选择不同的字体。

8.2.8 Mouse Wheel Configuration 选项页

Mouse Wheel Configuration 选项页如图 8-23 所示，该选项页主要用于设置鼠标滚轮在 PCB 编辑器中的功能。

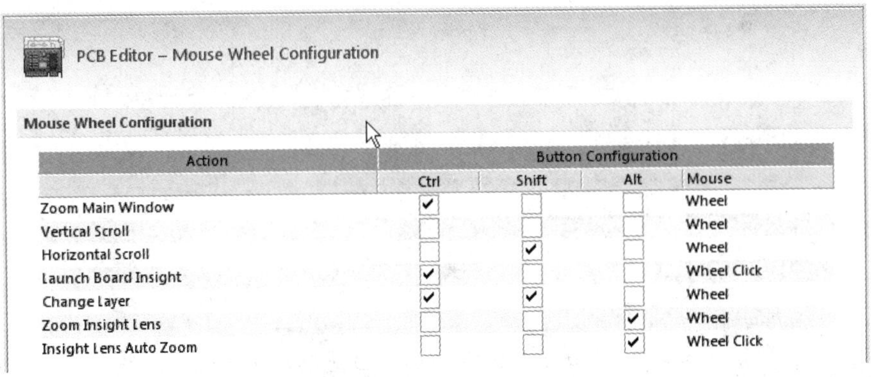

图 8-23 Mouse Wheel Configuration 选项页

在 Mouse Wheel Configuration 选项页左侧的 Action 栏中列出了需要鼠标滚轮参与的操作，在 Button Configuration 栏列出了执行左侧操作所需要的组合键，用户可通过勾选对应的复选框设置组合键，以适应自己的操作习惯。系统默认的组合键如下。

"Ctrl + 滚轮"组合键用于调整当前工作区域的显示比例。

滚动鼠标滚轮可以竖直移动工作区的显示区域。

"Shift + 滚轮"组合键用于横向移动工作区的显示区域。

"Ctrl + 鼠标中键"组合键用于显示 Board Insight 视图窗口。

"Ctrl + Shift + 滚轮"组合键用于切换显示 PCB 图层。

"Alt + 滚轮"组合键用于调整放大镜视图的缩放比例。

"Alt + 鼠标中键"组合键用于自动将放大镜视图的缩放比例应用于工作区。

8.2.9 PCB Legacy 3D 选项页

PCB Legacy 3D 选项页如图 8-24 所示，该选项页用于设置 PCB 板的三维模型显示属性。

Highlighting 区域用于设置三维视图中高亮显示的三维元件对象的色彩和背景色彩，用户单击对应的颜色框即可打开 Choose Color 对话框选择色彩。默认高亮显示的元件对象色彩为红色，三维视图背景为灰（黑）色。

Print Quality 区域用于设置三维视图的打印质量，共提供了三种质量选项，Draft 项打印质量最差，只显示三维视图的草图轮廓，Normal 项质量较好，Proof 项的打印质量最好。

PCB 3D Document 区域用于设置 PCB 3D 文件的属性，共有两个选项。

- Always Regenerate PCB 3D 复选框表示一直重建 PCB 的三维模型。
- Always Use Component Bodies 复选框表示一直显示元件形体。

Default PCB 3D Library 区域用于设置 PCB 3D 库的选项，系统的缺省值是安装该软件时

3D 库所在的路径：C:\Documents and Settings\All Users\Documents\Altium\AD13\Library\PCB3D\Default.PCB3DLib，用户可以单击 Browse 按钮打开"打开"对话框，选择 PCB 3D 库文件作为系统默认的 PCB 三维元件库。

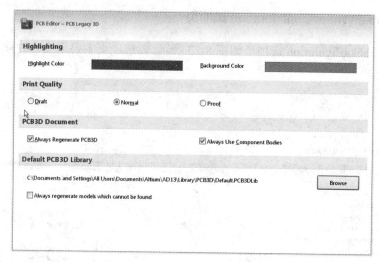

图 8-24　PCB Legacy 3D 选项页

8.2.10　Default 选项页

Default 选项页如图 8-25 所示，PCB 编辑器中各种元件对象的缺省值都是在该选项页中进行配置的。

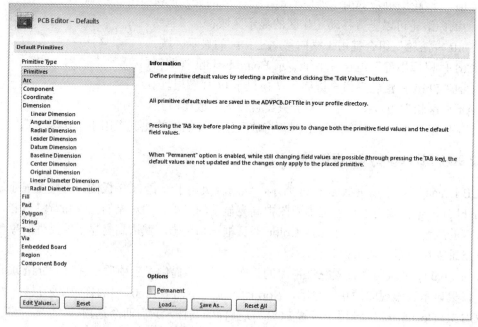

图 8-25　Defaults 选项页

在 Primitives 列表中选择需要更改的项，单击 Edit Values 按钮，打开对应的属性对话框编辑参数。

8.2.11 Reports 选项页

Reports 选项页如图 8-26 所示，用于设置 PCB 输出文件类型，用户在该选项页中设置需要输出的文件类型，以及输出路径和文件名称。这样在完成 PCB 设计后，系统会自动显示和生成已设置好的输出文件。

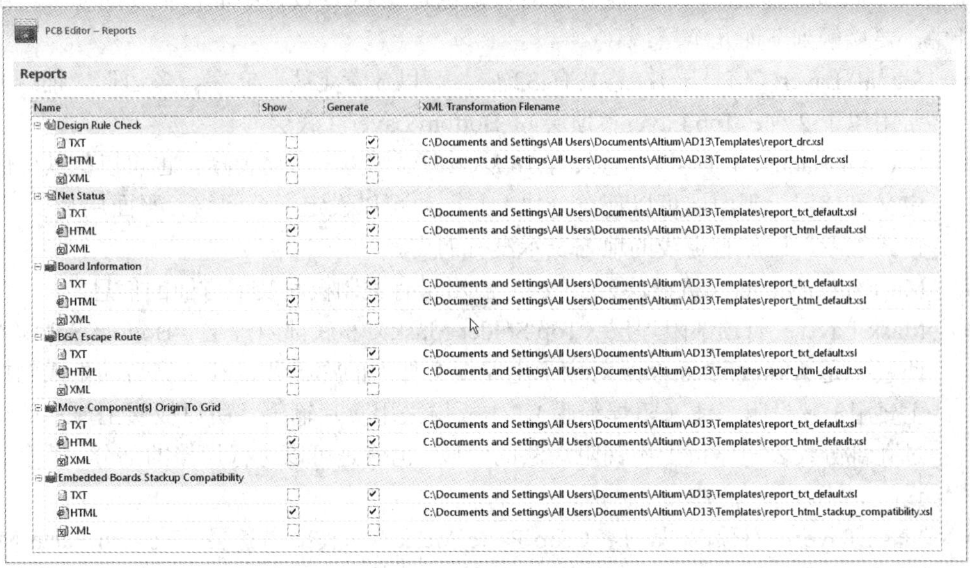

图 8-26 Reports 选项页

8.2.12 Layer Colors 选项页

Layer Colors 选项页如图 8-27 所示，用于设置 PCB 板各层的颜色。

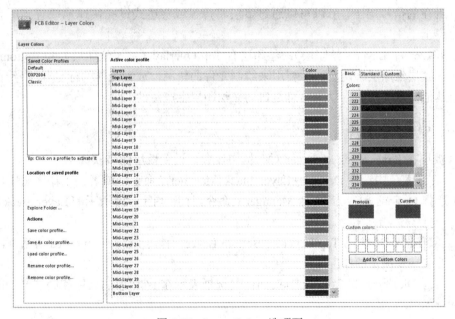

图 8-27 Layer Colors 选项页

8.3 PCB 板设置

8.3.1 PCB 板层介绍

每个设计师都有自己的设计风格，层的设定也是在 PCB 设计中非常重要的环节。在 PCB 的设计中，要接触到下面几个层：

- Signal Layer（信号层）：总共有 32 层。可以放置走线、文字、多边形（铺铜）等。常用以下 2 种：Top Layer（顶层），Bottom Layer（底层）。
- Internal Plane（平面层）：总共有 16 层。主要作为电源层使用，也可以把其他的网络定义到该层。平面层可以任意分块，每一块可以设定一个网络。平面层是以"负片"格式显示，比如有走线的地方表示没有铜皮。
- Mechanical Layer（机械层）：该层一般用于有关制板和装配方面的信息。
- Mask Layer：有顶部阻焊层（Top Solder Mask）和底部阻焊层（Bottom Solder Mask）两层，是 Altium Designer 对应于电路板文件中的焊盘和过孔数据自动生成的板层，主要用于铺设阻焊漆（阻焊绿膜）。本板层采用负片输出，所以板层上显示的焊盘和过孔部分代表电路板上不铺阻焊漆的区域，也就是可以进行焊接的部分，其余部分铺设阻焊漆。
- Mask Layer：有顶部锡膏层（Top Paste Mask）和底部锡膏层（Bottom Paste Mask）两层，它是过焊炉时用来对应 SMD 元件焊点的，自动生成，也是以负片形式输出。
- Keep-out Layer：主要用来定义 PCB 边界，比如可以放置一个长方形定义边界，则信号走线不会穿越这个边界。
- Drill Drawing（钻孔层）：主要为制造电路板提供钻孔信息，该层是自动计算的。
- Multi-Layer（多层）：多层代表信号层，任何放置在多层上的元器件会自动添加到所在的信号层上，所以可以通过多层将焊盘或穿透式过孔快速地放置到所有的信号层上。
- Silkscreen Layer（丝印层）：丝印层有 Top Overlay（顶层丝印层）和 Bottom Overlay（底层丝印层）两层。主要用来绘制元件的轮廓，放置元件的标号（位号）、型号或其他文本等信息。以上信息是自动在丝印层上产生的。

8.3.2 PCB 板层设置

PCB 板层在 Layer Stack Manager 对话框中设置，设置板层的步骤如下：

（1）在主菜单中选择 Design→Layer Stack Manager…命令，或者在工作区右击，在弹出的菜单中选择 Options→Layer Stack Manager…命令，打开如图 8-28 所示的 Layer Stack Manager 对话框。

（2）双击图 8-28 中的 Top Layer 或 Bottom Layer，弹出 Layer Properties 对话框，可在其中修改层的名字及铜箔的厚度。

（3）Top Dielectric 和 Bottom Dielectric 复选框表示在 PCB 板的顶层和底层添加阻焊层，如图 8-29 所示。

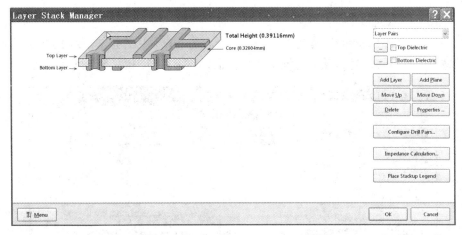

图 8-28 Layer Stack Manager 对话框

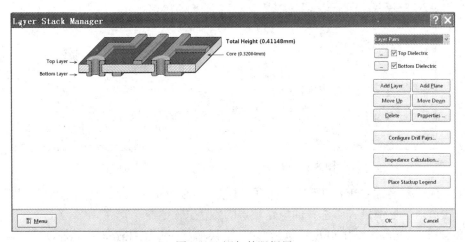

图 8-29 添加的阻焊层

Layer Stack Manager 对话框中的按钮功能如下：
- Add Layer 按钮用于在 PCB 板中添加信号层。
- Add Plane 按钮用于在 PCB 板中添加电源平面。
- Delete 按钮用于删除所选中的层。
- Move Up 按钮用于上移所选中的层。
- Move Down 按钮用于下移所选中的层。
- Properties 按钮用于设置选择层的属性。

还可以设定层对，左下角的 Menu 按钮包含了有关设置。

8.3.3　PCB 板层及颜色设置

为了区别各 PCB 板层，Altium Designer 使用不同的颜色绘制不同的 PCB 层，用户可根据个人喜好调整各层对象的显示颜色，具体步骤如下。

在主菜单中选择 Design→Board Layers And Colors…命令，或者在工作区右击，在弹出的菜单中选择 Options→Board Layers And Colors…命令，打开如图 8-30 所示的 Board Layers And Colors 选项卡。

1. Board Layers And Colors 选项卡

Board Layers And Colors 选项卡共有七个列表，用于设置工作区中显示的层及其颜色。在每个区域中有一个 Show 复选框，勾选该复选框后，PCB 板工作区下方将显示该层的标签。

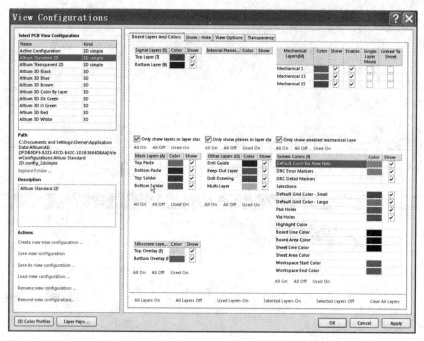

图 8-30　Board Layers And Colors 选项卡

单击对应的层名称 Color 列下的颜色框，打开 2D System Color…对话框（"…表示不同的层名"），在该对话框中设置所选择的电路板层的颜色。

在 System Colors 区域中可设置包括 DRC 错误标记（DRC Error Markers）、焊盘孔（Pad Holes）、过孔（Via Holes）和 PCB 工作区等系统对象的颜色及其显示属性。

设置完毕后单击 OK 按钮，完成 PCB 板层的设置。

2. Show/Hide 选项卡

Show/Hide 选项卡如图 8-31 所示，该选项卡用于设定各类元件对象的显示模式。

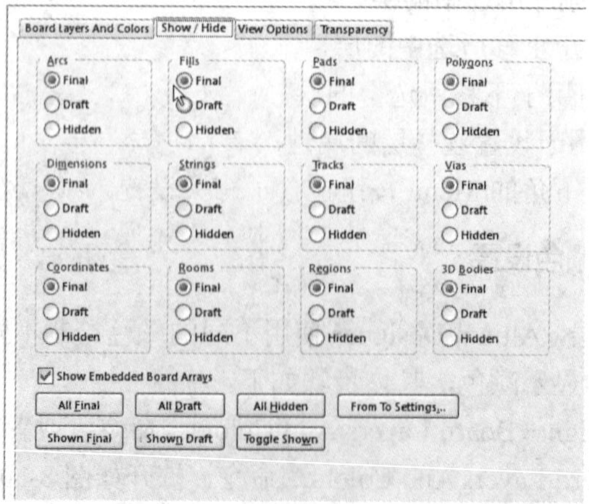

图 8-31　Show/Hide 选项卡

Final 单选按钮表示以完整型模式显示对象，其中每一个图素都是以实心显示。

Draft 单选按钮表示以草稿型模式显示对象，其中每一个图素都是以草图轮廓形式显示。

Hidden 单选按钮表示隐含不显示对象。

Show/Hide 选项卡中可设置的对象有 Arcs（圆弧）、Fills（填充）、Pads（焊盘）、Polygons（多边形）、Dimensions（尺寸标注）、Strings（字符串）、Tracks（线）、Vias（过孔）、Coordinates（标尺）、Rooms（区域）等。

3. View Options 选项卡

View Options 选项卡如图 8-32 所示，该选项卡内主要包括显示方面的设置。

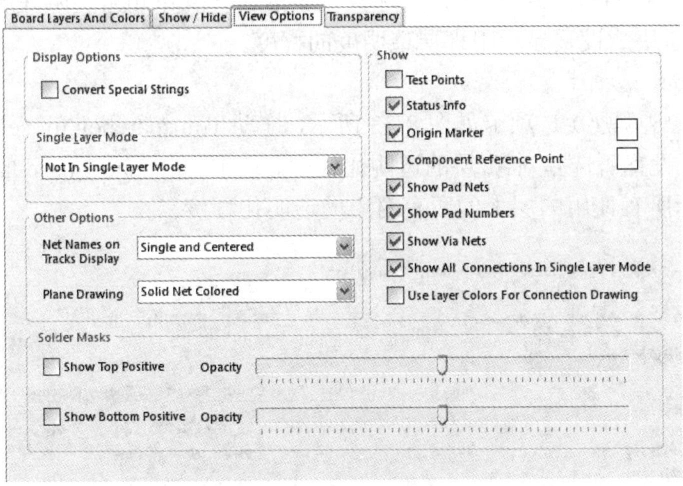

图 8-32　View Options 选项卡

（1）Display Options（显示选项）区域。

Convert Special Strings 转换特殊字符。选中该复选框，允许显示特殊的字符以改变字符原来的意义。

（2）Single Layer Mode（单层模式显示）区域。该区域的下拉列表框有 4 个选项，分别是：

- Not In Single Layer Mode：非单层显示模式，显示所有的层。
- Gray Scale Other Layers：其他层灰色显示，只显示当前选中的层。
- Monochrome Other Layers：其他层黑白显示，只显示当前选中的层。
- Hide Other Layers：隐藏其他层，只显示当前选中的层。

（3）Other Options（其他选项）区域。

Net Names on Tracks Display（在导线上显示网络名），该下拉列表框有 3 个选项，分别是：

- Do Not Display：选择它，表示在导线上不显示网络名。
- Single and Centered：表示在导线的中心上显示单个网络名。
- Repeated：表示在导线上重复地显示网络名。

Plane Drawing（绘图标准），该下拉列表框有 2 个选项，分别是：

- Solid Net Colored：表示网络的颜色显示是实心的。
- Outlined Layer Colored：表示层的颜色，显示轮廓。

（4）Show（显示）区域，各复选框含义如下：

- Test Points：测试点。

- Status Info：状态信息。
- Origin Marker：坐标原点。
- Component Reference Point：元件的参考点。
- Show Pad Nets：显示焊盘网络。
- Show Pad Numbers：显示焊盘数。
- Show Via Nets：显示过孔网络。

（5）Solder Masks（阻焊层）区域。

- Show Top Positive：选中该复选框，显示顶（Top）层阻焊层（正片）。
- Show Bottom Positive：选中该复选框，显示底（Bottom）层阻焊层（正片）。
- Opacity 滑块：设置显示阻焊层透明度的程度。

4. Transparency 选项卡

Transparency（透明层）选项卡如图 8-33 所示，拖动 Transparency for selected objects/layers 右边的滑块，可以设置所选择对象/层的透明化程度。选中 Only show used layers 复选框，在下面的表格内就显示所有使用的层上的所有对象的透明化程度。

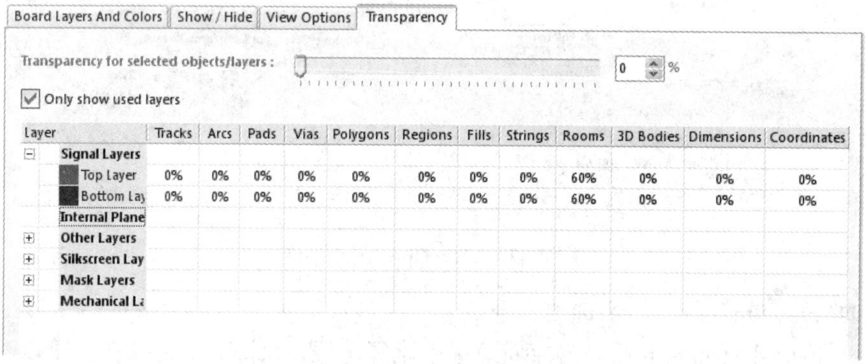

图 8-33　Transparency 选项卡

习题八

1. Altium Designer PCB 编辑器中的常用工具栏有哪些？各工具栏的主要用途是什么？
2. 在 PCB 编辑环境设置中，哪个选项卡的复选框表示进行在线规则检查时，一旦操作过程中出现违反设计规则的情况，系统会显示错误警告？
3. 在 PCB 编辑环境设置中，怎样设置才会满足以下要求：在拖动元件时只移动元件；在拖动元件时，元件上的连接线会一起移动。
4. 在 PCB 编辑环境设置中，如何设置大十字形光标、小十字形光标、×形的光标？
5. 在 PCB 编辑环境设置中，如何设置在工作区中显示浮动状态栏？浮动状态栏的显示状态还可以通过什么快捷键来切换？
6. 为了方便用户对 PCB 板中较复杂区域的细节进行观察，Altium Designer 在 PCB 编辑器中新增了放大镜功能，可以通过什么快捷键来显示或隐藏放大镜？
7. 在 PCB 编辑过程中，为了单层显示 PCB 的板层，该怎样操作？

项目 9　数码管显示电路的 PCB 设计

在项目 7 完成了数码管显示电路的原理图绘制后，本项目完成数码管显示电路的 PCB 板设计。在该 PCB 板中，调用项目 5 建立的封装库内的两个器件：DIP-20（AT89C2051 单片机的封装）、LED-10（数码管的封装）。通过该 PCB 图验证建立的封装库内的两个器件的正确性，并进行新知识的介绍。涵盖以下主题：

- 设置 PCB 板
- 设计规则介绍
- 自动布线的多种方法
- 数码管显示电路的 PCB 设计

9.1　创建 PCB 板

9.1.1　新建 PCB 文档

在 3.2 节中介绍了用 PCB 向导产生空白 PCB 板子轮廓的方法。本节将介绍另一种产生空白 PCB 板的方法。

（1）启动 Altium Designer，打开"数码管显示电路.PrjPcb"工程文件，再打开"数码管显示电路.SchDoc"原理图。

（2）产生一个新的 PCB 文件。方法如下：选择主菜单中的 File→New→PCB 命令，在"数码管显示电路.PrjPcb"工程中新建一个名称为 PCB1.PcbDoc 的 PCB 文件。

（3）在新建的 PCB 文件上右击，在弹出的快捷菜单中选择 Save 命令，打开 Save[PCB1.PcbDoc]As 对话框。

（4）在"文件名"文本框中输入"数码管显示电路"，单击"保存"按钮，将新建的 PCB 文档保存为"数码管显示电路.PcbDoc"文件。

9.1.2　设置 PCB 板

（1）在主菜单中选择 Design→Board Options…命令，打开如图 9-1 所示的 Board Options 对话框。

（2）在 Measurement Unit 区域中设置 Unit 为 Metric；勾选 Sheet Position 区域中的 Display Sheet 复选框，表示在 PCB 图中显示白色的图纸。

（3）按 G 键，弹出 Snap Grid 对话框，设置 Grid 为 1mm。

（4）在主菜单中选择 Design→Board Sharp→Redefine Board Sharp 命令，重新定义 PCB 板的形状。

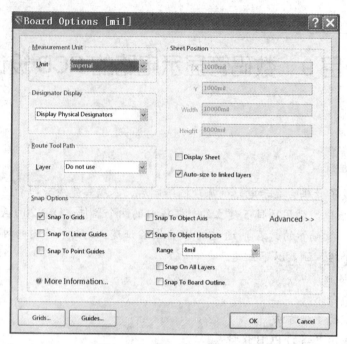

图 9-1 Board Options 对话框

（5）移动光标按顺序分别在工作区内坐标为（100mm，30mm）、（190mm，30mm）、（190mm，106mm）和（100mm，106mm）的点上单击，最后右击，绘制一个矩形区域。重新定义的 PCB 板区域如图 9-2 所示。

（6）单击工作区下部的 Keep-Out Layer 标签，选择 Keep-Out Layer 层，重新定义 PCB 板的边框。

（7）单击 Utilities 工具栏中的绘图工具按钮，在弹出的工具栏中选择线段工具按钮，移动光标按顺序连接工作区内坐标为（103mm，33mm）、（187mm，33mm）、（187mm，103mm）和（103mm，103mm）的四个点，然后光标回到（103mm，33mm）处，光标处出现一个小方框，单击，即绘制 Keep Out 布线的矩形区域，如图 9-3 所示，右击退出布线状态。

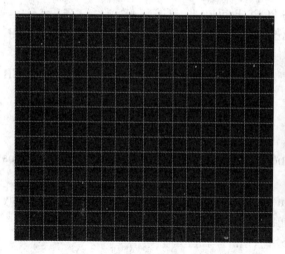

图 9-2 重新定义的 PCB 板区域

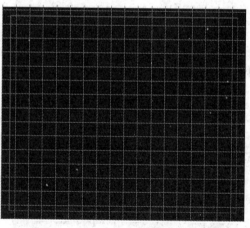

图 9-3 绘制布线区域的 PCB 板

（8）在主菜单中选择 Design→Layer Stack Manager 命令，打开 Layer Stack Manager 对话框。

（9）勾选 Top Dielectric 复选框和 Bottom Dielectric 复选框，设置电路板为有阻焊层的双层板，单击 OK 按钮。

至此，PCB 板的形状、大小，布线区域和层数就设置完毕了。

9.2 PCB 板布局

9.2.1 导入元件

（1）在原理图编辑器下，用封装管理器检查每个元件的封装是否正确（3.3 节中已介绍），打开封装管理器（Tools→Footprint Manager）。

（2）在主菜单中选择 Design→"Update PCB Document 数码管显示电路.PcbDoc"命令，打开如图 9-4 所示的 Engineering Change Order 对话框。

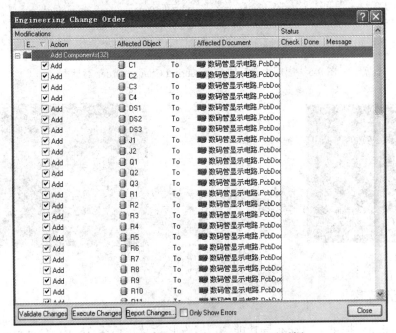

图 9-4　Engineering Change Order 对话框

（3）单击 Validate Changes 按钮验证一下有无不妥之处，再单击 Execute Changes 按钮，应用所有已选择的更新。Status 栏下的 Check 和 Done 列将显示检查更新和执行更新后的结果，如果执行过程中出现问题将会显示 ✗ 符号，若执行成功则会显示 ✓ 符号。如有错误则检查错误，然后从步骤（2）开始重新执行。没有错误后，应用更新后的 Engineering Change Order 对话框如图 9-5 所示。

（4）单击 Engineering Change Order 对话框中的 Close 按钮，关闭该对话框。至此，原理图中的元件和连接关系就导入到 PCB 板中了。

导入原理图信息的 PCB 板文件的工作区如图 9-6 所示，此时 PCB 板文件的内容与原理图文件"数码管显示电路.SchDoc"就完全一致了。

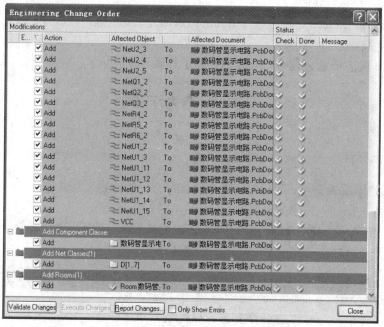

图 9-5 应用更新后的 Engineering Change Order 对话框

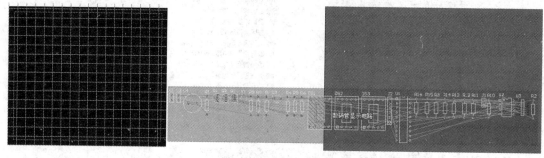

图 9-6 PCB 工作区内容

9.2.2 元件布局

Altium Designer 提供了自动布局功能。方法：选择主菜单命令 Tools→Component Placement→Auto Placer，弹出 Auto Place 对话框。在该对话框内可以选择 Cluster Placer 和 Statistical Placer 两种布局方式，目前这两种布局方式的布局效果都还不尽人意，所以用户最好还是采用手动布局。方法如下：

（1）单击 PCB 图中的元件，将其一一拖放到 PCB 板中的 Keep-Out 布线区域内。单击元件 U1，将它拖动到 PCB 板中左边靠上的区域。在拖动元件到 PCB 板中的 Keep-Out 布线区域时，可以一次拖动多个元件，如选择 3 个元件 DS1~DS3（先单击 DS1 元件区域的左下角，然后单击 DS3 元件区域的右上角），按住鼠标左键将它们拖动到 PCB 板中部用户需要的位置时放开鼠标左键，如图 9-7 所示。在导入元件的过程中，系统自动将元件布置到 PCB 板的顶层（Top Layer），如果需要将元件放置到 PCB 板的底层（Bottom Layer），按步骤（2）进行操作。

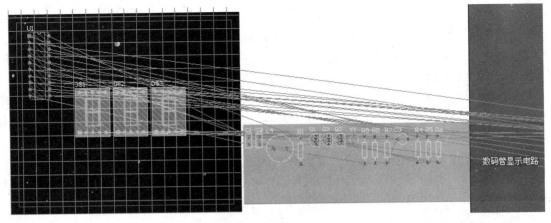

图 9-7 移动元器件

(2) 双击元件 U3，按 Tab 键，打开如图 9-8 所示的 Component U3 对话框。在 Component Properties 区域内的 Layer 下拉列表中选择 Bottom Layer 选项，单击 OK 按钮，关闭该对话框。此时，元件 U3 连同其标签文字都被调整到 PCB 板的底层，把 U3 放在 DS1 元件位置的底层（DS1 元件放在顶层）。

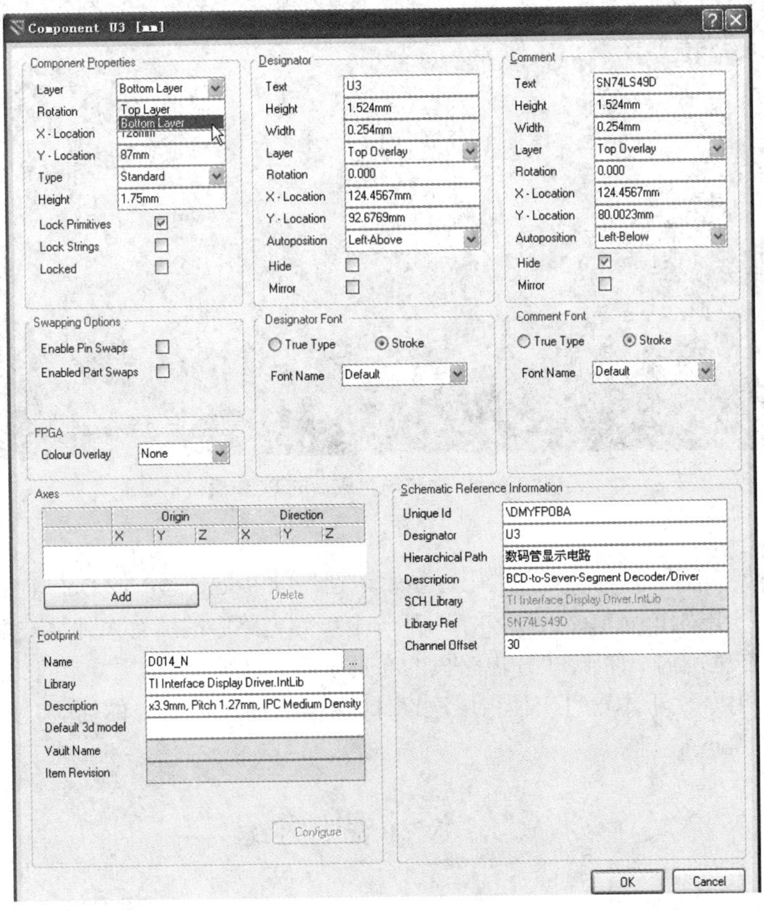

图 9-8 Component U3 对话框

(3) 放置其他元件到 PCB 板顶层，然后调整元件的位置。调整元件位置时，最好将光标设置成大光标,方法:右击,在弹出的菜单中选择 Options→Preferences 命令,弹出 Preferences 对话框,在光标类型(Cursor Type)处选择 Large 90 即可。

(4)放置元件时,遵循该元件对于其他元件连线距离最短、交叉线最少的原则进行,可以按 Space 键让元件旋转到最佳位置,再放开鼠标左键。

(5)如果电阻 R2、R3、R10~R16 排列不整齐,可以选中这些元件,在工具栏上单击 图标,弹出下拉工具,在其中单击 (向下对齐)图标,再单击 (元件之间距离相等)图标后,即可把电阻布置整齐。

(6)在放置元件的过程中,为了让元件精确放置在希望的位置,设置 PCB 板采用英制(Imperial)单位,按 G 键,设置 Grid 为 20mil,以方便元件摆放整齐。布置完成后的 PCB 板如图 9-9 所示。

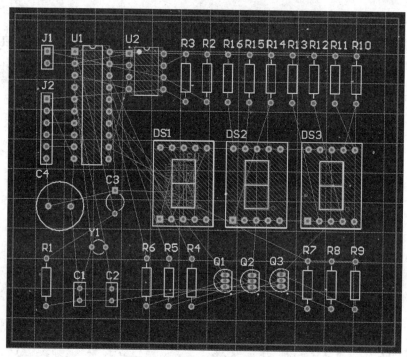

图 9-9 手动布局完成后的 PCB 板

至此,元件布局完毕。

(7)单击工作区中的名称为"数码管显示电路"的 Room 框,按 Del 键将其删除。

Room 框用于限制单元电路的位置,即某一个单元电路中的所有元件将被限制在由 Room 框所限定的 PCB 范围内,便于 PCB 电路板的布局规范,减少干扰,通常用于层次化的模块设计和多通道设计中。由于本项目未使用层次设计,不需要 Room 边框的功能,为了方便元件布局,可以先将 Room 框删除。

9.3 设计规则介绍

Altium Designer 提供了内容丰富、具体的设计规则,根据设计规则的适用范围共分为如下10 个类别,下面把要经常使用的规则作简单介绍。

- Electrical:电气规则类。
- Routing:布线规则类。
- SMT:SMT 元件规则类。
- Mask:阻焊膜规则类。
- Plane:内部电源层规则类。
- Testpoint:测试点规则类。
- Manufacturing:制造规则类。
- High Speed:高速电路规则类。
- Placement:布局规则类。
- Signal Integrity:信号完整性规则类。

9.3.1 Electrical 规则类

1. Clearance 设计规则

Clearance 设计规则已在项目 3 介绍,在此不赘述。

2. Short-Circuit 设计规则

Short-Circuit 设计规则的 Constraints 区域如图 9-10 所示,该设计规则属于一元(即一个元素)规则,限制电路板上的导线之间是否允许信号线路短路。

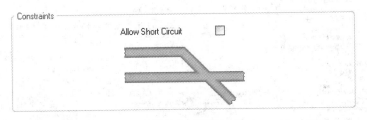

图 9-10 Short-Circuit 设计规则视图中的 Constraints 区域

Allow Short-Circuit 复选框表示允许短路。选中该复选框,则规则允许短路,默认设置为不允许短路(实际设计 PCB 板时也不允许短路)。

3. Un-Routed Net 设计规则

Un-Routed Net 设计规则属于一元规则,用于检查指定范围内的网络是否完全布线,如果网络尚未完全连通,该网络上已经布置的导线将保留,没有成功布线的网络将保持飞线。该规则的设计规则视图中的 Constraints 区域如图 9-11 所示。该规则不需要设置约束参数,只要创建规则,设置基本属性和适用对象即可。

图 9-11 Un-Routed Net 设计规则视图中的 Constraints 区域

4. Un-Conneted Pin 设计规则

Un-Conneted Pin 设计规则无约束项,也属于一元规则,用于检查指定范围内的元件封装的引脚是否连接成功。该规则也不需要设置其他约束,只需创建规则,设置基本属性和适用对象即可。

9.3.2 Routing 规则类

1. Width 设计规则

Width 设计规则用于限定布线时铜箔导线的宽度范围。此规则已在项目 3 介绍，在此将接地线（GND）的宽度设为 30mil，电源线（VCC）的宽度设为 20mil，其他线的宽度：最小值（Min Width）10mil、首选宽度（Preferred Width）15mil、最大值（Max Width）20mil，如图 9-12 所示。

注意：铜箔导线宽度的设定要依据 PCB 板的大小、元器件的多少、导线的疏密、印制板制造厂家的生产工艺等多种因素决定。

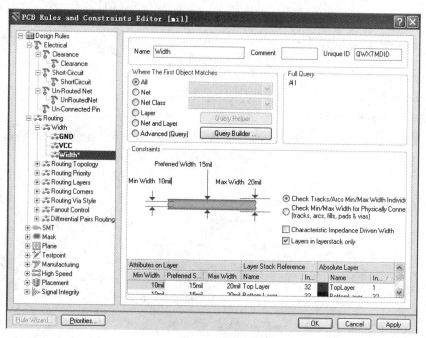

图 9-12 添加 Width 的设计规则

Characteristic Impedance Driven Width 复选框表示通过设置电阻率的数据来设置铜箔导线的宽度。选中该复选框后，用户只需要设置铜箔导线的最大、最小和推荐电阻率即可确定铜箔导线的宽度规则。

Layers in layerstack only 复选框表示仅仅列出当前 PCB 文档中设置的层，选中该复选框后，规则列表将仅显示现有的 PCB 板层，如未选中该项，该列表将显示 PCB 编辑器支持的所有层。

2. Routing Topology 设计规则

Routing Topology 设计规则用于选择布线过程中的拓扑规则。Routing Topology 设计规则视图中的 Constraints 区域如图 9-13 所示。

Topology 下拉列表用于设置拓扑规则。系统共提供七种拓扑规则，具体意义如下：

Shortest 拓扑规则表示布线结果能够连通网络上的所有节点，并且使用的铜箔导线总长度最短，如图 9-14（a）所示。

Horizontal 拓扑规则表示布线结果能够连通网络上的所有节点，并且使用的铜箔导线尽量处于水平方向，如图 9-14（b）所示。

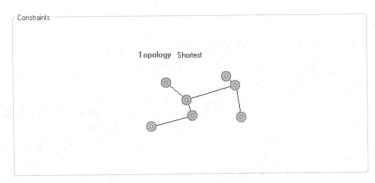

图 9-13 Routing Topology 设计规则视图中的 Constraints 区域

Vertical 拓扑规则表示布线结果能够连通网络上的所有节点，并且使用的铜箔导线尽量处于竖直方向，如图 9-14（c）所示。

Daisy-Simple 拓扑规则表示在用户指定的起点和终点之间连通网络上的各个节点，并且使连线最短，如图 9-14（d）所示。如果设计者没有指定起点和终点，此规则和 Shortest 拓扑规则的结果是相同的。

Daisy-MidDriven 拓扑规则表示以指定的起点为中心向两边的终点连通网络上的各个节点，起点两边的中间节点数目要相同，并且使连线最短，如图 9-14（e）所示。如果设计者没有指定起点和两个终点，系统将采用 Daisy-Simple 拓扑规则。

Daisy-Balanced 拓扑规则表示将中间节点数平均分配成组，组的数目和终点数目相同，一个中间节点组和一个终点相连接，所有的组都连接在同一个起点上，起点间用串联的方法连接，并且使连线最短，如图 9-14（f）所示。如果设计者没有指定起点和终点，系统将采用 Daisy-Simple 拓扑规则。

Starburst 拓扑规则表示网络中的每个节点都直接和起点相连接，如果设计者指定了终点，那么终点不直接和起点连接，如图 9-14（g）所示。如果没有指定起点，那么系统将试着轮流以每个节点作为起点去连接其他各个节点，找出连线最短的一组连接作为网络的拓扑。

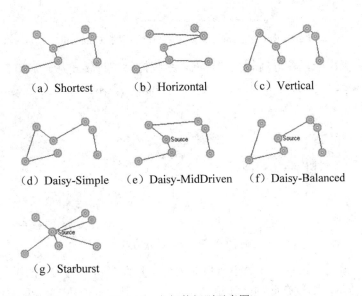

图 9-14 各拓扑规则示意图

3. Routing Priority 设计规则

Routing Priority 设计规则用于设置布线的优先次序。布线优先级从 0～100，100 是最高级，0 是最低级。在 Routing Priority 栏里指定布线的优先次序即可。

4. Routing Layers 设计规则

Routing Layers 设计规则用于设置在哪些板层布线。Routing Layers 设计规则视图中的 Constraints 区域如图 9-15 所示。

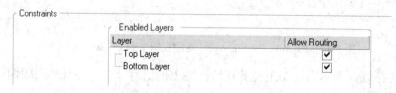

图 9-15　Routing Layers 设计规则视图中的 Constraints 区域

Top Layer、Bottom Layer 右边的复选框表示如果选择该复选框则允许在该层布线，否则不允许在该层布线。

5. Routing Corners 设计规则

Routing Corners 设计规则用于设置导线的转角方法。Routing Corners 设计规则视图中的 Constraints 区域如图 9-16 所示。

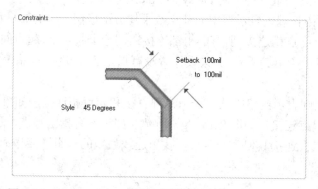

图 9-16　Routing Corners 设计规则视图中的 Constraints 区域

Style 下拉列表用于设置导线转角的形式，系统提供三种转角形式，90 Degrees 项表示 90°转角方式，45 Degrees 项表示 45°转角方式，Rounded 项表示圆弧转角方式，如图 9-17 所示。

（a）90 Degrees　　　（b）45 Degrees　　　（c）Rounded

图 9-17　三种转角方式

Setback 文本框用于设置导线最小转角的大小，其设置随转角形式的不同而具有不同的含义。如果是 90°转角，则没有此项；如果是 45°转角，则表示转角的高度；如果是圆弧转角，则表示圆弧的半径。

to 文本框用于设置导线转角的最大值。

6. Routing Via Style 设计规则

Routing Via Style 设计规则用于设置过孔的尺寸。Routing Via Style 设计规则视图中的 Constraints 区域如图 9-18 所示。

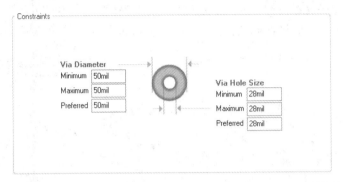

图 9-18 Routing Via Style 设计规则视图中的 Constraints 区域

Via Diameter 项用于设置过孔外径。其中 Minimum 文本框用于设置最小的过孔外径，Maximum 文本框用于设置最大的过孔外径，Preferred 文本框用于设置首选的过孔外径。

Via Hole Size 项用于设置过孔中心孔的直径。其中 Minimum 文本框用于设置最小的过孔中心孔的直径，Maximum 文本框用于设置最大的过孔中心孔的直径，Preferred 文本框用于设置首选的过孔中心孔的直径。

9.3.3 SMT 规则类

SMT（Surface Mounted Devices，表面贴装器件）类规则主要设置 SMD 元件引脚与布线之间的规则，共分为三个规则。

1. SMD To Corner 设计规则

SMD To Corner 设计规则用于设置 SMD 元件焊盘与导线拐角之间的最小距离。SMD To Corner 设计规则视图中的 Constraints 区域如图 9-19 所示。

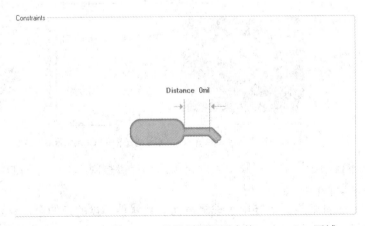

图 9-19 SMD To Corner 设计规则视图中的 Constraints 区域

Distance 文本框用于设置 SMD 与导线拐角处的距离。

2. SMD To Plane 设计规则

SMD To Plane 设计规则用于设置 SMD 与电源层的焊盘或过孔之间的距离。其 Constraints 区域仅有一个 Distance 选项，在该项中设置距离参数即可。

3. SMD Neck-Down 设计规则

SMD Neck-Down 设计规则用于设置 SMD 引出导线宽度与 SMD 元件焊盘宽度之间的比值关系。SMD Neck-Down 设计规则视图中的 Constraints 区域如图 9-20 所示。

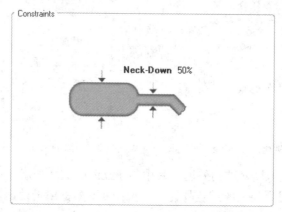

图 9-20 SMD Neck-Down 设计规则视图中的 Constraints 区域

Neck-Down 文本框用于设置 SMD 元件焊盘宽度与导线宽度的比例。

9.3.4 Mask 规则类

Mask 规则类用于设置焊盘周围的阻焊层的尺寸，包括两个规则。

1. Solder Mask Expansion 设计规则

Solder Mask Expansion 设计规则用于设置阻焊层中为焊盘留出的焊接空间与焊盘外边沿之间的间隙，即阻焊层上面留出的用于焊接引脚的焊盘预留孔半径与焊盘的半径之差。Solder Mask Expansion 设计规则视图中的 Constraints 区域如图 9-21 所示。

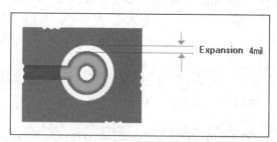

图 9-21 Solder Mask Expansion 设计规则视图中的 Constraints 区域

Expansion 文本框用于设置阻焊膜中为焊盘留出的焊接空间与焊盘之间的间隙。

2. Paste Mask Expansion 设计规则

Paste Mask Expansion 设计规则用于设置表面安装器件焊盘的延伸量，该延伸量是表面安装器件焊盘的边缘与镀锡区域边缘之间的距离。Paste Mask Expansion 设计规则视图中的 Constraints 区域如图 9-22 所示。

Expansion 文本框表示表面安装器件的焊盘边缘与镀锡区域边缘之间的距离。

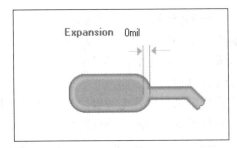

图 9-22　Paste Mask Expansion 设计规则视图中的 Constraints 区域

9.3.5　Plane 规则类

Plane 规则类用于设置电源层和敷铜层的布线规则，共包含三个规则。

1．Power Plane Connect Style 设计规则

Power Plane Connect Style 设计规则用于设置过孔或焊盘与电源层连接的方法。Power Plane Connect Style 设计规则视图中的 Constraints 区域如图 9-23 所示。

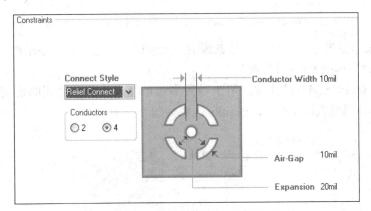

图 9-23　Power Plane Connect Style 设计规则视图中的 Constraints 区域

Connect Style 下拉列表用于设置电源层与过孔或焊盘的连接方法。系统提供三种方法供选择，Relief Connect 项表示放射状连接，Direct Connect 项表示直接连接，No Connect 项表示不连接。

Conductors 栏用于设置焊盘或过孔与铜箔之间的连接点的数量，有 2 和 4 两种设置。如图 9-24 所示分别为 2 点和 4 点连接时的电源层连接方式。

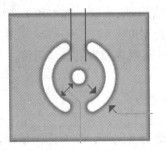 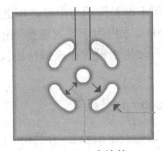

（a）2 点连接　　　　　　　　　（b）4 点连接

图 9-24　2 点和 4 点连接时的电源层连接方式

Conductor Width 文本框用于设置连接铜箔的宽度。

Air-Gap 文本框用于设置空隙大小。

Expansion 文本框用于设置焊盘或过孔的内外半径之差。

2. Power Plane Clearance 设计规则

Power Plane Clearance 设计规则用于设置电源板层与穿过它的焊盘或过孔间的安全距离。Power Plane Clearance 设计规则视图中的 Constraints 区域如图 9-25 所示。

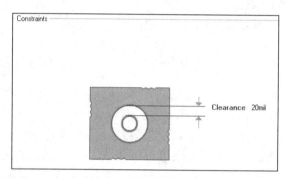

图 9-25　Power Plane Clearance 设计规则视图中的 Constraints 区域

Clearance 表示穿过电源层的过孔与电源层上的预留空间之间的最小距离。

3. Polygon Connect Style 设计规则

Polygon Connect Style 设计规则用于设置多边形敷铜与焊盘之间的连接方法。Polygon Connect Style 设计规则视图中的 Constraints 区域如图 9-26 所示。

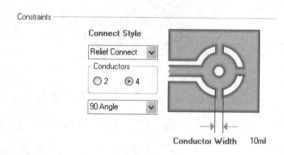

图 9-26　Polygon Connect Style 设计规则视图中的 Constraints 区域

Connect Style 下拉列表用于设置敷铜层与焊盘的连接方法。Relief Connect 项表示放射状连接，Direct Connect 项表示直接连接，No Connect 项表示不连接。

Conductors 栏用于设置敷铜与焊盘之间的连接点的数量，有 2 和 4 两种设置。

Conductor Width 文本框用于设置连接铜箔的宽度。

连接角度下拉列表用于设置在放射状连接时敷铜与焊盘的连接角度，有 90 Angle 和 45 Angle 两种连接形式。

9.3.6　Manufacturing 规则类

Manufacturing 规则类主要设置与电路板制造有关的项，共有四个规则。

1. Minimum Annular Ring 设计规则

Minimum Annular Ring 设计规则用于设置最小环宽，即焊盘或过孔与其通孔之间的直径差。Minimum Annular Ring 设计规则视图中的 Constraints 区域如图 9-27 所示。

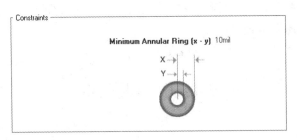

图 9-27　Minimum Annular Ring 设计规则视图中的 Constraints 区域

Minimum Annular Ring（x-y）文本框用于设置最小环宽，该参数的设置应参考数控钻孔设备的加工误差，以避免电路中的环状焊盘或过孔在加工时出现缺口。

2．Acute Angle 设计规则

Acute Angle 设计规则视图中的 Constraints 区域如图 9-28 所示。该设计规则用于设置具有电气特性的导线与导线之间的最小夹角。建议该设计规则中的最小夹角设置应该大于 90°，避免在蚀刻加工后，夹角处残留药物，导致过度蚀刻。

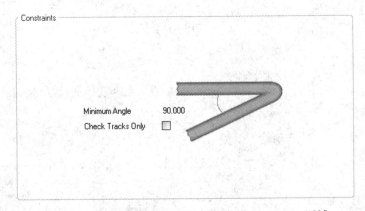

图 9-28　Acute Angle 设计规则视图中的 Constraints 区域

在 Minimum Angle 文本框中设置最小夹角。

3．Hole Size 设计规则

Hole Size 设计规则用于设置孔径尺寸。Hole Size 设计规则视图中的 Constraints 区域如图 9-29 所示。

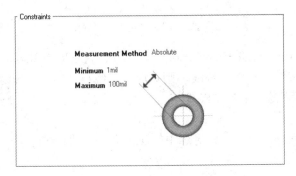

图 9-29　Hole Size 设计规则视图中的 Constraints 区域

Measurement Method 文本框用于设置尺寸表示的形式,共有两种方式可供选择。其中 Absolute 项表示以绝对尺寸设置约束尺寸,Percent 项表示使用百分比的方式设置约束尺寸。

Minimum 文本框用于设置最小孔尺寸。

Maximum 文本框用于设置最大孔尺寸。

9.4 PCB 板布线

9.4.1 自动布线

1. 网络自动布线

在主菜单中执行 Auto Route→Net 命令,光标变成十字准线,选中需要布线的网络即完成所选网络的布线。继续选择需要布线的其他网络,即完成相应网络的布线,右击或按 Esc 键退出该模式。

可以先布电源线,然后布其他线。先布电源线 VCC 的电路如图 9-30 所示。

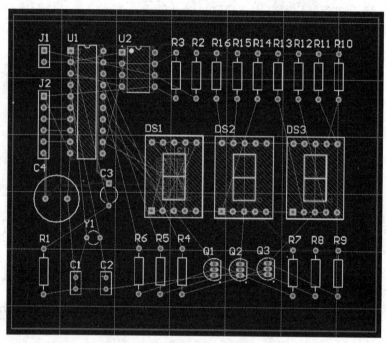

图 9-30 布电源线 VCC 的 PCB 板

2. 单根布线

在主菜单中执行 Auto Route→Connection 命令,光标变成十字准线,选中某根线,即对选中的连线进行布线。继续选择下一根线,则对选中的线自动布线。要退出该模式,右击或按 Esc 键。它与 Net 的区别是一个是单根线,一个是多根线。

3. 面积布线

执行 Auto Route→Area 命令,则对选中的面积进行自动布线。

4. 元件布线

执行 Auto Route→Component 命令,光标变成十字准线,选中某个元件,即对该元件管脚上所有连线自动布线；继续选择下一个元件，即对选中的元件布线。要退出该模式，右击或按 Esc 键。

5. 选中元件布线

先选中一个或多个元件，执行 Auto Route→Connections On Selected Component 命令，则对选中的元件进行布线。

6. 选中元件之间布线

先选中一个或多个元件，执行 Auto Route→Connections Between Selected Component 命令，则在选中的元件之间进行布线，布线不会延伸到选中元件的外面。

7. 自动布线

在主菜单中选择 Auto Route→All 命令，打开如图 9-31 所示的 Situs Routing Strategies 对话框。在 Available Routing Strategies 列表中选择 Default 2 Layer Board 项，单击 Route All 按钮，启动 Situs 自动布线器。

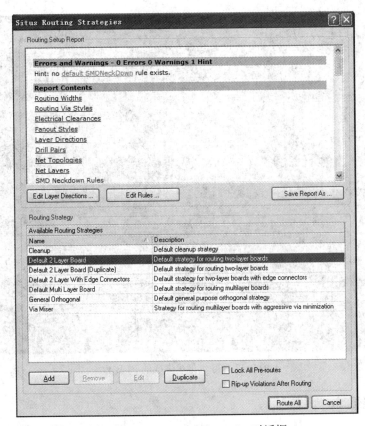

图 9-31 Situs Routing Strategies 对话框

自动布线结束后，系统弹出 Messages 面板，显示自动布线过程中的有关信息，如图 9-32 所示。

本例，先布电源线 VCC，然后再自动布线的 PCB 板如图 9-33 所示。

从图 9-33 可看出，该 PCB 板有绿色的高亮显示，证明有违反设计规则的地方。把屏幕重新刷新一下，方法：选择 View→Refresh 命令（快捷键 V→R 或 End 键），若屏幕显示还是这样，就需要重新调整布局，重新布线。

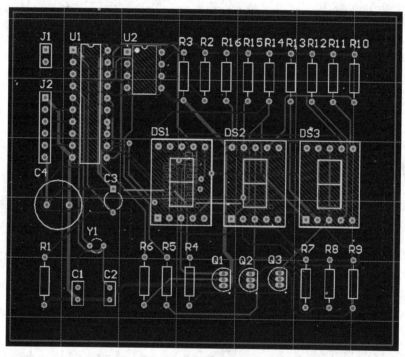

图 9-32　Messages 面板

图 9-33　自动布线生成的 PCB 板

9.4.2　调整布局、布线

如果用户觉得自动布线的效果不令人满意，可以重新调整元件的布局。如：仔细看图 9-33 中数码管 DS1 的元件封装的底层（Bottom Layer）上放了一个元件 U3，在 DS1 元件内有 5 个过孔，U1 元件内的布线太多了，需要调整。

如果想重新布线，方法：选择 Tools→Un-Route→All 命令，把所有已布的线路全部撤销，变成飞线；如果选择 Tools→Un-Route→Net 命令，就可用鼠标单击需要撤销的网络，这样就可以撤销选中的网络；如果选择 Tools→Connection 命令，就可以撤销选中的连线；如果选择 Tools→Un-Route→Component 命令，用鼠标单击元件，相应元件上的线就全部变为飞线。现在执行 Tools→Un-Route→All 命令，撤销所有已布的线。然后移动元件，调整元件布局后的电路如图 9-34 所示。

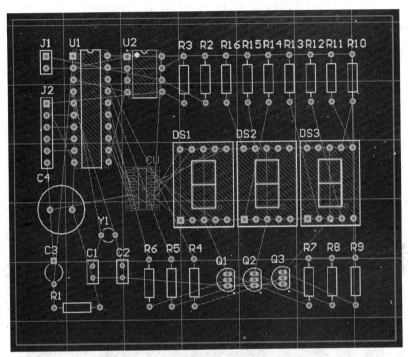

图 9-34　重新调整布局后的 PCB 板

执行 Auto Route→All 命令，布线结果如图 9-35 所示。

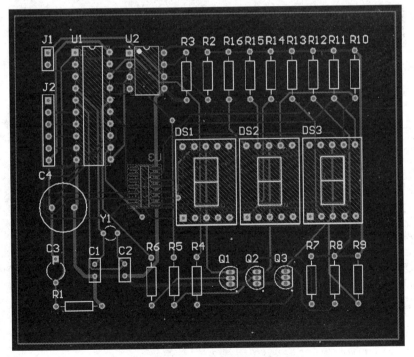

图 9-35　重新自动布线后的 PCB 板

从操作过程可以看出，PCB 板的布局对自动布线的影响很大，所以用户在设计 PCB 板时一定要把元件的布局设置合理，这样自动布线的效果才理想。

调整布线是在自动布线的基础上完成的，同时按 Shift + S 组合键，单层显示 PCB 板上的布线，如图 9-36 所示，可以看出圆圈圈出部分之间的连线不是很好，如图 9-37（a）所示。执行 Place→Interactive Routing 命令重新布线，如图 9-37（b）所示。

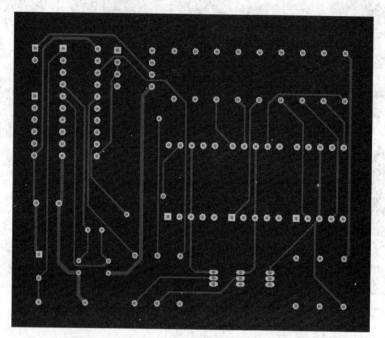

图 9-36 单层显示 PCB 板的顶层（top Layer）

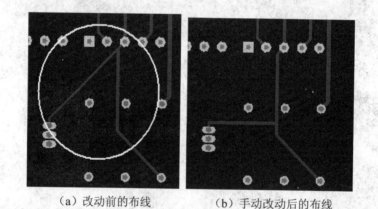

（a）改动前的布线　　　（b）手动改动后的布线

图 9-37 手动布线前后的布线

观察自动布线的结果可知，对于比较简单的电路，当元件布局合理，布线规则设置完善时，Altium Designer 中的 Situs 布线器的布线效果相当令人满意。

单击保存工具按钮，保存 PCB 文件。

9.4.3 验证 PCB 设计

（1）在主菜单中选择 Tools→Design Rule Check…命令，打开如图 9-38 所示的 Design Rule

Checker 对话框。

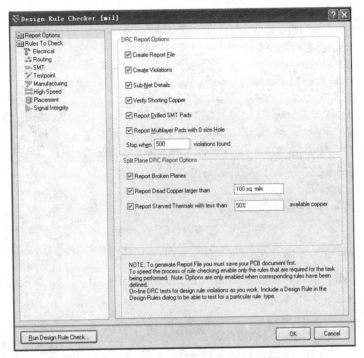

图 9-38 Design Rule Checker 对话框

（2）单击 Run Design Rule Check...按钮，启动设计规则检查。

设计规则检查结束后，系统自动生成如图 9-39 所示的检查报告文件。

图 9-39 检查报告网页

SMD Neck-Down Constraint (Percent=50%) (All)	0
SMD To Plane Constraint (Distance=0mil) (All)	0
SMD To Corner (Distance=0mil) (All)	0
Net Antennae (Tolerance=0mil) (All)	0
Silk to Silk (Clearance=10mil) (All),(All)	0
Silk To Solder Mask (Clearance=10mil) (IsPad),(All)	32
Minimum Solder Mask Sliver (Gap=10mil) (All),(All)	6
Hole To Hole Clearance (Gap=10mil) (All),(All)	0
Hole Size Constraint (Min=1mil) (Max=100mil) (All)	0
Height Constraint (Min=0mil) (Max=1000mil) (Prefered=500mil) (All)	0
Width Constraint (Min=10mil) (Max=20mil) (Prefered=15mil) (All)	0
Power Plane Connect Rule(Relief Connect)(Expansion=20mil) (Conductor Width=10mil) (Air Gap=10mil) (Entries=4) (All)	0
Clearance Constraint (Gap=10mil) (All),(All)	0
Un-Routed Net Constraint ((All))	0

图 9-39 检查报告网页（续图）

从检查报告可看出有 3 个地方出错。

第一处错误：Minimum Annular Ring(Minimum=10mil)(All)问题，鼠标单击该处，连接到具体出错的位置，如图 9-40 所示。

Minimum Annular Ring (Minimum=10mil) (All)

Minimum Annular Ring (9.842mil < 10mil) : Pad C1-2(4730mil,1960mil) Multi-Layer
Minimum Annular Ring (9.842mil < 10mil) : Pad C1-1(4730mil,1860mil) Multi-Layer
Minimum Annular Ring (9.842mil < 10mil) : Pad C2-2(4990mil,1960mil) Multi-Layer
Minimum Annular Ring (9.842mil < 10mil) : Pad C2-1(4990mil,1860mil) Multi-Layer
Minimum Annular Ring (1.968mil < 10mil) : Pad Q1-1(5900mil,1780mil) Multi-Layer
Minimum Annular Ring (1.968mil < 10mil) : Pad Q1-2(5900mil,1830mil) Multi-Layer
Minimum Annular Ring (1.968mil < 10mil) : Pad Q1-3(5900mil,1880mil) Multi-Layer
Minimum Annular Ring (1.968mil < 10mil) : Pad Q2-1(6130mil,1780mil) Multi-Layer
Minimum Annular Ring (1.968mil < 10mil) : Pad Q2-2(6130mil,1830mil) Multi-Layer
Minimum Annular Ring (1.968mil < 10mil) : Pad Q2-3(6130mil,1880mil) Multi-Layer
Minimum Annular Ring (1.968mil < 10mil) : Pad Q3-1(6382mil,1781mil) Multi-Layer
Minimum Annular Ring (1.968mil < 10mil) : Pad Q3-2(6382mil,1831mil) Multi-Layer
Minimum Annular Ring (1.968mil < 10mil) : Pad Q3-3(6382mil,1881mil) Multi-Layer

Back to top

图 9-40 焊盘与通孔之间的最小环宽

从图 9-40 可看出，电容 C1、C2 焊盘与通孔之间的最小环宽为 9.842mil，小于 10mil，晶体管 Q1、Q2、Q3 焊盘与通孔之间的最小环宽为 1.968mil，小于 10mil。如果允许这个错误，就要修改设计规则：在图 9-27 所示的 Minimum Annular Ring（x-y）文本框中设置最小环宽为 1mil。再重新运行设计规则检查，就没有这个错误了。

第二处错误：Silk To Solder Mask(Clearance=10mil)(IsPad),(All)。

第三处错误：Minimum Solder Mask Sliver(Gap=10mil)(All),(All)。

这两处错误属于设置的规则较严，可以不进行这两项检查，方法：从菜单选择 Design→Rules 命令（快捷键 D→R）打开 PCB Rules and Constraints Editor 对话框，如图 9-41 所示，双击 Manufacturing 类，在对话框的右边显示所有制造规则，找到 Silk To SolderMaskClearance 和 MinimumSolderMaskSliver 这两行，把 Enabled 栏复选框的"√"去掉，表示关闭这两个规则，不进行这两项的规则检查。

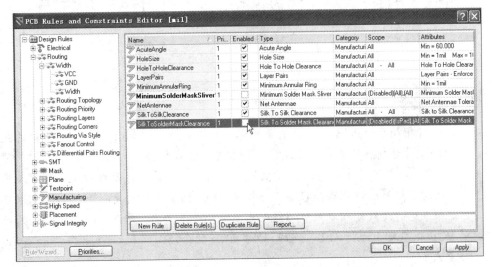

图 9-41　PCB Rules and Constraints Editor 对话框

再重新运行设计规则检查，就没有这两个错误了。

至此 PCB 板系统布线成功。在下一项目将介绍 PCB 板设计的一些技巧。

习题九

1. 设计规则检查（Design Rule Check，DRC）的作用是什么？
2. 在 PCB 板的设计过程中，是否随时在进行 DRC 检查？
3. 设计规则总共有多少个类？具体有哪些？
4. 在设计 PCB 板时，自动布线前，是否必须把设计规则设置好？
5. 自动布线的方式有几种？
6. 请完成习题七绘制的"高输入阻抗仪器放大器电路的电路原理图"的 PCB 设计。PCB 板的尺寸根据所选元器件的封装自己决定，要求用双面板完成，电源线的宽度设置为 18mil，GND 线的宽度设置为 28mil，其他线宽设置为 13mil。元器件布局要合理，设计的 PCB 板要适用。
7. 请完成习题七绘制的"铂电阻测温电路的电路原理图"的 PCB 设计，具体要求同第 6 题。

项目 10 交互式布线及 PCB 板设计技巧

在完成元器件布局后，PCB 设计最重要的环节就是布线。Altium Designer 直观的交互式布线功能，帮助设计者精确地完成布线工作。印刷电路板设计被认为是一项"艺术工作"，一个出色的 PCB 设计应具有艺术元素。布线良好的电路板上应具备元器件引脚间整洁流畅的走线、有序活泼地绕过障碍器件和跨越板层。一个优秀的布线要求设计者具有良好的三维空间处理技巧、连贯和系统的走线处理以及对布线和质量的感知能力。本章在上一项目设计的数码管显示电路的 PCB 板基础上进行优化，完成以下知识点的介绍：

- 交互式布线
- 在多线轨布线中使用智能拖拽工具
- 放置和会聚多线轨线路
- PCB 板设计技巧
- PCB 板的三维视图

10.1 交互式布线

交互式布线并不是简单地放置线路使得焊盘连接起来。Altium Designer 支持全功能的交互式布线，交互式布线工具可以通过以下 3 种方式调出：单击菜单 Place→Interactive Routing 命令、在 PCB 标准工具栏中单击 按钮或在右键菜单中单击 Interactive Routing 命令（快捷键 P→T）。交互式布线工具能直观地帮助用户在遵循布线规则的前提下取得更好的布线效果，包括跟踪光标确定布线路径、单击实现布线、推开布线障碍或绕行、自动跟踪现有连接等。

当开始进行交互式布线时，PCB 编辑器不单是给用户放置线路，还能实现以下功能：
①应用所有适当的设计规则检测光标位置和鼠标单击动作。
②跟踪光标路径，放置线路时尽量减小用户操作的次数。
③每完成一条布线后检测连接的连贯性和更新连接线；
④支持布线过程中使用快捷键，如布线时按下*键可切换到下一个布线层，并根据设定的布线规则插入过孔。

在布线过程中，也就是执行了 Interactive Routing 命令，处于布线状态下，按~快捷键调出快捷键列表，如图 10-1 所示。

在交互式布线过程中用户可以随时使用快捷键，在下面的介绍中会讲解各快捷键的用法。
下面用上一项目所完成的数码管电路的 PCB 板，把所有的连线撤销后进行练习。

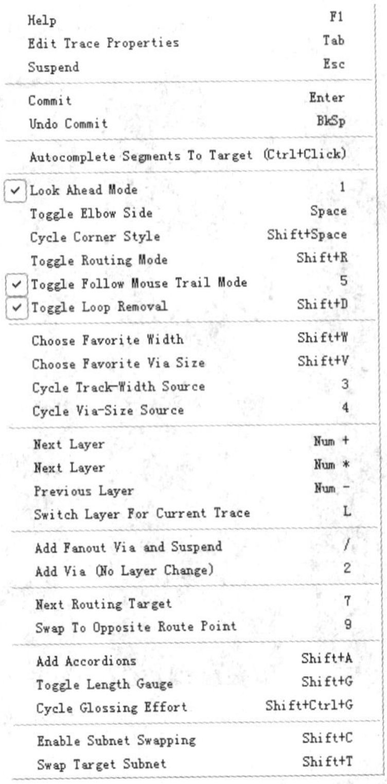

Help	F1
Edit Trace Properties	Tab
Suspend	Esc
Commit	Enter
Undo Commit	BkSp
Autocomplete Segments To Target (Ctrl+Click)	
✓ Look Ahead Mode	1
Toggle Elbow Side	Space
Cycle Corner Style	Shift+Space
Toggle Routing Mode	Shift+R
✓ Toggle Follow Mouse Trail Mode	5
✓ Toggle Loop Removal	Shift+D
Choose Favorite Width	Shift+W
Choose Favorite Via Size	Shift+V
Cycle Track-Width Source	3
Cycle Via-Size Source	4
Next Layer	Num +
Next Layer	Num *
Previous Layer	Num -
Switch Layer For Current Trace	L
Add Fanout Via and Suspend	/
Add Via (No Layer Change)	2
Next Routing Target	7
Swap To Opposite Route Point	9
Add Accordions	Shift+A
Toggle Length Gauge	Shift+G
Cycle Glossing Effort	Shift+Ctrl+G
Enable Subnet Swapping	Shift+C
Swap Target Subnet	Shift+T

图 10-1　快捷键列表

10.1.1　放置走线

当进入交互式布线模式后，光标便会变成十字准线，单击某个焊盘开始布线。当单击线路的起点时，当前的模式就在状态栏或者浮动状态栏（如果开启此功能）显示，此时向所需放置线路的位置单击或按 Enter 键放置线路。把光标的移动轨迹作为线路的引导，布线器能在最少的操作动作下完成所需的线路布置。

光标引导线路使得需要手工绕开阻隔的操作更加快捷、容易和直观。也就是说只要用户用鼠标创建一条线路路径，布线器就会试图根据该路径完成布线，这个过程是在遵循设定的设计规则和不同的约束以及走线拐角类型下完成的。

在布线的过程中，在需要放置线路的地方单击然后继续布线，这使得软件能精确根据用户所选择的路径放置线路。如果在离起始点较远的地方单击放置线路，部分线路路径将和用户期望的有所差别。

注意：在没有障碍的位置布线，布线器一般会使用最短长度的布线方式，如果在这些位置用户要求精确控制线路，只能在需要放置线路的位置单击。

如图 10-2 所示，左边的图为最短长度的布线，中间的图指示了光标路径，五角星所示的位置为需要单击的位置，右边的图是布线后的图。该例说明很少的操作便可完成大部分较复杂的布线。

若需要对已放置的线路进行撤销操作，可以依照原线路的路径逆序再放置线路，这样原来放置的线路就会撤销。必须确保逆序放置的线路与原线路的路径重合，使得软件可以识别出要进行线路撤销操作而不是放置新的线路。撤销刚放置的线路同样可以使用退格键

（Backspace）完成。当已放置线路并右击退出本条线路的布线操作后将不能再进行撤销操作。

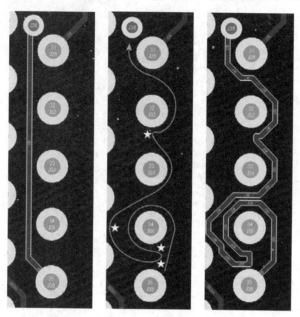

图 10-2　使用光标引导布线路径的图例

以下快捷键可以在布线时使用。

①Enter（回车）键及单击：在光标当前位置放置线路。

②Esc 键：退出当前布线，在此之前放置的线路仍然保留。

③Backspace（退格）键：撤销上一步放置的线路。若在上一步布线操作中其他对象被推开到别的位置以避让新的线路，按此键它们将会恢复到原来的位置。本功能在使用 Auto-Complete 功能时则无效。

在交互式布线过程中，按 Shift + Space 组合键可以控制不同的拐角类型，如图 10-3 所示。当 Preferences 对话框的 PCB Editor 中 Interactive Routing 下的 Restrict to 90/45 模式的复选框未被选中时，圆形拐角和任意角度拐角就可用。

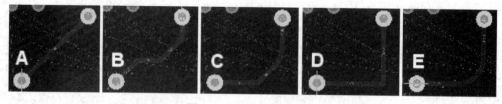

图 10-3　不同的拐角类型

可使用的拐角模式有：

① 任意角度（A）。

② 45°（B）。

③ 45°圆角（C）。

④ 90°（D）。

⑤ 90°圆角（E）。

弧形拐角的弧度可以通过快捷键"，"（逗号）或"。"（句号）进行增加或减小。使用 Shift+

"。"快捷键或 Shift+","快捷键则以 10 倍速度增加或减小控制。

使用 Space 键可以对拐角的方向进行控制切换。

在交互式布线中有许多功能可以实现对路线的控制以及在板上绕开布线障碍,下面将进行介绍。

10.1.2 连接飞线自动完成布线

在交互式布线中可以通过 Ctrl 键+单击操作对指定连接飞线自动完成布线。这比单独手工放置每条线路效率要高得多,但本功能有以下两方面的限制。

① 起始点和结束点必须在同一个板层内。
② 布线以遵循设计规则为基础。

Ctrl+单击操作可直接单击要布线的焊盘,无需预先对对象在选中的情况下完成自动布线。对部分已布线的网络,只要用 Ctrl 键+单击焊盘或已放置的线路,便可以自动完成剩下的布线。如果使用自动完成功能无法完成布线,软件将保留原有的线路。

10.1.3 处理布线冲突

布线工作是一个复杂的过程——在已有的元器件焊盘、走线、过孔之间放置新的统一线路。在交互式布线过程中,Altium Designer 具有处理布线冲突问题的多种方法。从而使得布线更加快捷,同时使线路疏密均匀、美观得体。

这些处理布线冲突的方法可以在布线过程中随时调用,通过快捷键 Shift+R 对所需的模式进行切换。

在交互式布线过程中,如果使用推挤或紧贴、推开障碍模式试图在一个无法布线的位置布线,线路端将会给出提示,告知用户该线路无法布通,如图 10-4 所示。

1. 忽略障碍物(Ignore Obstacles)

该模式下软件将直接根据光标走向布线,不对任何冲突阻止布线。用户可以自由布线,冲突以高亮显示,如图 10-5 所示。

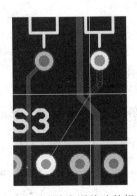

图 10-4 无法布通线路的提示

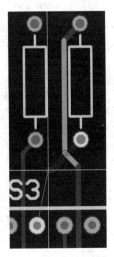

图 10-5 忽略障碍物

2. 推挤障碍物（Push Obstacles）

该模式下软件将根据光标的走向推挤其他对象（走线和过孔），使得这些障碍与新放置的线路不发生冲突，如图 10-6 所示。如果冲突对象不能移动或经移动后仍无法适应新放置的线路，线路将贴近最近的冲突对象且显示阻碍标志。

3. 围绕障碍物走线（Walkaround Obstacles）

该模式下软件试图跟踪光标寻找路径绕过存在的障碍，它根据存在的障碍来寻找一条绕过障碍的布线方法，如图 10-7 所示。

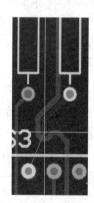
图 10-6　推挤障碍物

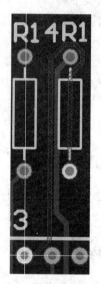
图 10-7　围绕障碍物走线

围绕障碍物的走线模式依据障碍实施绕开的方式进行布线，该方法有以下两种紧贴障碍模式：①最短长度——试图以最短的线路绕过障碍；②最大紧贴——绕过障碍布线时保持线路紧贴现存的对象。

这两种紧贴模式在线路拐弯处遵循之前设置拐角类型的原则。

紧贴模式可通过快捷键 Shift+H 切换。

如果放置新的线路时冲突对象不能被绕行，布线器将在最近障碍处停止布线。

4. 在遇到第一个障碍物时停止（Stop At First Obstacles）

该模式在布线路径中遇到第一个障碍物时停止。

5. 紧贴并推挤障碍物（Hug And Push Obstacles）

该模式是围绕障碍物走线和推挤障碍物两种模式的结合。软件会根据光标的走向绕开障碍物，并且在仍旧发生冲突时推开障碍物。它将推开一些焊盘甚至是一些已锁定的走线和过孔，以适应新的走线。

如果无法绕行和推开障碍来解决新的走线冲突，布线器将自动紧贴最近的障碍并显示阻塞标志，如图 10-4 所示。

6. 冲突解决方案的设置

在首次布线时应对冲突解决方案进行设置，在 Preferences 对话框中，单击 PCB Editor 中的 Interactive Routing 项，如图 10-8 所示。本对话框中设置的内容将取决于最后一次交互式布线时使用的设置。

项目10 交互式布线及PCB板设计技巧

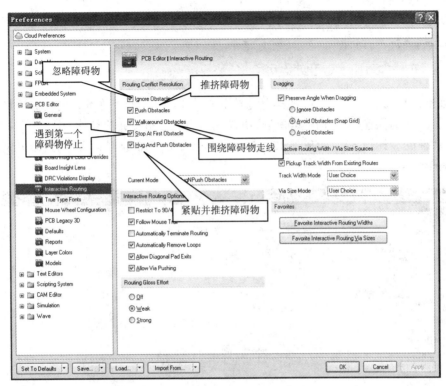

图10-8 交互式布线设置

与之相同的设置可以在交互式布线时按Tab键弹出的Interactive Routing For Net对话框中进行访问，如图10-9所示。无论在图10-8所示对话框还是在通过Tab键调出的对话框中对冲突解决方案进行设置，都会变成下次进行交互式布线时的初始设置值。

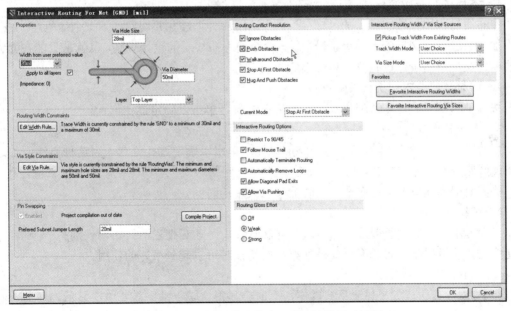

图10-9 按Tab键弹出的交互式布线设置对话框

状态栏和浮动状态栏（快捷键 Shift + H）上显示了当前的布线模式。

在 Preferences 对话框中对交互式布线选项进行设置，或使用 Shift+R 快捷键对当前模式进行切换（见状态栏）。

10.1.4 布线中添加过孔和切换板层

在 Altium Designer 交互布线过程中可以添加过孔。过孔只能在允许的位置添加，软件会阻止在产生冲突的位置添加过孔（冲突解决模式选为"忽略冲突的除外"）。

过孔属性的设计规则位于 PCB Rules and Constraints Editor 对话框里的 Routing Via Style（Design→Rules），如图 10-10 所示。

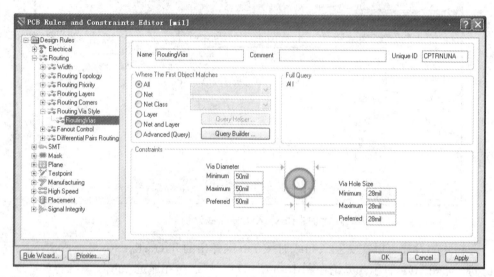

图 10-10　过孔的设置

1. 添加过孔并切换板层

在布线过程中按数字键盘的"*"或"+"键添加一个过孔并切换到下一个信号层。按"-"键添加一个过孔并切换到上一个信号层。该命令遵循布线层的设计规则，也就是只能在允许布线层中切换。单击确定过孔位置后可继续布线。

2. 添加过孔而不切换板层

按 2 键添加一个过孔，但仍保持在当前布线层，单击以确定过孔位置。

3. 添加扇出过孔

按数字键盘的"/"键为当前走线添加过孔，单击以确定过孔位置。用这种方法添加过孔后将返回原交互式布线模式，可以马上进行下一处网络布线。本功能在需要放置大量过孔（如在一些需要扇出端口的器件布线中）时能节省大量的时间。

4. 布线中的板层切换

当在多层板上的焊盘或过孔布线时，可以通过快捷键 L 把当前线路切换到另一个信号层。本功能在当前板层无法布通而需要进行布线层切换时可以起到很好的作用。

5. PCB 板的单层显示

在 PCB 设计中，如果显示所有的层，有时会显得比较零乱，需要单层显示，仔细查看每一层的布线情况，按快捷键 Shift + S 就可单层显示，选择哪一层的标签，就显示哪一层；在单层显示模式下,按快捷键 Shift + S 又可回到多层显示模式。

10.1.5 交互式布线中的线路长度调整

在布线过程中,如果出于一些特殊因素的考虑(如信号的时序)需要精确控制线路的长度,Altium Designer 能提供对线路长度更直观的控制,使用户能更快地达到所需的长度。目标线路的长度可以从长度设计规则或现有的网络长度中手工设置(图 10-11)。Altium Designer 以此增加额外的线段使其达到预期的长度。

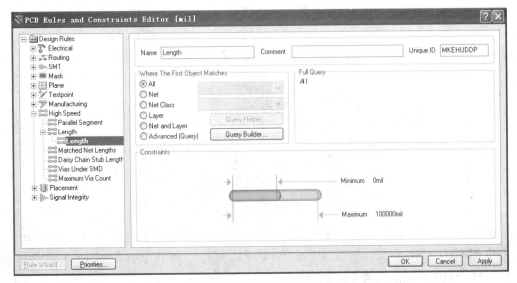

图 10-11 走线长度设计规则定义了网络走线长度的阈值

在交互式布线时可通过快捷键 Shift + A 进入线路长度调整模式。一旦进入该模式,线路便会随光标的路径呈折叠形以达到设计规则设定的长度(图 10-12)。在 Interactive Length Tuning 对话框中(图 10-13)用户可以对线路长度、折叠的形状等进行设置。在线路长度调整时按 Tab 键打开该对话框,按 Shift + G 快捷键显示长度调整的标尺(图 10-14)。本功能更直观地显示出线路长度与目标对象之间的接近程度,看当前长度(左下方)、期望长度(右上方)和阈值(中心与右进度条之间)三个值。如果进度条变成红色,则表示长度已超过阈值。

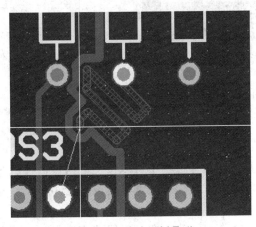

图 10-12 线路呈折叠形

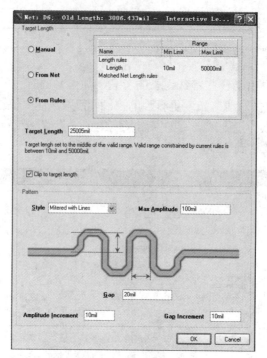

图 10-13　交互式长度调整设置对话框

当按需要调整好线路长度后,建议锁定线路,以免在布线推挤障碍物模式下改变其长度。执行 Edit→Select→Net 命令,单击选中网络,按 F11 键打开 PCB Inspector 面板并选中 Locked 复选框,完成锁定功能,如图 10-15 所示。

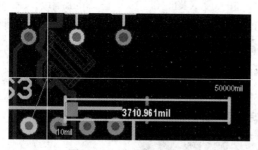

图 10-14　长度调整标尺

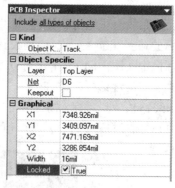

图 10-15　锁定选中网络

10.1.6　交互式布线中更改线路宽度

在交互式布线过程中,Altium Designer 提供了多种方法调节线路宽度。

1. 设置约束

线路宽度设计规则定义了在设计过程中可以接受的阈值。一般来说,阈值是一个范围,例如,电源线路的宽度值为 0.4mm,但最小宽度可以接受 0.2mm,而在可能的情况下应尽量加粗线路宽度。

线路宽度设计规则包含一个最佳值,它介于线路宽度的最大值和最小值之间,是布线过程中线路宽度的首选值。在开始交互式布线前应在 Preferences 对话框的 PCB Editor→Interactive Routing 选项页中进行设置，如图 10-16 所示。

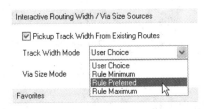

图 10-16　对一个网络进行布线前指定导线宽度

2. 在预定义的约束中自由切换布线宽度

线路宽度的最大值和最小值定义了约束的边界值，而最佳值则定义了最适合的使用宽度，设计者可能需要在线宽的最大值与最小值中选取不同的值。Altium Designer 能够提供这方面的线宽切换功能。下面将介绍布线过程中线路宽度的切换方法。

在布线过程中按 Shift + W 快捷键调出预定义线宽面板，如图 10-17 所示，单击选取所需的公制或英制的线宽。

在选择线宽时依然受设定的线宽设计规则保护。如果选择的线宽超出约束的最大、最小值的限制，软件将自动把当前线宽调整为符合线宽约束的最大值或最小值。

图 10-17 为在交互布线中按 Shift+W 快捷键弹出的线宽选择面板，通过右击对各列进行显示和隐藏设置。

Choose Width

Imperial Width	Imperial Units	Metric Width	Metric Units	System Units
5	mil	0.127	mm	Imperial
6	mil	0.1524	mm	Imperial
8	mil	0.2032	mm	Imperial
10	mil	0.254	mm	Imperial
12	mil	0.3048	mm	Imperial
20	mil	0.508	mm	Imperial
25	mil	0.635	mm	Imperial
50	mil	1.27	mm	Imperial
100	mil	2.54	mm	Imperial
3.937	mil	0.1	mm	Metric
7.874	mil	0.2	mm	Metric
11.811	mil	0.3	mm	Metric
19.685	mil	0.5	mm	Metric
29.528	mil	0.75	mm	Metric
39.37	mil	1	mm	Metric

Apply To All Layers

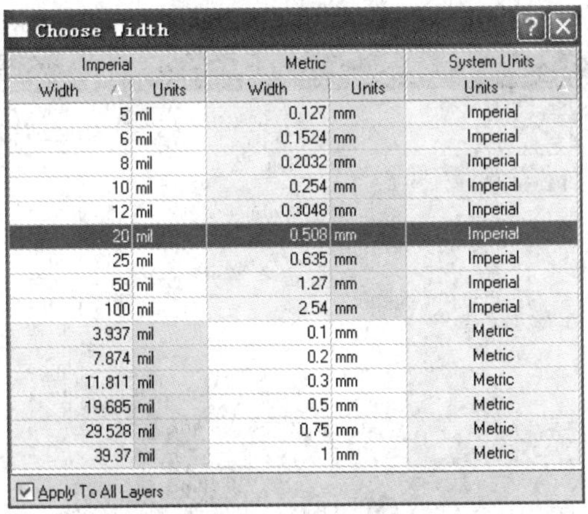

图 10-17　布线中通过 Shift+W 快捷键选择预定义的线宽

选中 Apply To All Layers 复选框使当前线宽在所有板层上可用。

偏好的线宽值也可以在 Preferences→PCB Editor→Interactive Routing 选项页中单击 Favorite Interactive Routing Widths 按钮，在弹出的 Favorite Interactive Routing Widths 对话框中进行设置，或在 Options→Favorite Routing Widths 菜单中设置（快捷键 O），如图 10-18 所示。

如果想添加一种走线宽度，单击 Add 按钮进行添加，用户可以选择偏好的计量单位（mm 或 mil）。

注意图 10-18 所示对话框里的阴影单元格。没有阴影的为线宽值的最佳单位，在选取这些最佳单位的线宽后，电路板的计量单位将自动切换到该计量单位上。

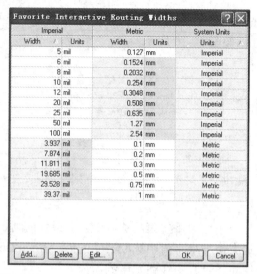

图 10-18　Favorite Interactive Routing Widths 对话框

3. 在布线中使用预定义线宽

图 10-16 为线宽模式选择，用户可以选择使用最大值、最小值、首选值以及 User Choice 等各种模式。

当用户通过 Shift + W 快捷键更改线宽时，Altium Designer 将更改线宽模式为 User Choice 模式，并为该网络保存当前设置。该线宽值将在 Edit Net 对话框的 Current Interactive Routing Settings 区域中保存，如图 10-19 所示。

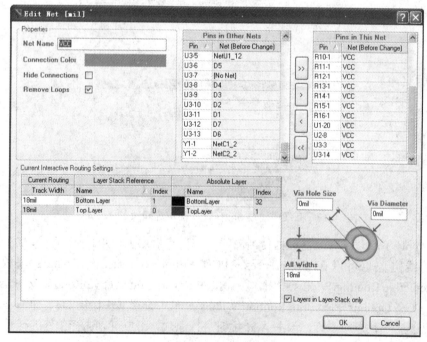

图 10-19　Edit Net 对话框

右击网络对象，从 Net Actions 子菜单中单击 Properties 命令，打开 Edit Net 对话框，或在 PCB 面板中双击网络名称打开该对话框。在此可以定义高级选项或更改原布线中保存的参数。

该参数同样受设计规则保护，如果用户在 Net Action 中设置的参数超出了约束的最大值、最小值，软件将自动调整为相应的最大值或最小值。

4. 使用未定义的线宽

为了对线宽实现更详细的设置，Altium Designer 允许用户在原理图或 PCB 设计过程中对各个对象的属性进行设置。在 PCB 设计的交互式布线过程中按 Tab 键可以打开 Interactive Routing For Net 对话框，如图 10-9 所示。

在该对话框内可以对走线宽度或过孔进行设置，或对当前的交互式布线的其他参数进行设置而无需退出交互式布线模式再打开 Preferences 对话框。

用户所设置的参数将在 Interactive Routing For Net 对话框中保存，可通过打开 Edit Net 对话框得到确认。

5. 留意当前布线状态

在交互式布线中，注意状态栏，它显示了当前的交互式布线线宽模式，并提供网络的一些细节的反馈信息，包括网络走线的长度（图 10-20）。如果浮动状态栏被启用，信息也同样在上面显示出来。

图 10-20 状态栏和浮动状态栏提供了布线模式和网络的信息

10.2 修改已布线的线路

电路板布线是一项重复性非常大的工作，常常需要不断地修改已布线的线路。这就要求有布线修改工具来完善交互式布线。Altium Designer 具有相应的功能提供给用户，包括重新定义线路的路径及拖动线路，为其他线路让出空间。

软件对线路的修改主要包括环路移除和拖拽功能，它们对现有线路进行修改非常有用。

1. 重绘已布线的线路——环路移除

在布线过程中会经常遇到需要移除原有线路的情况。除了用拖拽的方法去更改原有的线路外，只能重新布线。重新布线时，在 Place 菜单中单击 Interactive Routing 命令，单击已存在的线路开始布线，放置好新的线路后再回到原有的线路上。这时新旧两条线路便会构成一个环路，当按 Esc 键退出布线命令时，原有的线路自动被移除，包括原有线路上多余的过孔，这就是环路移除功能。

2. 保护已有的线路

有时环路移除功能会把希望保留的线路移除了，如在放置电源网络线路时。这时可以双击 PCB 面板中的网络名称，在 Edit Net 对话框中取消选中 Remove Loops 复选框。

3. 保持角度的多线路拖拽

重新放置线路并非在所有情况下都是最好的修改线路的方法，例如，当要保持原线路 45 度或 90 度拐角的情况下进行修改。Altium Designer 支持多条线路在保持角度的同时拖拽，可以选中 Preferences→PCB Editor→Interactive Routing 选项页的 Preserve Angle When Dragging 复选框对该功能进行配置。

　　单击鼠标的同时按 Shift 键选中要移动的多条线段，光标变成图 10-21（a）所示的形状，按住鼠标左键移动鼠标，光标变成十字准线的箭头形状，如图 10-21（b）所示，拖拽线路到新的地方，这时会发现被拖拽的线路和与之相接的邻近线路的角度保持不变，即保持着原来的布线风格，如图 10-21（c）所示（向左移动），移动到需要的位置后，放开鼠标左键即可。

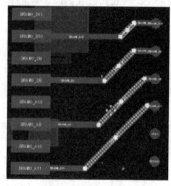 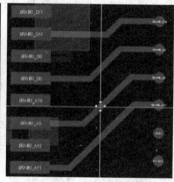 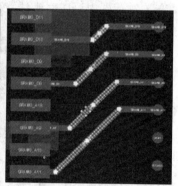

（a）拖拽的光标　　　　（b）拖拽被选中的走线　　　（c）被选中的走线拖拽到新位置

图 10-21　拖拽线路

　　可以先选中要拖拽的线路，然后再对其进行操作，或者用 Ctrl 键+单击操作直接对线路进行拖拽而无需事先选中。可以同时选中多条线路后进行拖拽，但要求所选中的线路方向相同且不能来自于相同的连接覆铜。

　　注意：对线路进行保持角度的拖拽前，先选中线路，有不同的选择对象方法，按 S 键弹出选择子菜单，可从中单击 Touching Line 或 Touching Rectangle 命令对线路进行选取。

　　和交互式布线模式一样，用户可通过 Shift+R 快捷键循环切换在线路拖拽过程中障碍冲突的处理方法（忽略障碍、避让障碍等）。当某种模式被启用后，拖拽线路过程中将遵循设计规则，避免在修改过程中引发冲突。

10.3　在多线轨布线中使用智能拖拽工具

　　多线轨的拖拽不仅用于对原有线路的修改，还可以生成新的线路。它利用简便且优雅的方式对还没进行连接的线路端点进行扩展。单击并拖拽悬空的线路顶点，对该线路进行延伸。

　　除了对现有的线路进行延伸外，软件将自动增加新的线路并以 45 度角与原线路相接，使得线路扩展功能更强大。

　　本功能同样支持多条线路的选择和扩展，和单条线路操作相似。

　　对一组线路进行整体操作，首先选择线路，如图 10-22（a）所示，然后单击并拖拽其中一条线路的顶点，新的线路便会随鼠标的拖动而自动创建，当释放鼠标后新增加的线路变为选中状态，如图 10-22（b）所示，用户可以继续单击和拖拽选中的线路以进行扩展，如图 10-22（c）、（d）所示，线路绘制完成后，在非线路上单击即可。

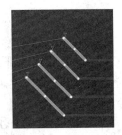

(a) 选中的导线　　　　　　　　　(b) 释放鼠标后新的线路变为选中状态

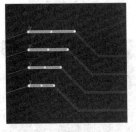

(c) 继续拖拽选中的线路进行扩展　　　　(d) 退出布线

图 10-22　多线轨智能拖拽

10.4　放置和会聚多线轨线路

从菜单 Place→Interactive Multi-Routing 中调出多线轨线路布线命令，使用该命令可以从没进行布线的元器件中引出多线轨线路，多线轨线路会自动会聚，如图 10-23 所示。

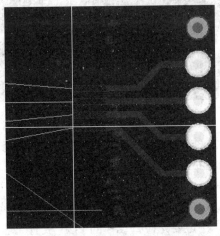

图 10-23　使用会聚和放置线路命令从未布线的元器件中开始布线

除了通过 Place 菜单调出命令外，还可以按 P 键（或右击）弹出快捷菜单进行选取。

在使用该命令进行多线轨线路布线时，有以下几点技巧。

①按住 Ctrl 键不放，用鼠标拖动矩形框，以此选中要进行多线轨线路布线的焊盘，而无需对每个焊盘一个接一个地单独选取，用法和 Touching Line 及 Touching Rectangle 命令类似。

②多线轨线路布线时，按 Tab 键打开 Interactive Routing 对话框，对总线间距（相邻线路中心到中心的距离）进行设置。

③使用","和"."快捷键对多线间距进行交互式增加或减小,调整的步进为当前捕捉栅格的值。

④按 Space 键可以改变末端排列(一旦第一组线段已经被放置)。

⑤按~键弹出快捷键列表。

10.5 PCB 板的设计技巧

在掌握了以上的布线方式后,可以对上一项目设计的 PCB 板进行优化,重新布局、布线后的 PCB 板如图 10-24 所示。

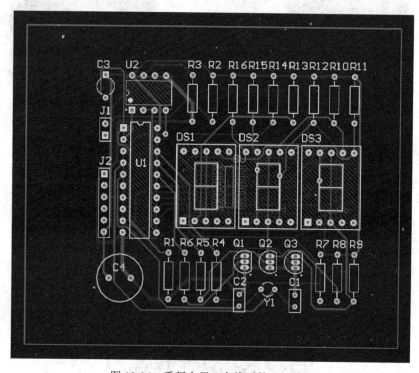

图 10-24 重新布局、布线后的 PCB 板

由于新的 PCB 板元器件的排列比原来紧凑,所以 PCB 板的布线区域及板边框的尺寸可缩小。选择 Keep-Out Layer 层,将布线区域的左边框向右移动,X 的坐标由 103mm 改为 112mm;执行 Design→Board Shape→Redefine Board Shape 命令,依次单击(109mm,30mm)、(190mm,30mm)、(190mm,106mm)、(109mm,106mm)这 4 个坐标,将 PCB 板的边框缩小。

在进行下面的学习之前,一定要先检查设计的 PCB 板有无违反设计规则的地方,在主菜单中执行 Tools→Design Rule Check…命令,弹出 Design Rule Checker 对话框,单击 Run Design Rule Check…按钮,启动设计规则检查。如设计合理,没有违反设计规则,则进行下面的操作。

10.5.1 放置泪滴

如图 10-25 所示,在导线与焊盘或过孔的连接处有一段过渡,过渡的地方呈泪滴状,所以称它为泪滴。泪滴的作用是:在焊接或钻孔时,避免应力集中在导线和焊点的接触点,而使接触处断裂,让焊盘和过孔与导线的连接更牢固。

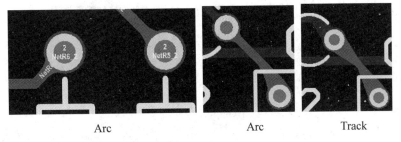

图 10-25　泪滴的 Arc 和 Track 两种形状

放置泪滴的步骤如下：

（1）打开需要放置泪滴的 PCB 板，执行 Tools→Teardrops 命令，弹出如图 10-26 所示的泪滴设置对话框。

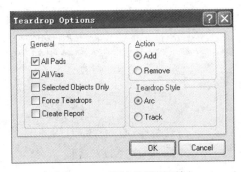

图 10-26　泪滴设置对话框

（2）在 General 区域中，如果选中 All Pads 复选框，将对所有的焊盘放置泪滴；如果选中 All Vias 复选框，将对所有的过孔放置泪滴；如果选中 Selected Objects Only 复选框，将只对所选择元素连接的焊盘和过孔放置泪滴。

（3）在 Action 区域中，Add 单选按钮表示此操作将添加泪滴；Remove 单选按钮表示此操作将删除泪滴。

（4）在 Teardrop Style 区域中设置泪滴的形状，其中 Arc 和 Track 两种形状如图 10-25 所示。

（5）单击 OK 按钮，系统将自动按设置的方式放置泪滴。

10.5.2　放置过孔作为安装孔

在低频电路中，可以放置过孔或焊盘作为安装孔。执行 Place→Via 命令，进入放置过孔的状态，按 Tab 键弹出 Via 对话框，如图 10-27 所示。

将过孔直径（Diameter）改为 6mm，将过孔的孔的直径（Diameter）改为 3mm，然后放在 PCB 板的 4 个角上（116mm，37mm）、（183mm，37mm）、（183mm，99mm）、（116mm，99mm）。

把 4 个过孔放在 PCB 板后，执行设计规则检查命令，查看有无不符合规则的地方。

（1）在主菜单中选择 Tools→Design Rule Check…命令，打开 Design Rule Checker 对话框。

（2）单击 Run Design Rule Check…按钮，启动设计规则检查。

设计规则检查结束后，系统自动生成如图 10-28 所示的检查报告文件。

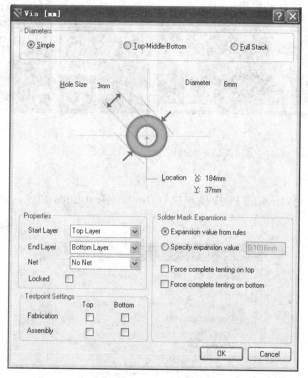

图 10-27　Via 对话框

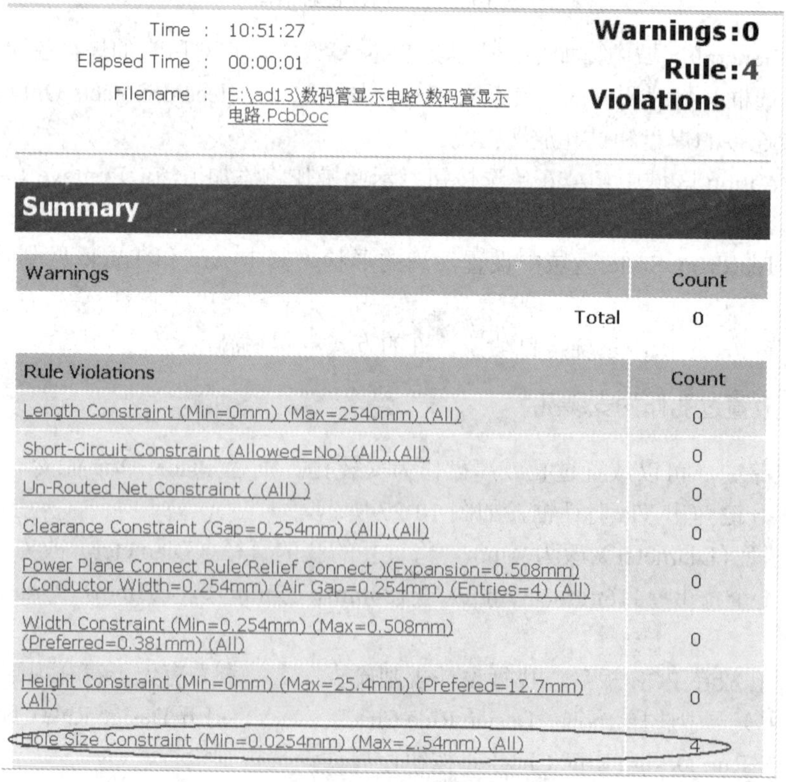

图 10-28　检查报告网页

错误原因：Hole Size Constraint(Min=0.0254mm)(Max=2.54mm)(All)。PCB 板上孔的直径最小 0.0254mm，最大 2.54mm。而用户放置的过孔的直径为 3mm，大于最大值，所以出现不符合规则的地方。

修改设计规则：执行 Design→Rule 命令，弹出 PCB Rules and Constraints Editor 对话框，选择 Design Rules→Manufacturing→Hole Size，右击，从下拉菜单中选择 New Rule 选项，出现 Hole Size 的新规则，如图 10-29 所示，将孔直径的最大值改为 4mm。

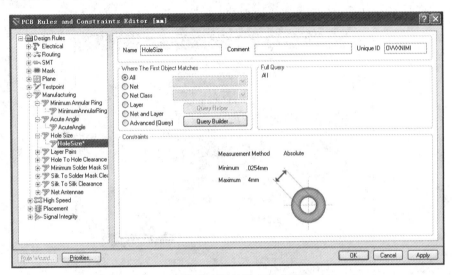

图 10-29　将孔直径的最大值改为 4mm

选择 Design Rules→Routing→Routing Via Style，如图 10-30 所示，将 Via Diameter（过孔直径）的最大值（Maximum）改为 7mm，Via Hole Size（过孔的孔的尺寸）的最大值（Maximum）改为 4mm，单击 OK 按钮即可。

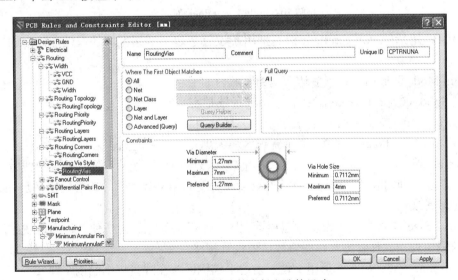

图 10-30　修改过孔的直径和孔的尺寸

修改了这两个参数后，再执行设计规则检查，没有错误提示。

10.5.3 布置多边形铺铜区域

在设计电路板时，有时为了提高系统的抗干扰性，需要设置较大面积的接地线区域（大面积接地）。多边形铺铜就可以完成这个功能，布置多边形铺铜区域的方法如下。

（1）在工作区选择需要设置多边形铺铜的 PCB 板层（Top Layer 或 Bottom Layer）。

（2）单击 Wiring 工具栏中的多边形铺铜工具按钮，或者在主菜单中选择 Place→Polygon Pour 命令，打开如图 10-31 所示的 Polygon Pour 对话框。

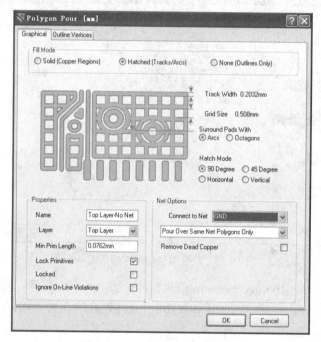

图 10-31 Polygon Pour 对话框

图 10-31 所示的 Polygon Pour 对话框用于设置多边形铺铜区域的属性，其中的选项功能如下：

①Fill Mode 区域用来设置多边形铺铜区域内的形状。
- Solid（Copper Regions）：表示铺铜区域是实心的。
- Hatched（Tracks/Arcs）：表示铺铜区域是网状的。
- None（Outlines Only）：表示铺铜区域无填充，仅有轮廓、外围。

②Track Width 文本框用于设置多边形铺铜区域中栅格连线的宽度。如果连线宽度比栅格尺寸小，多边形铺铜区域是栅格状的；如果连线宽度和栅格尺寸相等或者比栅格尺寸大，多边形铺铜区域是实心的。

③Grid Size 文本框用于设置多边形铺铜区域中栅格尺寸。为了使多边形连线的放置最有效，建议避免使用元件管脚间距的整数倍值设置栅格尺寸。

④Surround Pads With 选项用于设置多边形铺铜区域在焊盘周围的围绕模式。其中，Arcs 单选按钮表示采用圆弧围绕焊盘，Octagons 单选按钮表示使用八角形围绕焊盘，使用八角形围绕焊盘的方式所生成的 Gerber 文件比较小，生成速度比较快。

⑤Hatch Mode 选项用于设置多边形铺铜区域中的填充栅格式样，其中共有 4 个单选按钮，

功能如下:
- 90 Degree 单选按钮表示在多边形铺铜区域中填充水平和垂直的连线栅格。
- 45 Degree 单选按钮表示用 45°的连线网络填充多边形。
- Horizontal 单选按钮表示用水平的连线填充多边形铺铜区域。
- Vertical 单选按钮表示用垂直的连线填充多边形铺铜区域。

以上各填充风格的多边形铺铜区域如图 10-32 所示。

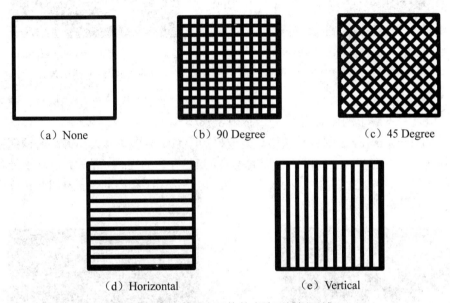

图 10-32 各填充风格的多边形铺铜区域

⑥Properties 区域用于设置多边形铺铜区域的性质,其中各选项功能如下:

Name 文本框:铺铜区域的名字,一般不用更改。

Layer 下拉列表:用于设置多边形铺铜区域所在的层。

Min Prim Length 文本框:用于设置多边形铺铜区域的精度,该值设置得越小,多边形填充区域就越光滑,但铺铜、屏幕重画和输出产生的时间会增多。

Lock Primitives 复选框:用于设置是否锁定多边形铺铜区域。如果选中该复选框,多边形铺铜区域就成为一个整体,不能对里面的任何对象进行编辑,否则可以编辑里面的对象。

Locked 复选框:用于设置是否移动多边形铺铜区域在板上的位置。如果选中该复选框,移动时给出一个提示信息:This Primitive is locked. Contiune? 如果选择 Yes,就可移动多边形铺铜区域,否则不能移动。

Ignore On-Line Violations 复选框:设置多边形铺铜区域是否进行在线设计规则检查。

⑦Net Options 区域用于设置多边形铺铜区域中的网络,其中各选项的功能如下:

Connect to Net 下拉列表用于选择与多边形铺铜区域相连的网络,一般选择 GND。

Connect to Net 下面的下拉列表框中有 3 个选项,分别介绍如下:

Pour Over Same Net Polygons Only(仅铺在相同网络的铜箔上)。选择该选项,铺铜将与相同网络的铜箔融合在一起,与相同网络上的焊盘相连,如图 10-33 所示。

Pour Over All Same Net Objects(铺在所有相同网络的物体上)。选择该选项,铺铜与相同网络的线或物体融合在一起,与相同网络上的焊盘相连,如图 10-34 所示。

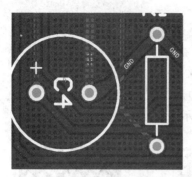 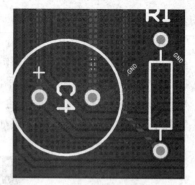

图 10-33　选择 Pour Over Same Net Polygons Only 的铺铜效果　　图 10-34　选择 Pour Over All Same Net Objects 的铺铜效果

Don't Pour Over Same Net Objects（不铺在相同网络的物体上）。选中该选项，铺铜将围绕线的周围，与相同网络上的焊盘相连，如图 10-35 所示。

Remove Dead Copper 复选框。选中该复选框后，系统会自动移去死铜。所谓死铜是指在多边形铺铜区域中没有和选定的网络相连的铜膜。当已存在的连线、焊盘和过孔不能和铺铜构成一个连续区域的时候，死铜就生成了。死铜会给电路带来不必要的干扰，因此建议用户选中该选项，自动消除死铜，如图 10-36 所示。

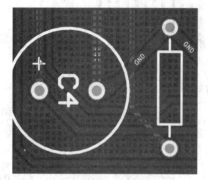 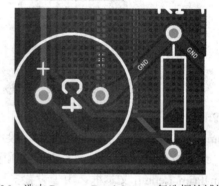

图 10-35　选择 Don't Pour Over Same Net Objects 的铺铜效果　　图 10-36　选中 Remove Dead Copper 复选框的铺铜效果

（3）在 Polygon Pour 对话框中设置好多边形铺铜区域的属性。

（4）移动光标，在多边形的起始点单击，定义多边形开始的顶点。

（5）移动光标，持续在多边形的每个折点单击，确定多边形的边界，直到多边形铺铜的边界定义完成，右击退出该模式，铺铜完成，如图 10-40 所示。

（6）铺铜的过程中，在放置多边形折点时，可以按 Space 键改变线的方向（90°/45°），也可以按 Shift+Space 组合键改变线的方向（90°/90°圆弧/45°/45°圆弧/任意角度）。

如果制版的工艺不高，铺铜铺成实心的，时间久了，PCB 板的铺铜区域容易起泡，如果铺铜铺成网状的就不存在这个问题，并且容易散热。

10.5.4　放置尺寸标注

在设计印制电路板时，为了便于制版，常常需要提供尺寸的标注。一般来说，尺寸标注通常是放置在某个机械层，用户可以从 16 个机械层中指定一个层来做尺寸标注层。也可以把尺寸标注放置在 Top Overlay 或 Bottom Overlay 层。根据标注对象的不同，尺寸标注有十多种，在此进行常用尺寸标注的介绍，其他方法用户可以根据需要自学。

1. 直线尺寸标注

对直线距离尺寸进行标注，可进行以下操作。

（1）单击 Utilities 工具栏中的尺寸工具按钮，在弹出的工具栏中选择直线尺寸工具按钮，或者选择 Place→Dimension→Linear 命令。

（2）按 Tab 键，打开如图 10-37 所示的 Linear Dimension 对话框。

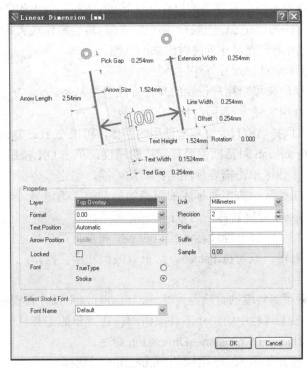

图 10-37　Linear Dimension 对话框

如图 10-37 所示的 Linear Dimension 对话框用于设置直线标注的属性，其中各选项功能如下：

Pick Gap 标注框用来设置尺寸线与标注对象间的距离。

Extension Width 标注框用来设置尺寸延长线的线宽。

Arrow Length 标注框用来设置箭头线的长度。

Arrow Size 标注框用来设置箭头的长度（斜线）。

Line Width 标注框用来设置箭头的线宽。

Offset 标注框用来设置箭头与尺寸延长线端点的偏移量。

Text Height 标注框用来设置尺寸字体的高度。

Rotation 标注框用来设置尺寸标注线拉出的旋转角度。

Text Width 标注框用来设置尺寸字体的线宽。

Text Gap 标注框用来设置尺寸字体与尺寸线左右的间距。

Properties 区域用来设置直线标注的性质，其中的选项功能如下：

● Layer 下拉列表用来设置当前尺寸文本所放置的 PCB 板层。

● Format 下拉列表用来设置当前尺寸文本的放置风格。在下拉列表中选择尺寸放置的风格，共四个选项：None 选项表示不显示尺寸文本；0.00 选项表示只显示尺寸，不显示单位；0.00mil 选项表示同时显示尺寸和单位；0.00（mil）选项表示显示尺寸和单位，并将单位用括号括起来。

- Text Position 下拉列表用来设置当前尺寸文本的放置位置。
- Unit 下拉列表用来设置当前尺寸采用的单位。可以在下拉列表中选择放置尺寸的单位，系统提供了 Mils、Millimeters、Inches、Centimeters 和 Automatic 共五个选项，其中 Automatic 项表示使用系统定义的单位。
- Precision 下拉列表用来设置当前尺寸标注精度。下拉列表中的数值表示小数点后面的位数。默认标注精度是 2，一般标注最大是 6，角度标注最大是 5。
- Prefix 文本框用来设置尺寸标注时添加的前缀。
- Suffix 文本框用来设置尺寸标注时添加的后缀。
- Sample 文本框用来显示用户设置的尺寸标注风格示例。
- Locked 复选框用来锁定标注尺寸。
- Font 选项用来选择当前尺寸文本所使用的字体，可以在 True Type、Stroke 之间选择。

（3）在 Linear Dimension 对话框中设置标注的属性，单击 OK 按钮。

（4）移动光标至工作区单击需要标注的距离的一端，确定一个标注箭头位置。

（5）移动光标至工作区单击需要标注的距离的另一端，确定另一个标注箭头位置，如果需要垂直标注，可按 Space 键旋转标注的方向。

（6）重复步骤（3）～（5）继续标注其他的水平和垂直距离尺寸。

（7）标注结束后右击，或者按 Esc 键，结束直线尺寸标注操作。

2．标准标注

标准标注用于任意倾斜角度的直线距离标注，可进行以下操作设置标准标注。

（1）单击 Utilities 工具栏中的尺寸工具按钮，在弹出的工具栏中选择标准直线尺寸工具按钮，或者执行 Place→Dimension→Dimension 命令。

（2）按 Tab 键，打开如图 10-38 所示的 Dimension 对话框。

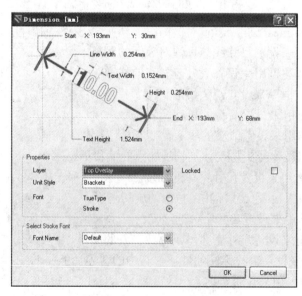

图 10-38　Dimension 对话框

图 10-38 所示的 Dimension 对话框用于设置标准标注的属性，其中 Start、End 项中的 X、Y 标注框用于设置标注起始点和终点的坐标。对话框中其他的选项功能与 Linear Dimension 对话框中的对应选项功能相同。可参考对 Linear Dimension 对话框中选项的描述。

（3）在 Dimension 对话框中设置标准标注的属性，单击 OK 按钮。

（4）移动光标至工作区到需要标注的距离的一端，单击，确定一个标注箭头位置。

（5）移动光标至工作区到需要标注的距离的另一端，单击，确定另一个标注箭头的位置，系统会自动调整标注的箭头方向。

（6）重复步骤（4）、（5）继续标注其他直线距离尺寸。

（7）标注结束后，右击，或者按 Esc 键，结束尺寸标注操作。

3. 坐标标注

坐标标注用于显示工作区里指定点的坐标。坐标标记可以放置在任意层，坐标标注包括一个十字标记和位置的（X，Y）坐标，可进行如下操作布置坐标标注。

（1）单击 Utilities 工具栏中的绘图工具按钮，在弹出的工具栏中选择坐标标注工具按钮 +¹⁰,¹⁰，或者在主菜单中选择 Place→Coordinate 命令。

（2）按 Tab 键，打开如图 10-39 所示的 Coordinate 对话框。

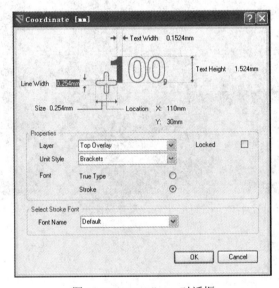

图 10-39　Coordinate 对话框

如图 10-39 所示的 Coordinate 对话框用于设置坐标标注的属性，其中的选项功能与 Linear Dimension 对话框中的对应选项功能相同。可参考对 Linear Dimension 对话框中选项的描述。

（3）在工作区单击需要布置坐标标注的点，即可在该点布置坐标标注。

（4）重复步骤（3），在其他的点上布置坐标标注，所有标注布置结束后，右击或者按 Esc 键，结束坐标标注的布置。标注的坐标如图 10-40 所示。

10.5.5　设置坐标原点

在 PCB 编辑器中，系统提供了一套坐标系，其坐标原点称为绝对原点，位于图纸的最左下角。但在编辑 PCB 板时，往往根据需要在方便的地方设计 PCB 板，所以 PCB 板的左下角往往不是绝对坐标原点。

Altium Designer 提供了设置原点的工具，用户可以利用它设定自己的坐标系，方法如下：

（1）单击 Utilities 工具栏中的绘图工具按钮，在弹出的工具栏中单击坐标原点标注工具按钮，或者在主菜单中选择 Edit→Origin→Set 命令。

（2）此时鼠标箭头变为十字光标，在图纸中移动十字光标到适当的位置，单击，即可将该点设置为用户坐标系的原点（如图 10-40 所示），此时再移动鼠标就可以从状态栏中了解到新的坐标值。

（3）如果需要恢复原来的坐标系，只要选择 Edit→Origin→Reset 命令即可。

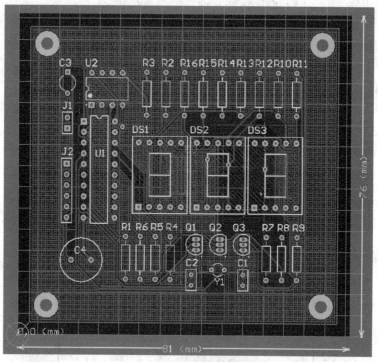

图 10-40　标注的尺寸、坐标，重置坐标原点及铺铜的 PCB 板

10.5.6　对象快速定位

1. 使用 PCB 面板

重新编译"数码管显示电路.PrjPCB"项目文件。然后单击 PCB 面板，在上面可以选择对象类型如 Nets、Components 等，单击下面的元件或网络，则系统会自动跳转到相应的位置，即完成快速查找对象，如图 10-41 所示。

2. 使用过滤器选择批量目标

打开 PCB Filter 面板（如图 10-42 所示），在 Find items matching these criteria：栏内输入查询语句，就可以批量选择目标。如输入 IsComponent 语句，选中 Objects passing the filter 栏内的 Select 复选框，单击 Apply 按钮，就可以在 PCB 板上选择所有的元器件；输入 IsDesignator 语句，单击 Apply 按钮，就可以在 PCB 板上选择所有元器件的标号。

在 PCB Filter 面板中单击 Helper 按钮，则打开 Query Helper 对话框，如图 10-43 所示。选择 Query 栏下的 IsText，然后单击 And 按钮，再选择 Layer Checks 下的 OnTopSilkscreen，则在 Query 框中出现语句 IsText And OnTopSilkscreen。

项目10 交互式布线及PCB板设计技巧

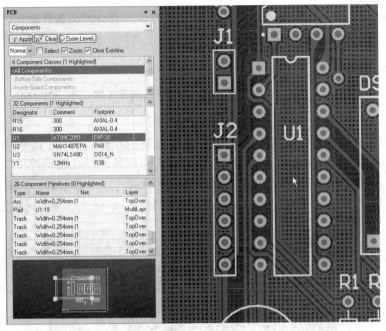

图 10-41 PCB 面板

图 10-42 PCB Filter 面板

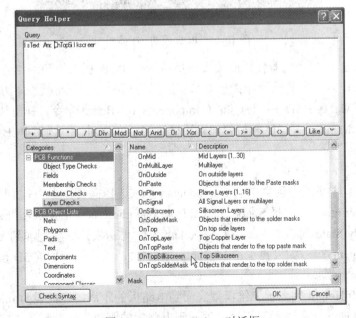

图 10-43 Query Helper 对话框

利用中间的"+、一、Div、Mod、And"等按钮可以组合成复杂条件语句。单击 OK 按钮，返回 PCB Filter 面板。选中 Select 复选框，单击 Apply 按钮，就可以选择在丝印层上的所有文字了。

10.6　PCB 板的 3D 显示

在 PCB 编辑器中，按快捷键 3 就可进行 PCB 板的 3D 显示，如图 10-44 所示。从图中可以看出 3 个数码管和单片机 U1 有 3D 模型，这是因为在项目 5 建立数码管和单片机的封装时，建立了这两个器件的三维模型；U2、U3（U3 在板的背面，图中看不到）与三极管 Q1、Q2、Q3 有三维模型，这是因为系统提供的库内有三维模型，而其他元器件的封装没有三维模型。

图 10-44　PCB 板的 3D 显示

为了查看 PCB 板焊接元器件后的效果，提前预知 PCB 板与机箱的结合，也就是 ECAD 与 MCAD 的结合，需要为其他元器件建立与实际器件相吻合的三维模型。方法如下：

执行 Tools→Manage 3D Bodies for Components on Board 命令，弹出如图 10-45 所示的 Component Body Manager 的 3D 模型管理对话框，可以在该对话框内对 PCB 板上的所有元器件建立 3D 模型。

1. 建立晶振 Y1 的 3D 模型

（1）在图 10-45 所示对话框中的 Components 区域选择需要建立 3D 模型的元件 Y1。

（2）在 Description 列选择 Shape created from bounding rectangle on All Layers。

（3）在 Body State 列单击 Not In Component Y1，表示把 3D 模型加到 Y1 上，单击后显示变为 In Component Y1。如果再单击 In Component Y1，表示把刚加的 3D 模型从 Y1 上移除掉，在此不进行此操作。

（4）Standoff Height 列表示三维模型底面到电路板的距离，在此设为 0.5mm。

（5）Overall Height 列表示三维模型顶面到电路板的距离，在此设为 12.5mm。

（6）Body Projection 列用于设置三维模型投影的层面，在此选 Top Side。

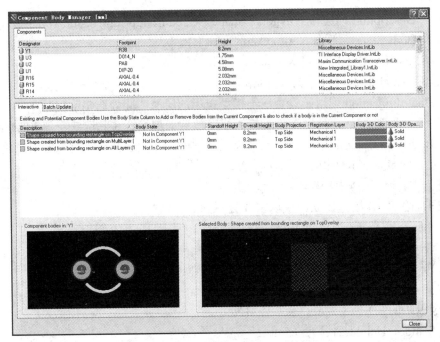

图 10-45 元器件 3D 模型管理对话框

（7）Registration Layer 列用于设置三维模型放置的层面，在此选缺省值 Mechanical1。

（8）Body 3-D Color 列用于选择三维模型的颜色，在此选择与实物相似的颜色。

进行了以上设置的 3D 模型管理对话框如图 10-46 所示。

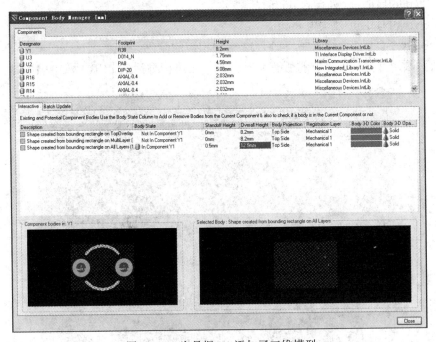

图 10-46 为晶振 Y1 添加了三维模型

2. 建立电阻 R1～R16 的 3D 模型

（1）在图 10-45 所示的 Components 区域选择需要建立 3D 模型的元器件 R1。

（2）在 Description 列选择 Polygonal Shape created from primitives on TopOverlay。

（3）在 Body State 列单击 Not In Component R1。

（4）将 Standoff Height 列设为 1mm。

（5）将 Overall Height 列设为 3.2mm。

（6）Body Projection 列用于设置三维模型投影的层面，此处选 Top Side。

（7）Registration Layer 列用于设置三维模型放置的层面，在此选缺省值 Mechanical1。

（8）Body 3-D Color 列用于选择三维模型的颜色，在此选择与实物相似的颜色。

R2～R16 的设置与 R1 相同。

3. 建立 C1 和 C2 的 3D 模型

方法同电阻的 3D 模型建立，仅以下 3 处不同：

（1）Standoff Height 列设为 1mm。

（2）Overall Height 列设为 4mm。

（3）Body 3-D Color 列选择与 C1、C2 实物相似的颜色。

4. 建立 C3、C4 的 3D 模型

方法同电阻的 3D 模型建立，仅以下 3 处不同：

（1）Standoff Height 列设为 0.5mm。

（2）Overall Height 列设为 12.7mm。

（3）Body 3-D Color 列选择与 C3、C4 实物相似的颜色。

5. 建立 J1、J2 的 3D 模型

方法同电阻的 3D 模型建立，仅以下 3 处不同：

（1）Standoff Height 列设为 0mm。

（2）Overall Height 列设为 8mm。

（3）Body 3-D Color 列选择与 J1、J2 实物相似的颜色。

为数码管显示电路 PCB 板的所有元器件添加三维模型后的 PCB 板如图 10-47 所示。

图 10-47　为数码管显示电路的所有元件添加三维模型后的 PCB 板

在主菜单执行 View→Flip Board 命令,可以把 PCB 板从一面翻转到另一面,也就是翻转 180 度,如图 10-48 所示。

图 10-48 数码管显示电路 PCB 板翻转 180 度

10.7 原理图信息与 PCB 板信息的一致性

如果数码管显示电路 PCB 板上元器件的三维模型比较接近真实的元器件的尺寸,就可观察用户设计的 PCB 板是否合理适用。如果不合理,可以修改 PCB 板,直到满足设计要求为止,否则等生产厂家把 PCB 板制作好以后才发现错误,就会造成浪费。

如果在 PCB 板上发现某个元件的封装不对,可以在 PCB 板上修改该元件的封装,或把该元件的封装换成另一个合适的封装,这就造成原理图信息与 PCB 板上的信息不一致。为了把 PCB 板上更改的信息反馈回原理图,在 PCB 编辑器执行 Design→"Update Schematics in 数码管显示电路.PrjPCB"命令,就可把 PCB 的信息更新到原理图内。

如果在原理图上发生了改变,要把原理图的信息更新到 PCB 内,在原理图编辑环境下执行 Design→"UpdateDocument 数码管显示电路.PcbDoc"命令,就可把原理图的信息更新到 PCB 板内。

这样就可保证原理图信息与 PCB 板上的信息一致,原理图与 PCB 板之间是可以双向同步更新的。

要检查原理图与 PCB 板之间的信息是否一致,可以执行以下操作:

(1)打开原理图与 PCB 板,执行 Project→Show Differences 命令,弹出 Choose Documents to Compare 对话框,如图 10-49 所示,选择一个要比较的 PCB 板,单击 OK 按钮。

(2)弹出显示原理图与 PCB 板之间差异的对话框,如图 10-50 所示,从图中看出除了 Room 以外,原理图与 PCB 板之间没有差异。

可以单击 Report Differences 按钮查看报告,也可以单击 Explore Differences 按钮探究报告,

在该报告上选择目标，就可以找到原理图与 PCB 板之间的差异。

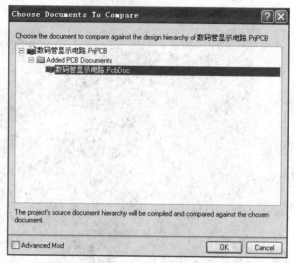

图 10-49　Choose Documents To Compare 对话框

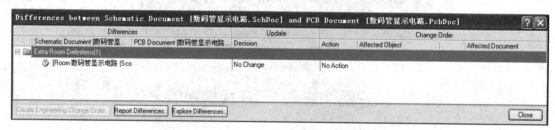

图 10-50　显示原理图与 PCB 板之间差异的对话框

如果 PCB 板设计合理，就可产生输出文件（项目 11 介绍）供生产厂家使用。

习题十

1．在设计 PCB 板时，处理布线冲突有几种方法？

2．在布线过程中按哪个键添加一个过孔并切换到下一个信号层？

3．在 PCB 板的焊盘上放置泪滴有什么作用？在 PCB 板上放置多边形铺铜一般与哪个网络相连？

4．将习题九完成的"高输入阻抗仪器放大器电路的 PCB 板"做优化处理，标注尺寸，设置坐标原点，并为 PCB 板上所有的元器件建立 3D 模型，查看 PCB 板的 3D 显示，检查设计的 PCB 板是否适用。

5．将习题九完成的"铂电阻测温电路的 PCB 板"做优化处理，标注尺寸，设置坐标原点，并为 PCB 板上所有的元器件建立 3D 模型，查看 PCB 板的 3D 显示，检查设计的 PCB 板是否适用。

项目 11　输出文件

在完成 PCB 的绘制设计之后，本项目主要介绍后续工作需要的技术文件。技术文件是从原始 PCB 文档中衍生出来的，比如 Gerber 文件，BOM 表等。读者需要掌握的是 Gerber 文件、BOM 表的输出设置，以及 Gerber 文件的一些基本常识，毕竟 Gerber 文件是电子 CAD 行业的一个通用数据格式。其他的特殊文件输出，读者可以根据实际需要，酌情掌握。

11.1　输出 PDF 文件

现在已经完成了数码管显示电路的 PCB 设计和布线，还需要把各种文件整理分发出来，从而进行设计审查、制造验证和生产组装 PCB 板。需要输出的文件很多，有些文件是提供给 PCB 制造商生产 PCB 板用，比如 PCB 文件、Gerber 文件、PCB 规格书等。而有的则是提供给工厂生产使用，比如 Gerber 文件用来开钢网，Pick 坐标文件做自动贴片插件机，单层的测试点文件做 ICT，元件丝印图做生产作业文件等，而对于这些要求，Altium Designer 完全可以输出各种用途的文件。

这些用途区分下来包括以下几个方面：

1. 装配文件输出

（1）元件位置图：显示电路板每一面上元器件 XY 坐标位置和原点信息。

（2）抓取和放置文件：用于元件放置机械手在电路板上摆放元器件。

（3）3D 结构图：将 3D 图给结构工程师，沟通是否有高度、装配、尺寸干涉等。

2. 文件输出

（1）文件产出复合图纸：成品板组装，包括元件和线路。

（2）PCB 板的三维打印：采用三维视图观察电路板。

（3）原理图打印：绘制设计的原理图。

3. 制作输出

（1）绘制复合钻孔图：绘制电路板上钻孔位置和尺寸的复合图纸。

（2）钻孔绘制/导向：在多张图纸上分别绘制钻孔位置和尺寸。

（3）最终的绘制图纸：把所有的制作文件合成单个绘制输出。

（4）Gerber 文件：制作 Gerber 格式的制作信息。

（5）NC Drill Files：创建能被数控钻床使用的制造信息。

（6）ODB++：创建 ODB++ 数据库格式的制造信息。

（7）Power-Plane Prints：创建内电层和电层分割图纸。

（8）Solder/Paste Mask Prints：创建阻焊层和锡膏层图纸。

（9） Test Point Report：创建在不同模式下设计的测试点的输出结果。

4. 网表输出

网表描述在设计上元器件之间的连接逻辑，对于移植到其他电子产品设计中是非常有帮助的，比如与 PADS2007 等其他 CAD 软件连接。

5. 报告输出

（1） Bill of Materials（BOM）：为了制作板的需求而创建的一个在不同格式下部件和零件的清单。

（2） Component Cross Reference Report：在设计好的原理图的基础上，创建一个组件列表。

（3） Report Project Hierarchy：在该项目上创建一个源文件的清单。

（4） Report Single Pin Nets：创建一个报告，列出任何只有一个连接的网络。

（5） Simple BOM：创建文本和该 BOM 的 CSV（逗号隔开的变量）文件。

大部分输出文件是用做配置的，在需要的时候输出就可以。在完成更多的设计后，用户会发现他经常输出多个相同或相似的输出文件，这样一来就做了许多重复性的工作，严重影响工作效率。针对这种情况，Altium Designer 提供了一个叫做 Output Job Files 的方式，该方式使用 Output Job Editor 接口，将各种需要输出的文件捆绑在一起，将它们发送给各种输出方式（可以直接打印，生成 PDF 和生成文件）。

下面简单介绍一下 Altium Designer 的 Output Job Files 相关的操作和内容。

首先启动 Output Job Files。用户可以单击 File→Smart PDF...选项，弹出图 11-1 所示的对话框，提示启动智能 PDF 向导，直接单击 Next 按钮进入下一步。

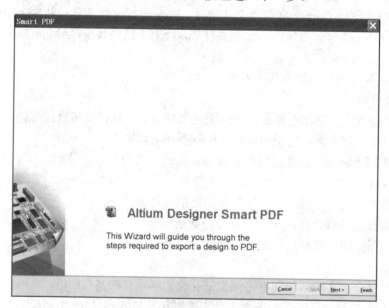

图 11-1 智能 PDF 设置向导

弹出图 11-2 所示的对话框，选择需要输出的目标文件范围，如果是仅仅输出当前显示的文档，单击 Current Document 单选按钮，如果是输出整个项目的所有相关文件，单击 Current Project 单选按钮，如图 11-2 所示；Output File Name（输出文件名）栏显示输出 PDF 的文件名及保存的路径，单击 Next 按钮。

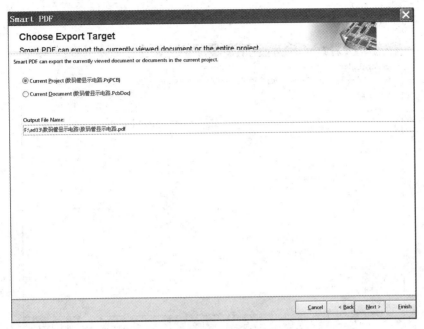

图 11-2　选择输出的目标文件（包）

弹出图 11-3 所示的对话框，列出了详细的文件输出表，用户可以通过 Ctrl 键+单击和 Shift 键+单击来选择需要输出的文件。而对于非项目输出，则无此步骤。单击 Next 按钮。

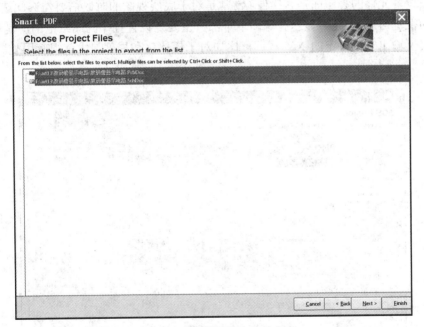

图 11-3　选择详细的文件输出表

弹出图 11-4 所示的对话框，选择输出 BOM 的类型以及选择 BOM 模板，Altium Designer 提供了各种各样的模板，比如其中的 BOM Purchase.xlt 一般是在物料采购中使用较多，BOM Manufacturer.xlt 一般是在生产中使用较多，当然它还有缺省的通用 BOM 格式：BOM Default Template95.xlt 等，用户可以根据自己的需要选择相应的模板。当然也可以自己做一个适合自己的模板。单击 Next 按钮。

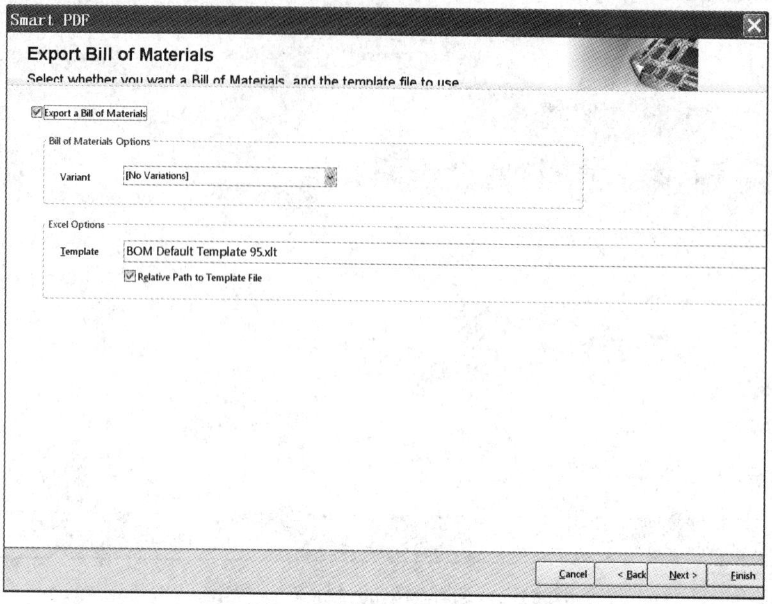

图 11-4　选择输出 BOM 的类型

弹出图 11-5 所示的对话框,主要是选择 PCB 打印的层和区域打印。在上半部分的打印层设置中可以设置元件的打印面是否镜像(常常是对于底层视图的时候需要勾选此选项,这样更贴近人类的视觉习惯)、是否显示孔等。下半部分主要是设置打印的图纸范围,是选择整张输出,还是仅仅输出一个特定的 XY 区域,比如对于模块化和局部放大就很有用处。单击 Next 按钮。

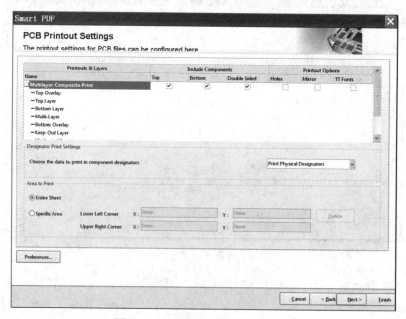

图 11-5　打印输出的层和区域设置

弹出图 11-6 所示的对话框,设置 PDF 的详细参数,比如输出的 PDF 文件是否带网络信息,网络信息是否包含引脚（Pins）、网络标签（Net Labels）、端口（Ports）信息，是否包含元件参数、原理图包含的参数，以及原理图及 PCB 图的 PDF 的颜色模式（彩色打印、单色打印、灰度打印等）。设置好后，单击 Next 按钮。

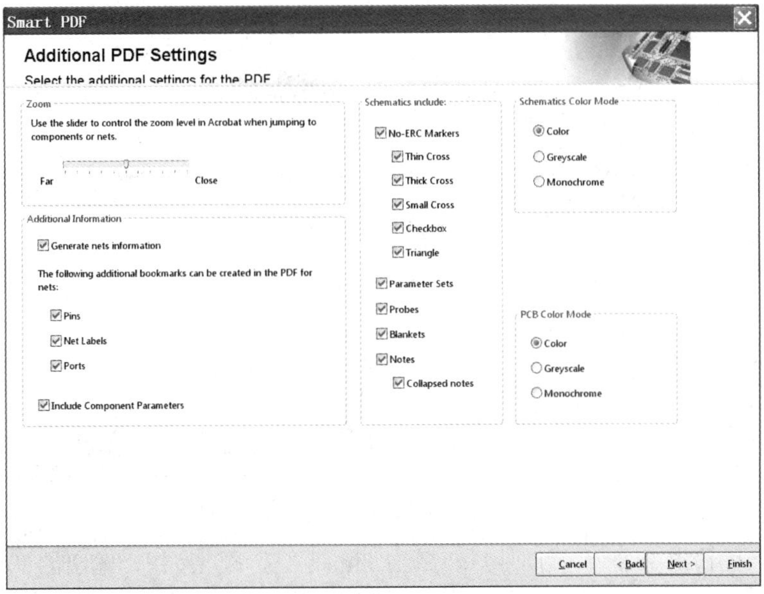

图 11-6　输出 PDF 的参数设置

弹出图 11-7 所示的对话框，设置 PDF 原理图是否显示元件的标号、网络标签、端口和图纸端口、图纸号及文档号等参数，设置好后，单击 Next 按钮继续。

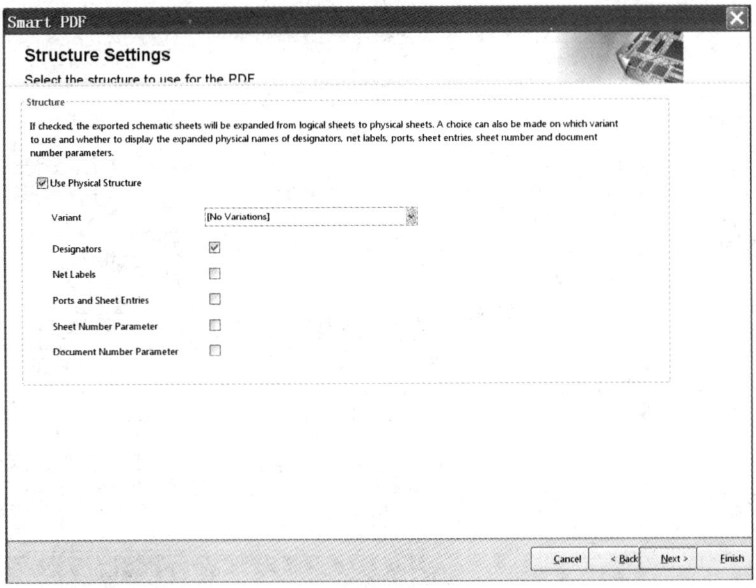

图 11-7　PDF 的结构设置

弹出图 11-8 所示的对话框，提示产生报告后是否打开 PDF 文件，是否保存此次的设置配置信息，方便后续的 PDF 输出可以继续使用此类的配置，指出输出文档的保存路径及名字。

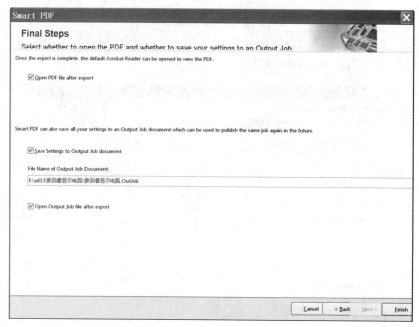

图 11-8 完成 PDF 设置

用户完成上述输出 PDF 设置向导后，单击 Finish（完成）按钮，输出的 PDF 文件包如图 11-9 所示。

注意：用户的电脑上必须安装 PDF 文件的阅读软件。

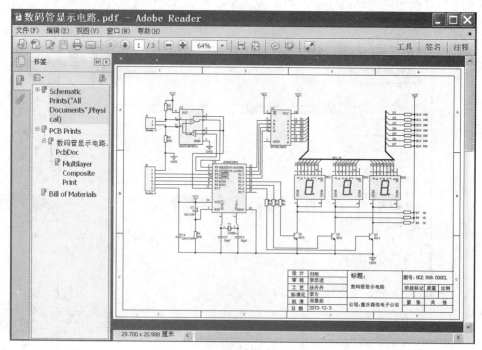

图 11-9 输出的 PDF 文件

用户可以清晰地看见 PDF 文件包括原理图、PCB 图及元件清单等信息。

虽然上述输出的文件已比较全面，但是还不完整，在许多特定场合需要的文件好多都没有。在 PCB 设计完成的最后阶段，为了更好地满足设计验证，生产要求和质量控制，提高生产效率，下面介绍如何产生各种 PCB 厂家生产以及工厂工艺生产、质量控制等所需的相关文件。

11.2　生成 Gerber 文件

11.2.1　Gerber 文件简单介绍

电子 CAD 文档一般指原始 PCB 设计文件，如 Altium Designer、PADS 等 PCB 设计文件，文件后缀一般为.PcbDoc、.SchDoc，而对用户或企业设计部门，出于各方面的考虑，往往提供给生产制造部门的电路板都是 Gerber 文件。

Gerber 文件是所有电路设计软件都可以生成的一种文件格式，在电子组装行业又称为模板文件（stencil.data），在 PCB 制造业又称为光绘文件。可以说 Gerber 文件是电子组装业中最通用最广泛的文件格式。在标准的 Gerber 文件格式里面可分为 RS-274 与 RS-274X 两种，其不同之处在于：RS-274 格式中的 Gerber 文件与 aperture 文件是分开的不同文件，RS-274X 格式的 aperture 文件是整合在 Gerber 文件中的，因此不需要 aperture 文件（即内含 D 码）。目前国内厂家使用 RS-274X 比较多，也比较方便。

由 Altium Designer 产生的 Gerber 文件各层扩展名与 PCB 原来各层对应关系如下：

- 顶层 Top（copper）Layer：.GTL
- 底层 Bottom（copper）Layer：.GBL
- 中间信号层 Mid Layer 1，2，...，30：.G1，.G2，...，.G30
- 内电层 Internal Plane Layer 1，2，...，16：.GP1，.GP2，...，.GP16
- 顶层丝印层 Top Overlay：.GTO
- 底层丝印层 Bottom Overlay：.GBO
- 顶掩膜层 Top Paste Mask：.GTP
- 底掩膜层 Bottom Paste Mask：.GBP
- Top Solder Mask：.GTS
- Bottom Solder Mask：.GBS
- Keep-Out Layer：.GKO
- Mechanical Layer 1，2，...，16：.GM1，.GM2，...，.GM16
- Top Pad Master：.GPT
- Bottom Pad Master：.GPB
- Drill Drawing，Top Layer-Bottom Layer（Through Hole）：.GD1
- Drill Drawing，other Drill（Layer）Pairs：.GD2，.GD3，...
- Drill Guide，Top Layer-Bottom Layer（Through Hole）：.GG1
- Drill Guide，other Drill（Layer）Pairs：.GG2，.GG3，...

11.2.2　用 Altium Designer 输出 Gerber 文件

（1）执行 File→Fabrication Outputs→Gerber Files 命令，打开 Gerber Setup 对话框，如图 11-10 所示。

（2）在 General 选项卡下面，用户可以选择输出的单位是英寸还是米制，在格式（Format）栏有 2:3，2:4，2:5 三种，分别对应了不同的 PCB 生产精度，一般用户可以选择 2:4，当然有的设计对尺寸要求高些，用户也可以选 2:5。

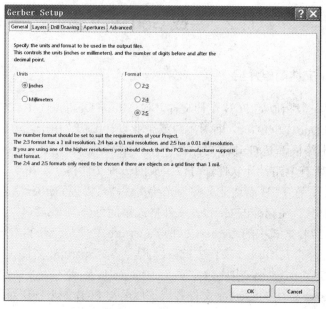

图 11-10　Gerber 普通项设置

（3）单击 Layers 选项卡，用户在此进行 Gerber 绘制输出层设置，然后单击 Plot Layers 按钮，并选择 Used On 选项，再单击 Mirror Layers 按钮，并选择 All Off 选项，如图 11-11 所示。当然用户也可以根据需要或者 PCB 板的要求来决定一些特殊层是否需要输出，比如单面板和双面板、多层板等。

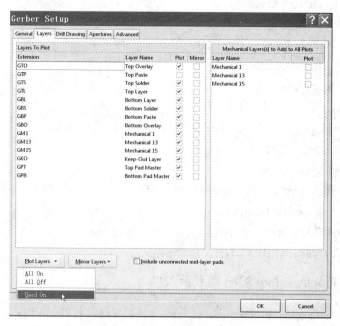

图 11-11　Gerber 绘制输出层设置

（4）在 Drill Drawing 选项卡的 Drill Drawing Plots 区域内勾选 Plot all used layer pairs 复选框，如图 11-12 所示。

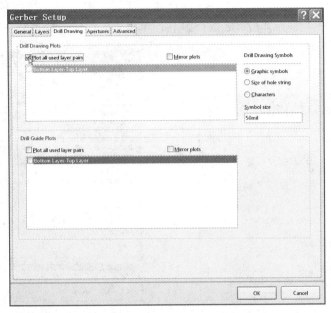

图 11-12　Gerber 钻孔输出层设置

（5）而对于其他选项用户可采用默认值，不用去设置了，直接单击 OK 按钮退出设置对话框。Altium Designer 则开始自动生成 Gerber 文件，并且同时进入 CAM 编辑环境，如图 11-13 所示，显示出用户刚才所生成的 Gerber 文件。

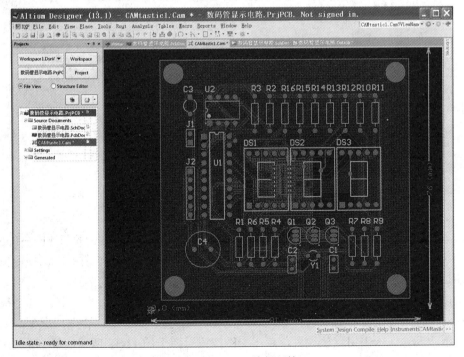

图 11-13　CAM 编辑环境

（6）此时用户可以进行检查，如果没有问题就可以导出 Gerber 文件了。单击 File→Export →Gerber 命令，在弹出的 Expor Gerber 对话框（图 11-14）里面选择格式为 RS-274-X，单击 OK 按钮，弹出图 11-15 所示保存 Gerber 文件的对话框，在该对话框中选择输出 Gerber 文件的路径（F:\ad13\数码管显示电路\Gerber 输出），单击 OK 按钮，即可导出 Gerber 文件。

图 11-14　Gerber 导出

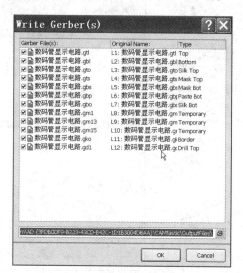

图 11-15　Gerber 文件存储位置对话框

（7）此时用户可以查看刚才生成的 Gerber 文件，打开 F:\ad13\数码管显示电路\Gerber 输出文件夹，可以看见新生成的 Gerber 文件，如图 11-16 所示。

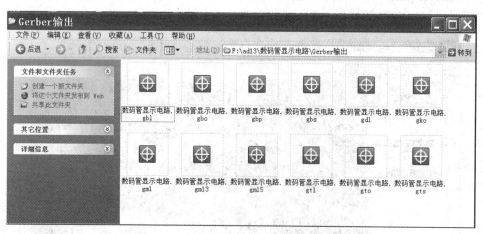

图 11-16　Gerber 输出文件清单

（8）现在我们还需要导出钻孔文件，用户重新回到 PCB 编辑界面，执行 File→Fabrication Outputs→NC Drill Files 命令，弹出 NC Drill Setup 对话框，如图 11-17 所示，选择输出的单位是英寸还是米制等。Format 有 2:3，2:4，2:5 三种，同样对应了不同的 PCB 生产精度，一般普通用户可以选择 2:4，当然有的设计对尺寸要求高些，用户也可以选 2:5。还有一个很关键的问题是：对于此处的单位和格式选择必须和产生 Gerber 的选择一致，否则厂家生产的时候叠层会出问题。其他选项采用默认设置，单击 OK 按钮，弹出图 11-18 所示的 Import Drill Data （导入钻孔数据）对话框，单击 OK 按钮，出现了 CAM 输出界面，如图 11-19 所示。

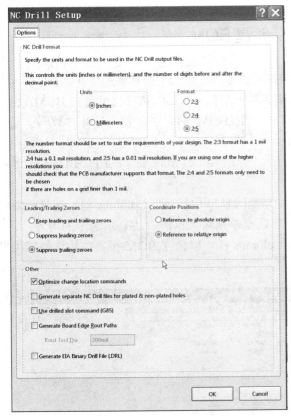

图 11-17 NC Drill Setup 对话框

图 11-18 Import Drill Data 对话框

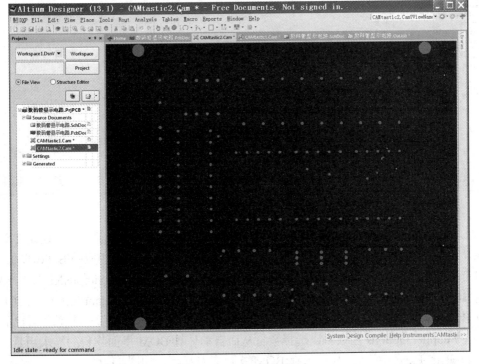

图 11-19 CAM 输出界面

11.3 创建 BOM

BOM 为 Bill of Materials 的简称，也叫材料清单。它是一个很重要的文件，在物料采购、设计验证、样品制作、批量生产等环节都需要这个清单。可以用 SCH 文件产生 BOM，也可以用 PCB 产生 BOM。这里简单介绍用 PCB 产生 BOM 的方法，首先打开"数码管显示电路.PcbDoc"文件。

（1）执行 Reports→Bill of Materials 命令，弹出 Bill of Materials For PCB Document 对话框（图 11-20）。

（2）使用此对话框建立需要的 BOM。在图 11-20 中的 All Columns 栏，选择需要输出到 BOM 报告的标题，选中右边的 Show 复选框，则对话框的右边显示选中的内容；从 All Columns 栏中选择并拖动标题到 Grouped Columns 栏，以便在 BOM 报告中按该数据类型来分组元件。

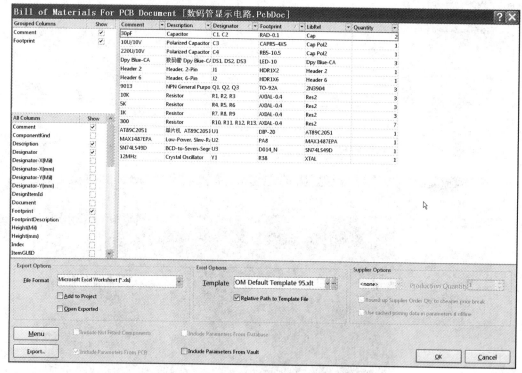

图 11-20 BOM 输出设置

（3）在 Export Options 区域可以设置文件的格式是用 XLS 的电子表格，还是 TXT 的文本样式，还是 PDF 格式等 6 种格式。在 Excel Options 区域可以选择相应的 BOM 模板，软件自己附带多种输出模板，比如设计开发前期的简单 BOM 模板（BOM Simple.XLT）、样品的物料采购 BOM 模板（BOM Purchase.XLT）、生产用 BOM 模板（BOM Manufacturer.XLT）、普通的缺省 BOM 模板（BOM Default Template 95.xlt）等，当然用户也可以做一个适合自己的 BOM 模板。在 Supplier Options 区域可以选择数量从而自动计算 BOM 里面物料的需求用量。

（4）单击 Export 按钮，弹出保存 BOM 文件夹对话框，如图 11-21 所示，选取缺省值，单击"保存"按钮，即在 F:\ad13\数码管显示电路\ProjectOutputs 文件夹下产生了"数码管显示电路.xls"文件。

图 11-21　保存 BOM 文件夹

（5）进入 F:\ad13\数码管显示电路\ProjectOutputs 文件夹，打开"数码管显示电路.xls"文件，如图 11-22 所示。

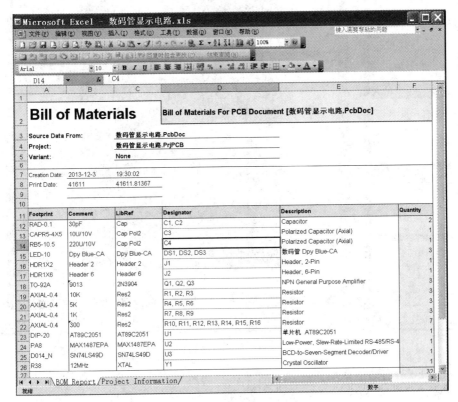

图 11-22　产生的 BOM 文件

11.4 其他辅助输出文件

在 File 下面的 Fabrication Outputs 还有很多其他的选项，比如 Composite Drill Guide（综合的钻孔指南）、Drill Drawing（钻孔示意图）、Test Point Report（测试点输出）等，这里简单介绍一下 Final 项输出的内容。

执行 File→Fabrication Outputs→Final 命令，弹出 Preview Final Artwork Prints of[数码管显示电路.PcbDoc]对话框，如图 11-23 所示。

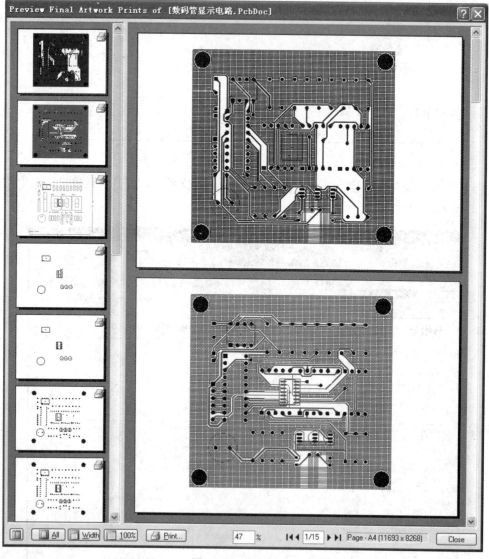

图 11-23　全层输出

拖动图 11-23 右边的滚动条，可以将各层列出来做相应文件，比如用顶层丝印图（Top Overlay）、底层丝印图（Bottom Overlay）来做装配示意图，如图 11-24 所示。

当然这里还有一些别的输出项目，比如单就测试点文件而言，用户可以用它做一个 ICT，进行在线测试以保证产品质量，或者做一个 PCB 单板的功能测试架进行功能测试检查，或者做一个 MCU 的仿真和烧写架等。

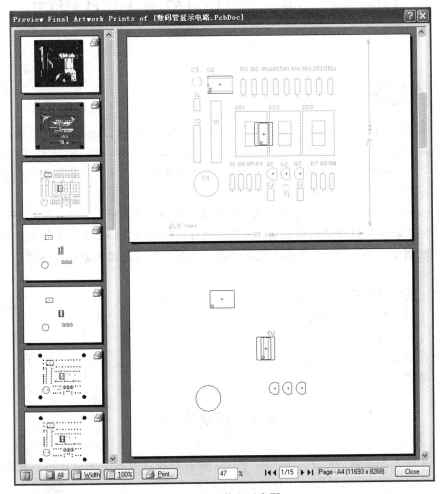

图 11-24 装配示意图

在实际的应用中，环境和情况总不尽相同，比如仅仅是软件硬件验证的 PCB 板、做技术方案的 PCB 样品、做小批量生产用的 PCB、大规模化生产的工艺要求高的 PCB 生产，只有用户认真熟悉 PCB 各种输出文件的设置和应用方式，根据情况进行合理的设置和调配，才能更好地输出其对应的技术文件。

习题十一

1. 为习题二、习题三设计的多谐振荡器原理图及 PCB 图：多谐振荡器.PRJPCB，输出一个 Smart PDF 文件。

2. 为习题三设计的多谐振荡器 PCB 图输出一个 Gerber 文件。

3. 为习题三用项目 3 设计的多谐振荡器 PCB 图输出一个 Altium Designer 缺省的 XLS 格式的 BOM 表。

项目 12　层次原理图及其 PCB 设计

本教材前面介绍的常规电路图设计方法是将整个原理图绘制在一张原理图纸上，这种设计方法对于规模较小的简单电路图的设计提供了方便的工具支持。但当设计大型、复杂系统的电路原理图时，若将整个图纸设计在一张图纸上，就会使图纸变得过分复杂而不利于分析和检错，同时也不利于多人参与系统设计。

Altium Designer 支持多种设计复杂电路的方法，例如层次设计、多通道设计等，在增强设计规范性的同时减少了设计者的劳动量，提高了设计的可靠性。本项目将以电机驱动电路为例介绍层次原理图设计的方法，以多路滤波器的设计为例介绍多通道电路的设计方法。涵盖以下主题：

- 自上而下层次原理图设计
- 自下而上层次原理图设计
- 多通道电路设计
- 电机驱动电路的 PCB 设计
- 多路滤波器的 PCB 设计

12.1　层次设计

对于一个庞大和复杂的电子工程设计系统，最好的设计方式是在设计时尽量将其按功能分解成相对独立的模块。这样的设计方法会使电路描述的各个部分功能更加清晰，同时还可以将各独立部分分配给多个工程人员，让他们独立完成，这样可以大大缩短开发周期，提高模块电路的复用性和加快设计速度。采用这种方式后，对单个模块设计的修改可以不影响系统的整体设计，提高了系统的灵活性。

为了适应电路原理图的模块化设计，Altium Designer 提供了层次原理图的设计方法。所谓层次化设计，是指将一个复杂的设计任务分派成一系列有层次结构的、相对简单的电路设计任务。把相对简单的电路设计任务定义成一个模块（或方块），顶层图纸放置各模块（或方块），下一层图纸放置各模块（或方块）相对应的子图，子图内还可以放置模块（或方块），模块（或方块）的下一层再放置相应的子图，这样一层套一层，可以定义多层图纸设计。还有一个好处，就是每张图纸不是很大，可以方便用小规格的打印机来打印图纸（如 A4 图纸）。

Altium Designer 支持"自上而下"和"自下而上"两种层次电路设计方式。所谓自上而下设计，就是按照系统设计的思想，首先对系统最上层进行模块划分，设计包含子图符号的父图（方块图），标示系统最上层模块（方块图）之间的电路连接关系，接下来分别对系统模块图中的各功能模块进行详细设计，分别细化各个功能模块的电路实现（子图）。自上而下的设计方法适用于较复杂的电路设计。与之相反，进行自下而上设计时，则预先设计各子模块（子图），接着创建一个父图（模块或方块图），将各个子模块连接起来，成为功能更强大的上层模块，完成一个层次的设计，经过多个层次的设计后，直至满足工程要求。

层次电路图设计的关键在于正确地传递各层次之间的信号。在层次原理图的设计中，信号的传递主要通过电路方块图、方块图输入/输出端口、电路输入/输出端口来实现，它们之间有着密切的联系。

层次电路图的所有方块图符号都必须有与该方块图符号相对应的电路图存在（该图称为子图），并且子图符号的内部也必须有子图输入/输出端口。同时，在与子图符号相对应的方块图中也必须有输入/输出端口，该端口与子图符号中的输入/输出端口相对应，且必须同名。在同一工程的所有电路图中，同名的输入/输出端口（方块图与子图）之间，在电气上是相互连接的。

本节将以电机驱动电路为实例，介绍使用 Altium Designer 进行层次设计的方法。图 12-1 是电机驱动电路的原理图（图纸的图幅是 A3），虽然该电路不是很复杂，不用层次原理图设计也可以完成 PCB 板的设计任务，但因具有典型性还是以它为例来介绍层次原理图的设计方法。

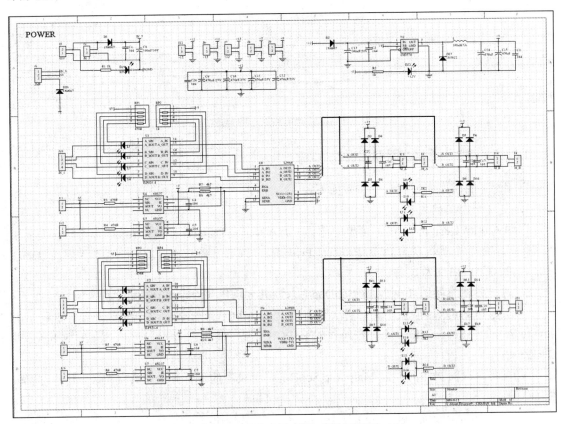

图 12-1 电机驱动电路原理图（图纸幅面为 A3）

从图 12-1 可以看出，可以把整个图纸分成上、中、下三个部分，其中，中部分和下部分是相同的。三个部分可分成 6 个子图，如图 12-2 所示。

我们先用子图 1、子图 2 练习自上而下的层次原理图设计。

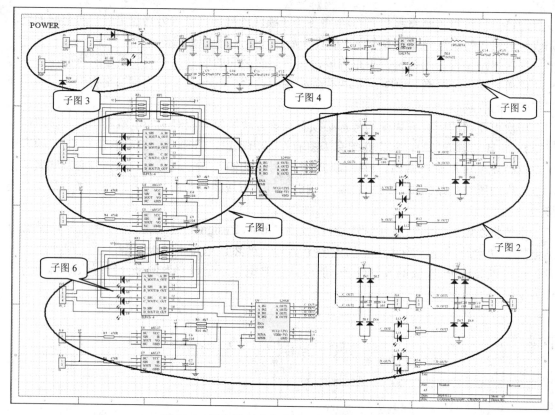

图 12-2　把电机驱动电路原理图分成 6 个子图

12.1.1　自上而下层次原理图设计

自上而下的层次原理图设计步骤如下。

1. 建立一个工程文件

启动 Altium Designer，在主菜单中选择 File→New→Project→PCB Project 命令，在当前工作空间中添加一个默认名为 PCB_Project1.PrjPCB 的 PCB 工程文件，将它另存为"层次原理图设计.PrjPCB" PCB 工程文件。

2. 画一张主电路图（如 Main.SchDoc）来放置方块图（Sheet Symbol）符号

（1）选择 Projects 面板中的"层次原理图设计.PrjPCB"，右击，在弹出的菜单中选择 Add New to Project→Schematic 命令，在新建的.PrjPCB 工程中添加一个默认名为 Sheet1.SchDoc 的原理图文件。

（2）将原理图文件另存为 Main_top.SchDoc，用缺省的设计图纸尺寸（A4）。其他设置采用默认值。

（3）单击 Wiring 工具栏中的添加方块图符号工具按钮 ，或者在主菜单中选择 Place→Sheet Symbol 命令。

（4）按 Tab 键，弹出如图 12-3 所示的 Sheet Symbol 对话框。

Sheet Symbol 对话框的属性（Properties）区域各项介绍如下：

Designator（图纸的标号）：用于设置方块图所代表的图纸的名称。

Filename（图纸的文件名）：用于设置方块图所代表的图纸的文件全名（包括文件的后缀），

以便建立起方块图与原理图（子图）文件的直接对应关系。

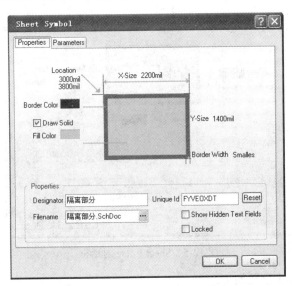

图 12-3　Sheet Symbol 对话框

Unique Id（唯一的 ID 号）：为了在整个工程中正确地识别电路原理图符号，每一个电路原理图符号在工程中都有一个唯一的标识，如果需要可以对这个标识进行重新设置。

（5）在 Sheet Symbol 对话框的 Designator 文本框中输入"隔离部分"，在 Filename 文本框内输入"隔离部分.SchDoc"，单击 OK 按钮，结束方块图符号的属性设置。

（6）在原理图上合适位置单击，确定方块图符号的一个顶角位置，然后拖动鼠标，调整方块图符号的大小，确定后再单击，即可在原理图上插入方块图符号。

（7）目前还处于放置方块图状态，按 Tab 键，弹出 Sheet Symbol 对话框，在 Designator 处输入"电机驱动"，在 Filename 文本框内输入"电机驱动.SchDoc"，重复步骤（6）在原理图上插入第二个方块图（方框图）符号，如图 12-4 所示。

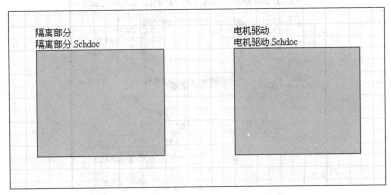

图 12-4　放入两个方块图符号后的上层原理图

3．在方块图内放置端口

（1）单击工具栏中的添加方块图输入/输出端口工具按钮，或者在主菜单中选择 Place →Add Sheet Entry 命令。

（2）此时光标上"悬浮"着一个端口，把光标移入"隔离部分"的方块图内，按 Tab 键，打开如图 12-5 所示的 Sheet Entry 对话框。

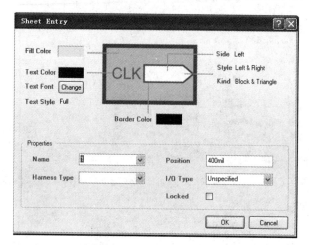

图 12-5　Sheet Entry 对话框

在该对话框内各项的含义如下：

端口位置（Side）：用于设置端口在方块图中的位置。

端口类型（Style）：用来表示信号的传输方向。

端口的名称（Name）：是识别端口的标识。应将其设置为与对应的子电路图上对应端口的名称相一致。

端口的输入/输出类型（I/O Type）：表示信号流向的确定参数，有未指定的（Unspecified）、输出端口（Output）、输入端口（Input）和双向端口（Bidirectional）四个选项。

（3）在 Sheet Entry 对话框的 Name 组合框中输入 A_OUT，作为方块图端口的名称。

（4）在 I/O Type 下拉列表框中选择 Output 项，将方块图端口设为输出口（如图 12-6 所示），单击 OK 按钮。

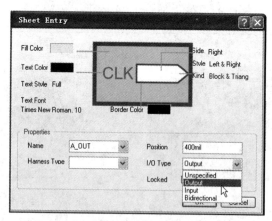

图 12-6　在 Sheet Entry 对话框内设置端口 A_OUT 为输出端口

（5）在隔离部分方块图符号右边一侧单击，布置一个名为 A_OUT 的方块图输出端口，如图 12-7 所示。

（6）此时光标仍处于放置端口状态，按 Tab 键，再次打开 Sheet Entry 对话框，在 Name 组合框中输入 B_OUT，I/O Type 下拉列表框中选择 Output 项，单击 OK 按钮。

（7）在隔离部分方块图符号靠右侧单击，再布置一个名为 B_OUT 的方块图输出端口。

（8）重复步骤（6）～（7），完成 C_OUT、D_OUT、VO4、VO5、S5、+5V、GND 输入/输出端口的放置（如图 12-8 所示），各端口的类型如表 12-1 所示。

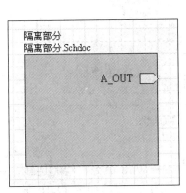
图 12-7　布置的方块图端口

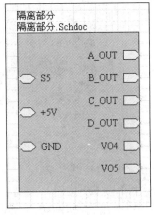
图 12-8　布置完端口的方块图

（9）采用步骤（1）～（4）介绍的方法，再在"电机驱动"方块图符号中添加 6 个输入、电源和地的端口，在"电机驱动"方块图中各端口名称、端口类型如表 12-1 所示。布置完端口后的上层原理图如图 12-9 所示。

表 12-1　端口名称和类型表

方块图名称	端口名称	端口类型
隔离部分	A_OUT	Output
隔离部分	B_OUT	Output
隔离部分	C_OUT	Output
隔离部分	D_OUT	Output
隔离部分	VO4	Output
隔离部分	VO5	Output
隔离部分	S5	Bidirectional
隔离部分	+5V	Unspecified
隔离部分	GND	Unspecified
电机驱动	A_IN1	Input
电机驱动	A_IN2	Input
电机驱动	B_IN1	Input
电机驱动	B_IN2	Input
电机驱动	ENA	Input
电机驱动	ENB	Input
电机驱动	+12V	Unspecified
电机驱动	+5V	Unspecified
电机驱动	GND	Unspecified

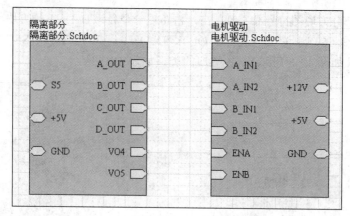

图 12-9　布置完端口后的上层原理图

4. 方块图之间的连线（Wire）

在工具栏上单击 按钮，或者在主菜单中选择 Place→Wire 命令，绘制连线，完成的子图 1、子图 2 相对应的方块图隔离部分和电机驱动部分的上层原理图如图 12-10 所示。

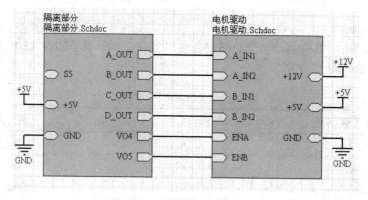

图 12-10　连接好的上层方块图

5. 由方块图生成电路原理子图

（1）在主菜单中选择 Design→Create Sheet From Sheet Symbol 命令，如图 12-11 所示。

图 12-11　选择 Design→Create Sheet From Sheet Symbol 命令

项目12 层次原理图及其PCB设计

（2）单击"隔离部分"方块图符号，系统自动在"层次原理图设计.PrjPCB"工程中新建一个名为"隔离部分.SchDoc"的原理图文件，置于 Main_top.SchDoc 原理图文件下层，如图12-12 所示。在原理图文件"隔离部分.SchDoc"中自动布置了如图 12-13 所示的 9 个端口，该端口中的名字与方块图中的一致。

图 12-12 系统自动创建名为"隔离部分.SchDoc"的原理图文件

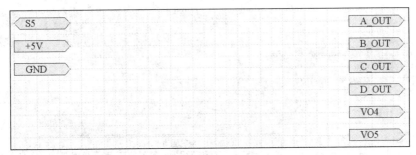

图 12-13 在"隔离部分.SchDoc"的原理图中自动生成的端口

（3）在新建的"隔离部分.SchDoc"原理图中绘制如图 12-14 所示的原理图，该原理图即是图 12-2 中椭圆框住的子图 1。

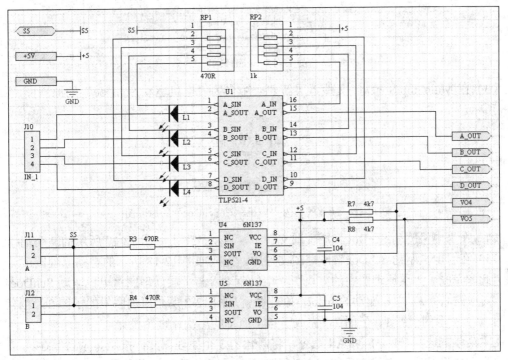

图 12-14 "隔离部分"方块图所对应的下层"隔离部分.SchDoc"原理图

至此，完成了上层方块图"隔离部分"与下层"隔离部分.SchDoc"原理图之间的一一对应联系。父层（上层）与子层（下层）之间靠上层方块图中的输入、输出端口与下层的电路图中的输入、输出端口进行联系。如上层方块图中有 A_OUT 等 6 个端口，在下层的原理图中也有 A_OUT 等 6 个端口，名字相同的端口就是一个点，这样上层和下层就建立起了联系。

现在用另一种方法来完成上层方块图"电机驱动"与下层"电机驱动.SchDoc"原理图之间的一一对应关系。

（1）单击工作窗口上方的 Main_top.SchDoc 文件标签，将其在工作窗口中打开。

（2）在原理图中的"电机驱动"方块图符号上右击，在弹出的如图 12-15 所示的右键菜单中选择 Sheet Symbol Actions→Create Sheet From Sheet Symbol 命令。

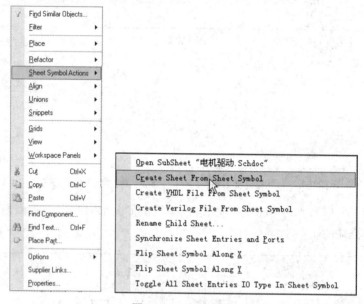

图 12-15　右键菜单

（3）在 Main_top.SchDoc 文件下层新建一个名为"电机驱动.SchDoc"的原理图，如图 12-16 所示。

图 12-16　新建的名为"电机驱动.SchDoc"的原理图

（4）在"电机驱动.SchDoc"原理图文件中，自动产生了如图 12-17 所示的 9 个端口。

（5）在"电机驱动.SchDoc"原理图文件中，完成如图 12-18 所示的电路原理图。

至此，完成了上层原理图中的方块图"电机驱动"与下层原理图"电机驱动.SchDoc"之间一一对应的联系。"电机驱动.SchDoc"原理图就是图 12-2 所示原理图中的子图 2。这样我们就用图 12-2 所示的子图 1、子图 2，完成了自上而下的层次原理图设计。

在主菜单中选择 File→Save All 命令，将新建的 3 个原理图文件按照其原名保存。

注意：在用层次原理图方法绘制电路原理图时，系统总图中每个模块的方块图中都给出了一个或多个表示连接关系的电路端口，这些端口在下一层电路原理图中也有相对应的同名端口，表示信号的传输方向也一致。Altium Designer 使用这种表示连接关系的方式构建了层次原理图的总体结构，层次原理图可以进行多层嵌套。

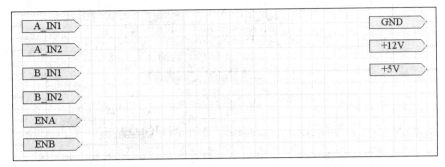

图 12-17　在"电机驱动.SchDoc"的原理图内自动建立的 9 个端口

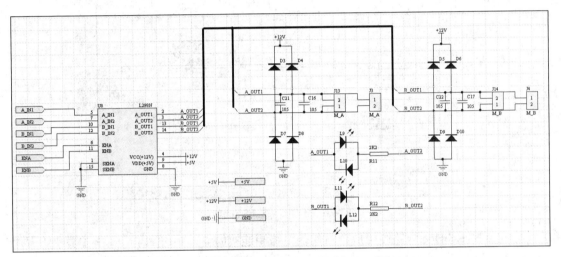

图 12-18　"电机驱动.SchDoc"原理图（子图 2）

6. 层次原理图的切换

（1）上层（方块图）→下层（子原理图）：在工具栏单击"层次切换工具"按钮 或在主菜单中选择 Tools→Up/Down Hierarchy 命令，光标变成十字形，选中某一方块图，单击即可进入下一层原理图。

（2）下层（子原理图）→上层（方块图）：在工具栏单击"层次切换工具"按钮 或在主菜单中选择 Tools→Up/Down Hierarchy 命令，光标变成十字形，将光标移动到子电路图中的某一个连接端口并单击即可回到上层方块图。

注意：一定要单击原理图中的连接端口，否则回不到上一层图。

12.1.2　自下而上的层次电路图设计

Altium Designer 还支持传统的自下而上的层次电路图设计方法，本节将采用图 12-2 所示的子图 3、子图 4、子图 5，练习自下而上的设计方法，为电机驱动电路添加电源。

（1）完成各个子电路图（如 sub3.schdoc、sub4.schdoc、sub5.schdoc），并在各子电路图中放置连接电路的输入/输出端口。

1）启动 Altium Designer，打开上一节中创建的上层原理图文件 Main_top.SchDoc。

2）单击主菜单 File→New→Schematic 命令，新建一个默认名称为 Sheet1.SchDoc 的空白原理图文档，将它另存为 sub3.SchDoc，如图 12-19 所示。

图 12-19　新建 sub3.SchDoc

3）在 sub3.SchDoc 原理图文档中绘制如图 12-20 所示的电路。

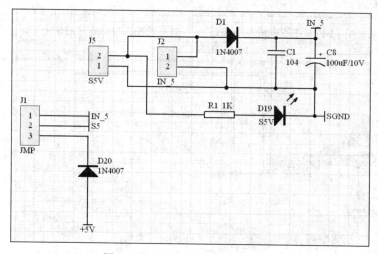

图 12-20　子图 3（Sub3.SchDoc）

4）在 sub3.SchDoc 电路图中放置与其他电路图连接的输入/输出端口。单击工具栏中 按钮（或在主菜单栏选择 Place→Port 命令），鼠标上"悬浮"着一个端口，按 Tab 键，弹出 Port Properties 对话框，如图 12-21 所示，在 Name 文本框输入端口的名字：IN_5，在 I/O Type 下拉列表中选择 Unspecified 选项，单击 OK 按钮，在需要的位置放置端口即可。

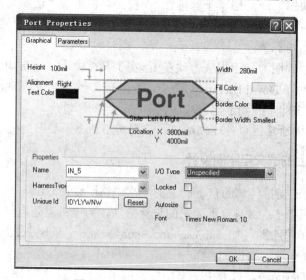

图 12-21　Port Properties 对话框

5）按步骤 4）放置端口：+5V、SGND（这 2 个端口的 I/O Type 都选择 Unspecified）、S5（其 I/O Type 选择 Bidirectional）。放置完端口的电路图如图 12-22 所示。

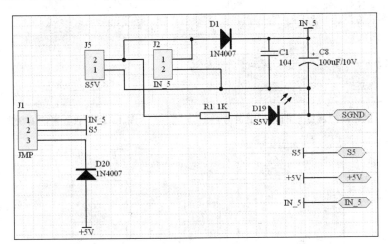

图 12-22　放置端口的电路图

（2）从下层原理图产生上层方块图。

1）如果没有上层电路图文档，就要产生一张电路图文档。方法：从主菜单选择 File→New→Schematic 命令，新建一张电路图文档。在本例中，已有主电路图文档 Main_top.SchDoc，所以用步骤 2）打开它即可。

2）单击 Projects 面板中 Main_top.SchDoc 文件的名称，在工作区打开该文件。

注意：一定要打开该文件，并在打开该文件的窗口下执行步骤 3）。

3）在主菜单中选择 Design→Create Sheet Symbol From Sheet or HDL 命令，打开如图 12-23 所示的 Choose Document to Place 对话框。

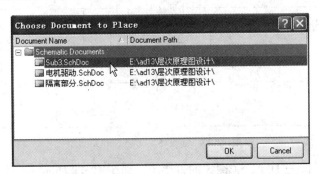

图 12-23　Choose Document to Place 对话框

4）在 Choose Document to Place 对话框中选择 sub3.SchDoc 文件，单击 OK 按钮，回到 Main_top.SchDoc 窗口中，鼠标处"悬浮"着一个方块图，如图 12-24 所示，在适当的位置单击，把方块图放置好，如图 12-25 所示。

（3）重复步骤（1）和步骤（2）的 2）、3）、4）步完成子图 4（sub4.SchDoc）及子图 4 的方块图、子图 5（sub5.SchDoc）及子图 5 的方块图。

（4）完成后的子图 4（sub4.SchDoc）、子图 5（sub5.SchDoc）的电路图如图 12-26 和图 12-27 所示。

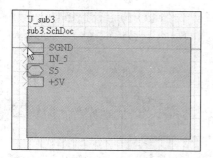
图 12-24 鼠标处"悬浮"的方块图符号

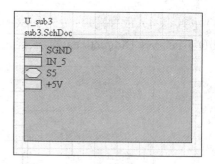
图 12-25 放置好的方块图符号

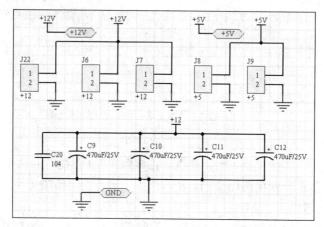
图 12-26 子图 4（sub4.SchDoc）

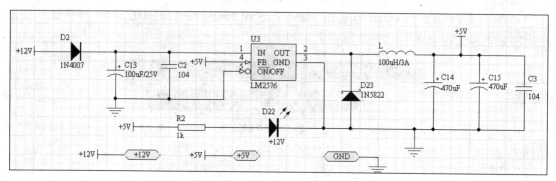
图 12-27 子图 5（sub5.SchDoc）

（5）完成子图 3、子图 4、子图 5 的方块图，如图 12-28 所示。

（6）再看图 12-2，还有子图 6 及其方块图没有完成，子图 6 既可用自上而下的方法完成，也可以用自下而上的方法完成。

1）如果用自下而上的方法，放置完电路输入/输出端口的电路如图 12-29 所示。

2）单击 Projects 面板中 Main_top.SchDoc 文件的名称，在工作区打开该文件，在主菜单中选择 Design→Create Sheet Symbol From Sheet or HDL 命令，打开 Choose Document to Place 对话框。选择 sub6.SchDoc 文件，然后单击 OK 按钮，即鼠标处"悬浮"着一个子图 6 的方块图。在 Main_top.SchDoc 中的合适位置单击，放置好方块图。放置好 6 个方块图的 Main_top.SchDoc 电路如图 12-30 所示。

项目 12　层次原理图及其 PCB 设计

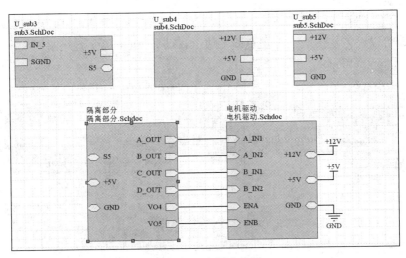

图 12-28　上层方块图

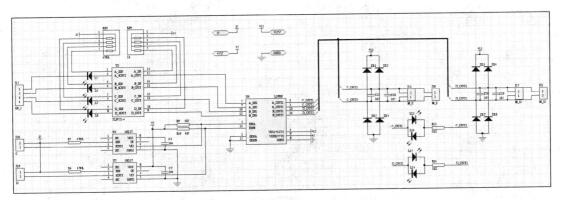

图 12-29　子图 6（sub6.SchDoc）

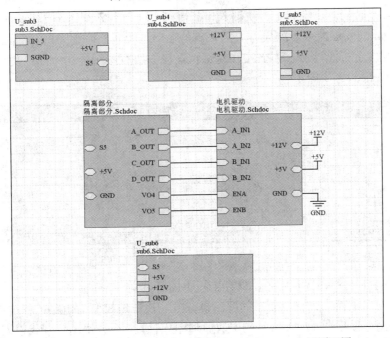

图 12-30　放置完 6 个方块图的 Main_top.SchDoc 上层原理图

（7）在主电路图（Main_top.SchDoc）内连线，在连线过程中，可以用鼠标移动方块图内的端口（端口可以在方块图的上下左右四个边上移动），也可改变方块图的大小，完成后的主电路图（Main_top.SchDoc）如图 12-31 所示。

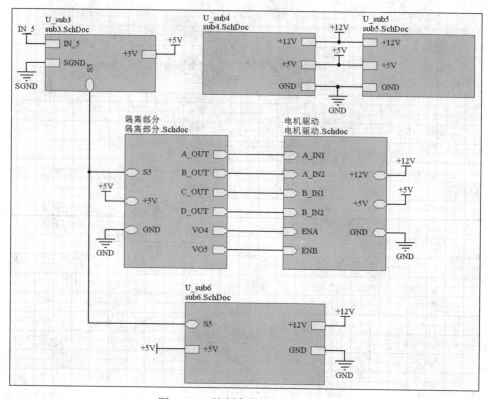

图 12-31　绘制完成的上层方块图

（8）检查是否同步，也就是方块图入口与端口之间是否匹配。选择 Design→Synchronize Sheet Entries and Ports 命令，如果方块图入口与端口之间匹配，则弹出 Synchronize Ports To Sheet Entries In 层次原理图设计.PrjPCB 对话框，告知所有图纸的端口都是匹配的（All Sheet symbols are matched），如图 12-32 所示。

图 12-32　显示方块图入口与端口之间匹配

（9）选择 File→Save All 命令，保存工程中的所有文件。

至此，采用自上而下、自下而上的层次设计方法设计电机驱动电路过程结束。图 12-2 所示的电路原理图可以用图 12-31 所示的层次原理图代替，6 个方块图分别代表 6 个子图，它们的数据要转移到一块电路板里。设计 PCB 板的过程与单张原理图差不多，唯一的区别是，编译原理图时必须在顶层。下面简单介绍设计电机驱动电路 PCB 板的过程。

12.1.3 层次电路图的 PCB 设计

在一个工程里，不管是单张电路图，还是层次电路图，有时都会把所有电路图的数据转移到一块 PCB 板里，所以没用的电路图子图必须删除。

（1）用前面介绍的方法在 Projects 面板里产生一个新的 PCB 板，默认名为 PCB1.PcbDoc，另存为"电机驱动电路.PcbDoc"。

（2）重新定义 PCB 板的形状。选择 Design→Board Shape→Redefine Board Shape 命令，单击（25mm，25mm）、（115mm，25 mm）、（115mm，145mm）、（25mm，145mm）这四个点。

（3）绘制一个 PCB 板的边框，选择 Keep-Out Layer 层，画出长 80mm、高 110mm 的边框。单击（30mm，30mm）、（110mm，30mm）、（110mm，140mm）、（30mm，140mm）、（30mm，30mm）点绘出 PCB 板布线区域。在一个角上绘制一个半径为 2mm 的圆弧，然后复制该圆弧放在其他 3 个角上，把每个角上多余的线删除，让 PCB 边框的 4 个角变成圆角，如图 12-33 所示。

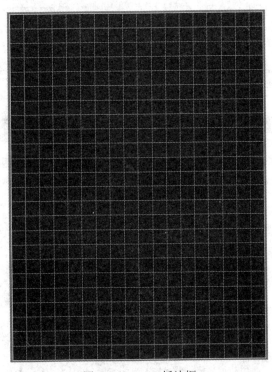

图 12-33　PCB 板边框

（4）检查每个元件的封装是否正确。选择 Tools→Footprint Manager 命令，弹出 Footprint Manager 对话框，在该对话框内，检查所有元件的封装是否正确。

（5）打开原理图（Main_top.SchDoc），检查原理图有无错误，执行 Project→"Compile PCB Project 层次原理图设计.PrjPCB"命令。

如果有错，则在 Messages 面板有提示，按提示改正错误后，重新编译，没有错误后进行以下操作。

(6) 执行 Design 菜单下的 "Update PCB Document 电机驱动电路.PcbDoc"命令，弹出如图 12-34 所示的 Engineering Change Order 对话框。

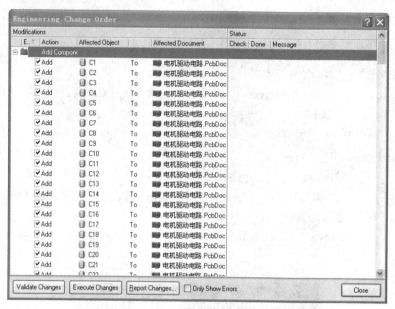

图 12-34　数据转移对话框

(7) 单击 Validate Changes 按钮验证一下有无不妥之处，程序将验证结果反应在对话框中，如图 12-35 所示。

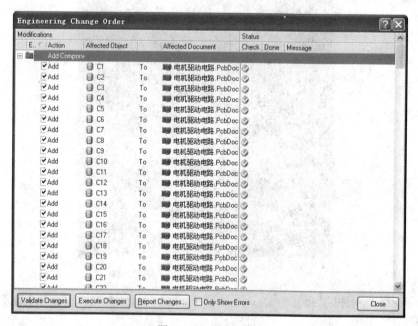

图 12-35　验证更新

(8) 在图 12-35 中，如果所有数据转移都顺利，没有错误产生，则单击 Execute Changes 按钮执行真正的操作，然后单击 Close 按钮关闭此对话框，原理图的信息转移到 "电机驱动电路.PcbDoc" PCB 板上，如图 12-36 所示。

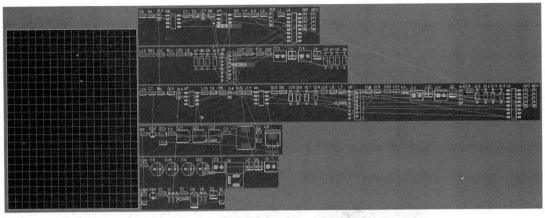

图 12-36　数据转移到"电机驱动电路.PcbDoc"的 PCB 板上

（9）在图 12-36 中包括 6 个零件放置区域（上节设计的 6 个模块电路），分别将这 6 个区域的元件移动到 PCB 板的边框内。用前面介绍的方法完成布局、布线的操作，在此不再赘述。设计好的"电机驱动电路.PcbDoc"的 PCB 板如图 12-37 所示。

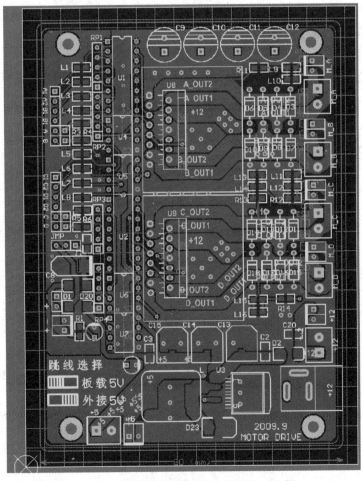

图 12-37　设计好的电机驱动电路的 PCB 板

制作完成的电机驱动电路的 PCB 板实物如图 12-38 所示。

图 12-38　电机驱动电路的 PCB 板实物

12.2　多通道电路设计

12.2.1　多路滤波器的原理图设计

Altium Designer 支持多通道设计，可以简化具有多个完全相同子模块的电路的设计工作。本节将通过多路滤波器的设计，介绍多通道电路的设计方法。

如图 12-39 所示为一个六通道多路滤波器的设计电路原理图。

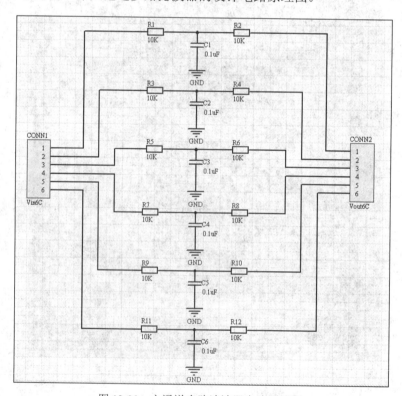

图 12-39　六通道多路滤波器电路原理图

由于六个通道的电路是完全一致的,所以可以采用多通道方法设计电路,具体设计步骤如下。

(1)启动 Altium Designer,创建名称为"多路滤波器.PrjPCB"的工程。

(2)在"多路滤波器.PrjPCB"的工程中新建一个空白原理图文档,另存为"单路滤波器.SchDoc"。

(3)在新建的空白原理图中绘制如图 12-40 所示的"单路滤波器.SchDoc"原理图,端口 Vin 的 I/O Type 选择 Input,端口 Vout 的 I/O Type 选择 Output,GND 端口的 I/O Type 选择 Unspecified。

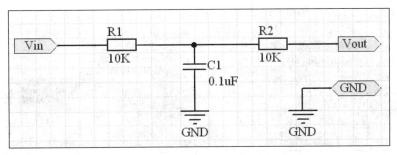

图 12-40　绘制的单路滤波器电路原理图

(4)单击通用工具栏中的"保存工具"按钮,保存原理图文件。

(5)选择 Projects 面板,在工程中再次新建一个空白原理图文档。

(6)在空白原理图文档窗口内,在主菜单中选择 Design→Create Sheet Symbol From Sheet or HDL 命令,打开如图 12-41 所示的 Choose Document to Place 对话框。

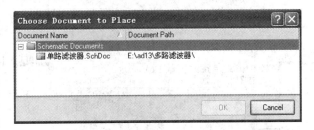

图 12-41　Choose Document to Place 对话框

(7)在 Choose Document to Place 对话框中选择"单路滤波器.SchDoc",单击 OK 按钮,在原理图文档中添加如图 12-42 所示的方块图符号。

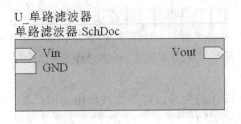

图 12-42　添加的方块图符号

(8)双击方块图符号名称"U_单路滤波器",打开如图 12-43 所示的 Sheet Symbol Designator 对话框,将 Designator 文本框内的内容修改为"Repeat(单路滤波器,1,6)",按回车键。

（9）双击方块图符号中的端口 Vin，打开 Sheet Entry 对话框，在 Name 文本框内输入 Repeat(Vin)，然后单击 OK 按钮。将端口的名称改为 Repeat(Vin)。

（10）双击方块图符号中的端口 Vout，打开 Sheet Entry 对话框，在 Name 文本框内输入 Repeat(Vout)，然后单击 OK 按钮。将端口的名称改为 Repeat(Vout)，修改完成后的子图符号如图 12-44 所示。

图 12-43　Sheet Symbol Designator 对话框

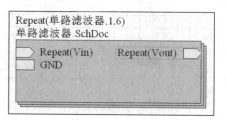

图 12-44　修改后的子图符号

将方块图符号名称修改为"Repeat(单路滤波器,1,6)"，表示将图 12-42 所示的单元电路复制了 6 个。将 Vin 端口名称改为 Repeat(Vin)语句，表示每个复制的电路中的 Vin 端口都被引出来。将 Vout 端口名称改为 Repeat(Vout)语句，表示每个复制的电路中的 Vout 端口都被引出来，而各通道的其他未加 Repeat 语句的电路同名端口都将被互相连接起来。

（11）在原理图中添加其他元件，绘制如图 12-45 所示的电路图。

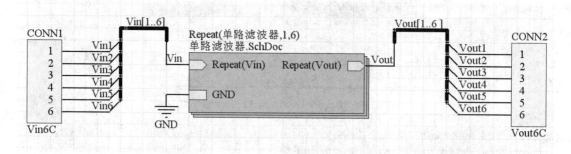

图 12-45　绘制的六通道多路滤波器电路原理图

（12）单击通用工具栏中的"保存工具"按钮，在弹出的 Save [Sheet1.schdoc] As 对话框的"文件名"文本框内输入"多路滤波器"，单击"保存"按钮，即将电路图文件保存为"多路滤波器.SchDoc"。

至此，采用多通道技术设计的六通道多路滤波器电路原理图绘制完成。比较图 12-45 与图 12-39，图 12-45 完全可以取代图 12-39，图 12-45 的原理图更清晰、明了、简单。可以看出在一个电路系统中，如果原理图比较复杂，且具有多个重复的电路部分时，用多通道方法设计更简单。

12.2.2 多路滤波器的 PCB 设计

（1）检查电路正确与否。执行 Project→"Compile PCB Project 多路滤波器.PrjPcb"命令。如果有错，则在 Messages 面板有提示，按提示改正错误后，重新编译，如果没有信息（Messages）窗口弹出，表示没有错误。

（2）执行 File→New→PCB 命令，新建"多路滤波器.PcbDoc" PCB 文件。

（3）执行 Design→"Update PCB Document 多路滤波器.PcbDoc"命令，弹出 Engineering Change Order 对话框。单击 Validate Changes 按钮验证一下有无不妥之处，如果没有错误，所有数据转移都顺利，则单击 Execute Changes 按钮执行真正的操作，然后单击 Close 按钮关闭此对话框，原理图的信息转移到"多路滤波器.PcbDoc"的 PCB 板上，如图 12-46 所示。

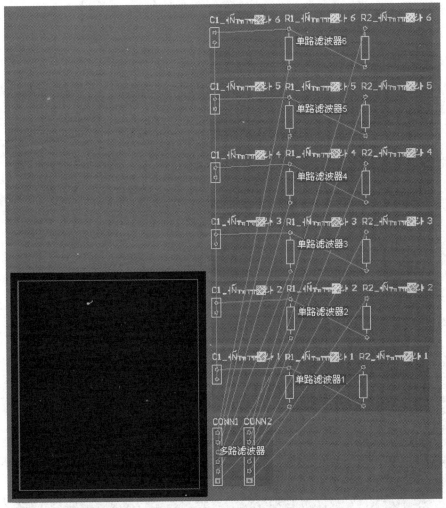

图 12-46　数据转移到"多路滤波器.PcbDoc"的 PCB 板上

（4）从图 12-46 可看出，元件的标号是乱的，所以应重新标注 PCB 板上元件的标号。执行 Tools→Re-Annotate 命令，弹出如图 12-47 所示的对话框，单击 2 By Ascending X Then Descending Y 单选按钮，单击 OK 按钮。重新标注的 PCB 板如图 12-48 所示，注意元件的标号发生了改变，按从左到右、从上到下的顺序排列。

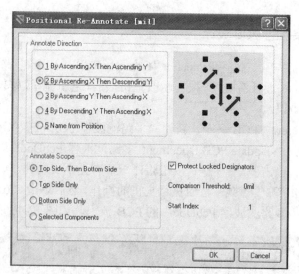

图 12-47 "重新标注"对话框

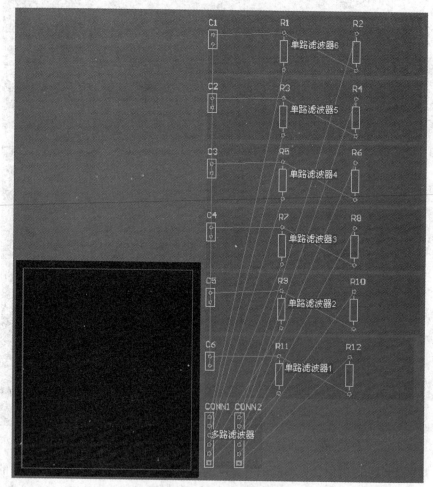

图 12-48 重新标注后的 PCB 板

（5）手动布局、自动布线的 PCB 板如图 12-49 所示。

项目 12　层次原理图及其 PCB 设计　279

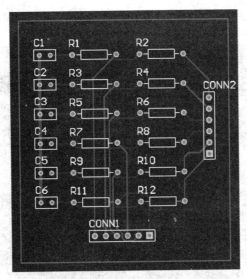

图 12-49　多路滤波器的 PCB 板

从图 12-49 可看出，元件标号的位置不好，可以统一调整如下：

1）打开 PCB Filter 面板，在 Find items matching these criteria:栏，输入 IsComponent 语句，选中 Objects passing the filter 栏内的 Select 复选框，单击 Apply 按钮，选中 PCB 板上的所有元件。

2）鼠标放在任一选中元件上，右击，弹出下拉菜单。

3）在下拉菜单中选择 Align→Position Component Text 命令，弹出 Component Text Position 对话框，如图 12-50 所示。

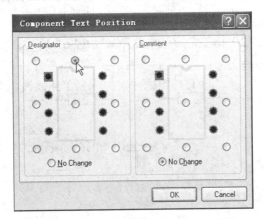

图 12-50　Component Text Position 对话框

4）在图 12-50 中的 Designator 区域，可选择元件标号在元件上的位置，有 9 个选择（9 个单选按钮），在这里选择元件正上方的位置，如箭头光标所示。

5）单击 OK 按钮，每个元件的标号就自动出现在每个元件的正上方的位置上，如图 12-51 所示。

（6）由于 PCB 板上元件的标号是重新标注过的，与原理图上的标号不一致，所以需要把 PCB 板上重新标注的元件的标号信息更新到原理图上。

图 12-45 所示的六通道多路滤波器电路原理图编译没有错误后，编译后的单路滤波器电路

图自动变成了 6 张,每张原理图的标签如图 12-52 所示。

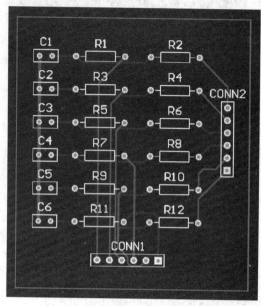

图 12-51 重新对齐元件的标号

图 12-52 编译后单路滤波器电路图的标签

1)选择"单路滤波器 2"标签,该张电路图如图 12-53 所示。

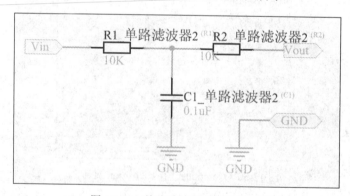

图 12-53 单路滤波器 2 的原理图

注意元件的标号信息有一个"单路滤波器 2"。

2)打开"多路滤波器.PcbDoc"的 PCB 图,执行 Design→"Update Schematics in 多路滤波器.PrjPcb"命令,弹出"比较结果"(Comparator Results)对话框,如图 12-54 所示,告知多路滤波器的原理图与 PCB 图有 31 处不同,并提示"需要自动产生 ECO 报告吗?",单击 Yes 按钮,弹出 Engineering Change Order 对话框,如图 12-55 所示。

图 12-54　原理图与 PCB 图的比较结果对话框

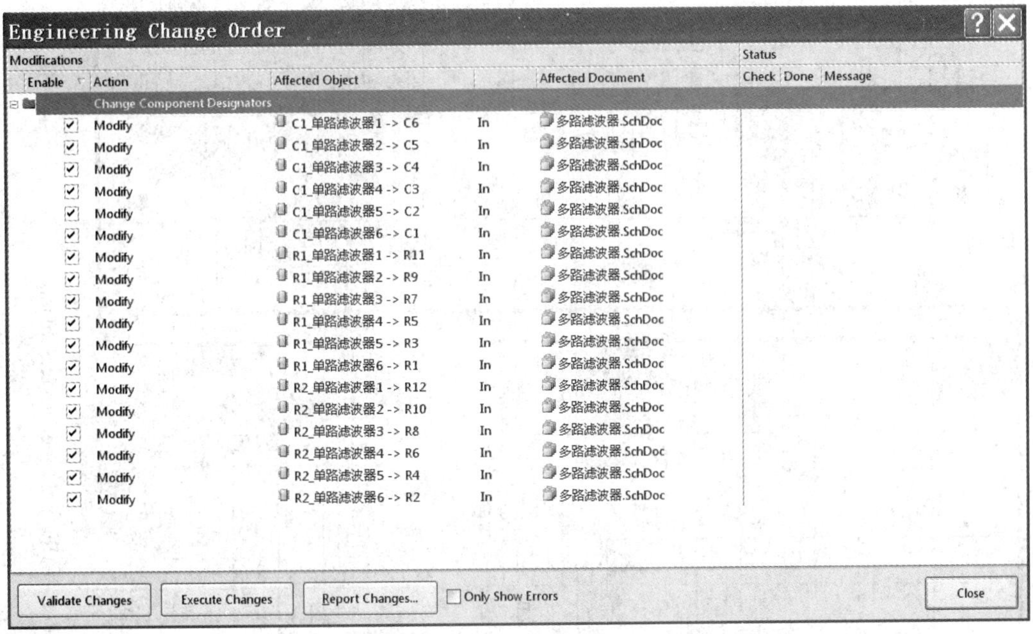

图 12-55　原理图元件的标号将变成与 PCB 元件的标号一致

3）单击 Validate Changes 按钮验证一下有无不妥之处，如果没有错误，则单击 Execute Changes 按钮执行真正的操作，然后单击 Close 按钮关闭此对话框，PCB 的信息更新到原理图上。

习题十二

1．简述层次电路原理图在电路设计中的作用。
2．设计层次电路原理图一般有哪两种方法？各在哪些情况下使用？
3．上层方块图和下层原理图靠什么进行联系？
4．层次电路原理图中的端口有哪些作用？在进行端口属性设置时应考虑哪些问题？
5．多通道设计的基本思想是什么？
6．简述层次电路原理图设计与多通道设计的异同。
7．应用自下而上的层次电路图设计方法，完成题图 12-1 所示的四端口的串行接口电路的顶层原理图设计。

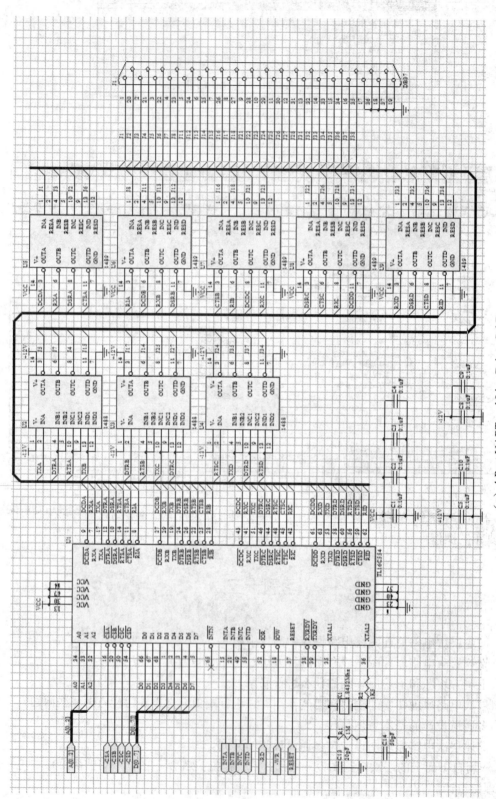

(a) 4 Port UART and Line Driver.SchDoc

题图 12-1

项目 12 层次原理图及其 PCB 设计

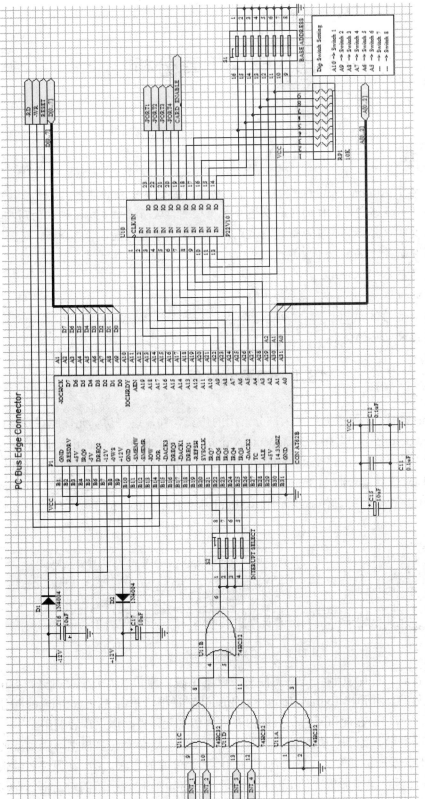

(b) ISA Bus and Address Decoding.SchDoc

题图 12-1（续图）

项目 13 电路仿真分析

本项目主要介绍了 Altium Designer 软件的仿真功能。通过本项目的学习，读者应该掌握电路仿真的一般步骤，能够应用软件的仿真功能分析原理图，从而缩短电路板设计的周期，提高设计效率。在本项目中需要完成有源低通滤波电路的绘制、参数设置、瞬态分析、交流小信号分析及参数扫描分析等。涵盖以下主题：
- 电路仿真的基本知识介绍
- 电路仿真的步骤
- 多谐振荡电路的仿真
- 有源低通滤波电路的仿真

13.1 仿真元件库

Altium Designer 2013 为用户提供了大部分常用的仿真元件，这些仿真元件库在安装目录下的\Documents and Settings\All Users\Documents\Altium\AD13\Library\Simulation 中，其中包含了仿真数学功能元件库 Simulation Math Function.IntLib、仿真 Pspice 功能元件库 Simulation Pspice Function.IntLib、仿真信号源库 Simulation Sources.IntLib、仿真特殊功能元件库 Simulation Special Function.IntLib 和信号仿真传输线元件库 Simulation Transmission Line.IntLib，其元件库图标如图 13-1 所示。

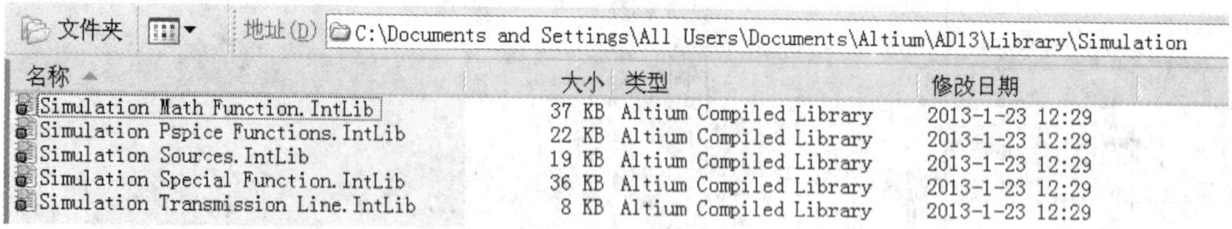

图 13-1 仿真元件库图标

将上图中任一仿真元件库复制到任意文件夹（以避免破坏原仿真库）下并打开，Altium Designer 2013 软件启动，并弹出 Extract Sources or Install 对话框，单击 Extract Sources 按钮，弹出如图 13-2 所示的窗口，在此可查看仿真库内有哪些仿真元器件，以供读者调用。

注意在仿真电路之前，绘制仿真原理图时，添加的元件一定要有仿真模型，否则就要在仿真库中查找元器件。添加仿真库文件的方法同前面添加元件库的方法一样，在原理图编辑环境下，打开 Library 面板，单击面板上的 Library..按钮，弹出如图 13-3 所示的对话框，在其中可方便地将仿真元件库添加到列表中。

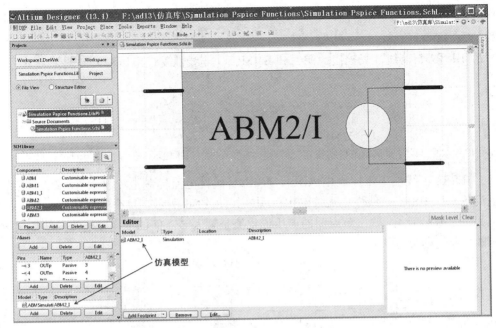

图 13-2 "提取资源或安装库文件"窗口

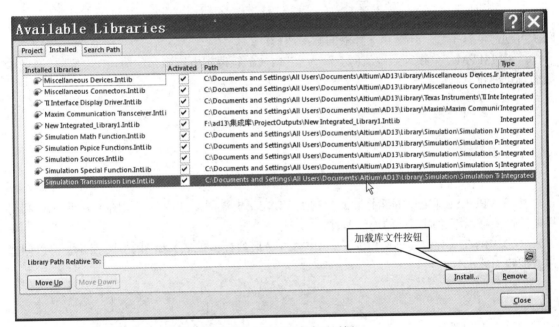

图 13-3 添加仿真库对话框

在介绍仿真案例之前,先了解一下各仿真库内的仿真元器件。

1. 仿真信号源元件库(Simulation Sources.IntLib)

仿真信号源元件库中共有 23 个仿真元件,这些仿真元件为仿真电路提供激励源和初始条件设置等功能。

(1)在原理图中添加如图 13-4 所示的两个元件符号,即可实现整个仿真电路的节点电压和初始条件设置。

1).NS：Node Set（节点设置）。
2).IC：Initial Condition（初始条件）。

（2）BISRC（非线性受控电流源）和 BVSRC（非线性受控电压源）如图 13-5 所示。

图 13-4 节点设置和初始条件状态定义符   图 13-5 非线性受控源符号

（3）ESRC（线性电压控制电压源）、FSRC（线性电流控制电流源）、GSRC（线性电压控制电流源）和 HSRC（线性电流控制电压源）如图 13-6 所示。每个线性受控源都有两个输入节点和两个输出节点，输出节点间的电压或电流是输入节点间的电压或电流的线性函数，一般由源的增益、跨导等决定。

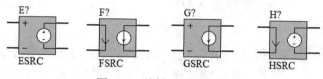

图 13-6 线性受控源符号

（4）VEXP（指数激励电压源）和 IEXP（指数激励电流源）如图 13-7 所示。通过这些激励源可创建带有指数上升沿和下降沿的脉冲波形。

（5）ISFFM（单频调频电流源）和 VSFFM（单频调频电压源）如图 13-8 所示，通过单频调频可创建单频调频波。

图 13-7 指数激励源符号   图 13-8 单频调频源符号

（6）VPULSE（电压周期脉冲源）和 IPULSE（电流周期脉冲源）如图 13-9 所示，利用周期脉冲源可以创建周期性的连续脉冲。

（7）VPWL（分段线性电压源）和 IPWL（分段线性电流源）如图 13-10 所示，可以创建任意形状的波形。

图 13-9 周期脉冲源符号   图 13-10 分段线性源符号

（8）VSRC（电压源）和 ISRC（电流源）用来激励电路的一个恒定的电压或电流输出，如图 13-11 所示。

（9）VSIN（正弦电压源）和 ISIN（正弦电流源）如图 13-12 所示，通过这些仿真源可创建正弦电压和正弦电流。

图 13-11 电压源/电流源符号　　　　图 13-12 正弦电压/正弦电流源符号

（10）DSEQ（数据序列）（带有时钟输出）和 DSEQ2 数据序列如图 13-13 所示。

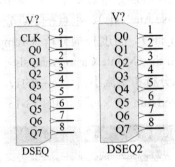

图 13-13 数据序列

2. 仿真数学函数元件库（Simulation Math Function.IntLib）

仿真数学函数元件库中有 63 个元件，主要是一些仿真数学函数元件，比如求正弦、余弦、绝对值、反正弦、反余弦、开方等的函数，通过使用这些函数可以对仿真信号进行相关的数学计算，从而得到自己需要的信号。

3. 仿真特殊功能元件库（Simulation Special Function.IntLib）

仿真特殊功能元件库的元件主要是常用的运算函数，比如增益、加、减、乘、除、求和和压控振荡源等专用的元件。

4. 信号仿真传输线元件库（Simulation Transmission Line.IntLib）

信号仿真传输线元件库包括三个信号仿真传输线元件，分别是 URC（均匀分布传输线）、LTRA（有损耗传输线）和 LLTRA（无损耗传输线），如图 13-14 所示。

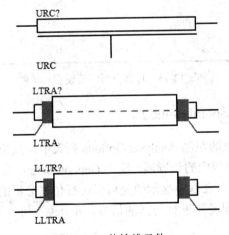

图 13-14 传输线元件

5. 仿真 Pspice 功能元件库（Simulation Pspice Function.IntLib）

仿真 Pspice 功能元件库主要为设计者提供 Pspice 功能元件。

13.2 仿真器的设置

完成电路的编辑后，在仿真之前，要选择对电路进行哪种分析，设置收集的变量数据，以及设置显示哪些变量的波形。常见的仿真分析有静态工作点分析（Operating Point Analysis）、瞬态分析（Transient Analysis）、直流扫描分析（DC Sweep Analysis）、交流小信号分析（AC Small Signal Analysis）、噪声分析（Noise Analysis）、极点—零点分析（Pole-Zero Analysis）、传递函数分析（Transfer Function Analysis）、温度扫描分析（Temperature Sweep）、参数扫描分析（Parameter Sweep）、蒙特卡洛分析（Monte Carlo Analysis）等。本项目主要讲解后面的例子中用到的静态工作点分析、瞬态分析和交流小信号分析的设置方法。

执行 Design→Simulate→Mixed Sim 命令，弹出如图 13-15 所示的电路仿真分析设置对话框。

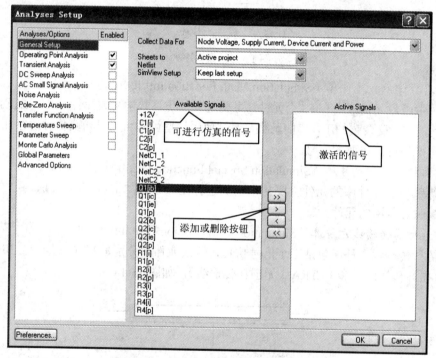

图 13-15 仿真分析一般设置对话框

13.2.1 一般设置（General Setup）

在仿真分析设置对话框的左侧 Analysis/Options 列表中，列出了所有的分析选项，选中每个分析选项，右侧即显示出相应的设置项。选中 General Setup，即可在右侧的选项中进行一般设置。在 Available Signals 列表框中显示的是可以进行仿真分析的信号，Active Signals 列表框中显示的是激活的信号，即需要进行仿真的信号，单击 `>` 和 `<` 按钮可完成添加或删除激活信号，如图 13-15 所示。

13.2.2 静态工作点分析（Operating Point Analysis）

静态工作点分析通常用于对放大电路进行分析，当放大器处于输入信号为零的状态时，电路中各点的状态就是电路的静态工作点。最典型的是放大器的直流偏置参数。进行静态工作点分析时,不需要设置参数。

13.2.3 瞬态分析(Transient Analysis)

瞬态分析用于分析仿真电路中工作点信号随时间变化的情况。进行瞬态分析之前,设计者要设置瞬态分析的起始和终止时间、仿真时间的步长等参数。在电路仿真分析设置对话框中,激活 Transient Analysis 选项,在如图 13-16 所示的瞬态分析参数设置对话框中进行设置。

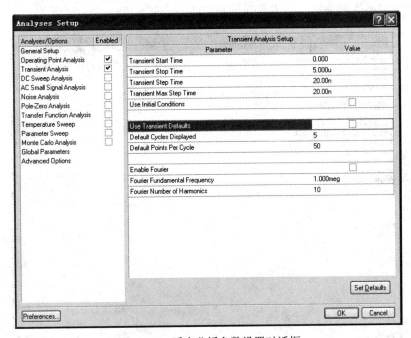

图 13-16 瞬态分析参数设置对话框

在 Transient Analysis Setup 列表中共用 11 个参数设置选项,这些参数的含义分别是:

Transient Start Time 参数用于设置瞬态分析的起始时间。瞬态分析通常从时间零开始,在时间零和开始时间,瞬态分析照样进行,但并不保存结果。而开始时间和终止时间的间隔将保存,并用于显示。

Transient Stop Time 参数用于设置瞬态分析的终止时间。

Transient Step Time 参数用于设置瞬态分析的时间步长,该步长不是固定不变的。

Transient Max Step Time 参数用于设置瞬态分析的最大时间步长。

Use Initial Conditions 项用于设置电路仿真的初始状态。当勾选该项后,仿真开始时将调用设置的电路初始参数。

Use Transient Defaults 项用于设置使用默认的瞬态分析设置,选中该项后,列表中的前四项参数将处于不可修改状态。

Default Cycles Displayed 参数用于设置默认的显示周期数。

Default Points Per Cycle 参数用于设置默认的每周期仿真点数。

Enable Fourier 项用于设置傅立叶分析,勾选该项后,系统将进行傅立叶分析,显示频域参数。

Fourier Fundamental Frequency 用于设置进行傅立叶分析的基频。

Fourier Number of Harmonics 用于设置进行傅立叶分析的谐波次数。

13.2.4 交流小信号分析（AC Small Signal Analysis）

交流小信号分析用于对系统的交流特性进行分析，显示系统在频域响应方面的性能，该分析功能对于滤波器的设计相当有用，通过设置交流信号分析的频率范围，系统将显示该频率范围内的增益。在电路仿真分析设置对话框中，激活 AC Small Signal Analysis 选项，在如图 13-17 所示的交流小信号分析参数设置对话框中进行设置。

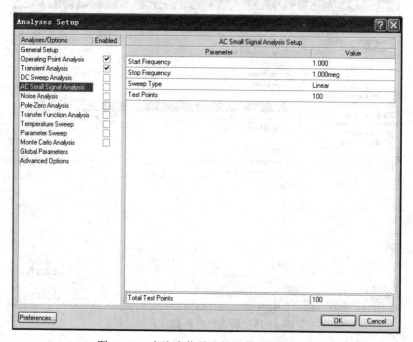

图 13-17　交流小信号分析参数设置对话框

其中 Start Frequency 参数用于设置进行交流小信号分析的起始频率。

Stop Frequency 参数用于设置进行交流小信号分析的终止频率。

Sweep Type 参数用于设置交流小信号分析的频率扫描的方式，系统提供了三种频率扫描方式：Linear 项表示对频率进行线性扫描，Decade 项表示采用 10 的指数方式进行扫描，Octave 项表示采用 8 的指数方式进行扫描。

Test Points 参数表示进行测试的点数。

Total Test Points 参数表示总的测试点数。

13.3　多谐振荡电路仿真实例

在学习了前面关于电路仿真的基本知识后，将对项目 2 的多谐振荡器电路进行仿真。电路仿真的一般步骤如下：

①找到仿真原理图中所有需要仿真的元件。

②放置仿真元件和连接电路，并且添加激励源。

③在需要绘制仿真数据的节点处添加网络标签。
④仿真器参数设置。
⑤电路仿真并分析仿真结果。
电路仿真的流程图如图 13-18 所示。

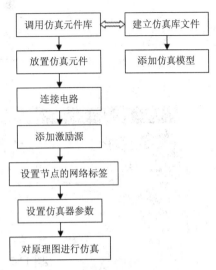

13.3.1 绘制仿真原理图

在项目 2 中已经绘制了多谐振荡器电路原理图，（图 2-1）。检查每个元件是否具有仿真模型，查看方法：双击该元件，弹出 Properties for Schematic Component in Sheet（元件属性）对话框，如图 13-19 所示，在 Models 栏如果有 Simulation 供选择，就有仿真模型。检查完所有元件都具有仿真模型后，将接口 Y1 删除，添加一个 +12V 的电压源 V1，方法：单击 Utility 工具栏中的工具按钮，打开如图 13-20 所示的仿真电源工具栏，在工具栏中单击"+12V 电压源"按钮，在工作区放置一个 +12V 的电压源。

图 13-18 电路仿真流程图

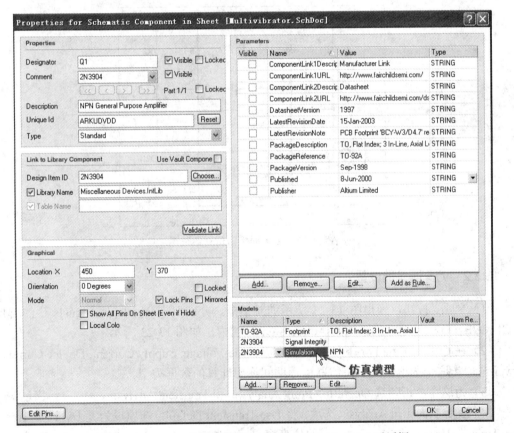

图 13-19 Properties for Schematic Component in Sheet 对话框

放置完毕后，单击该元件，弹出元件属性对话框，如图 13-21 所示，设置其参数，Designator：V1；Comment：=Value；Value：+12。

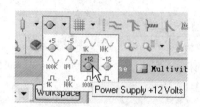

图 13-20　放置激励源+12V 的电压源

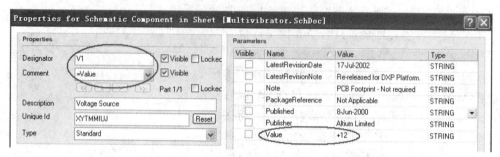

图 13-21　仿真电压源属性设置对话框

连接电路，并放置网络标号：Q1B、Q1C、Q2B、Q2C，如图 13-22 所示。

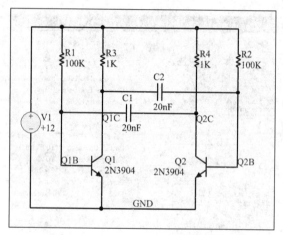

图 13-22　多谐振荡器仿真原理图

13.3.2　仿真器参数设置

（1）单击 按钮，弹出图 13-23 所示的对话框，分别双击 Available Signals 栏的 Q1B、Q1C、Q2B、Q2C，把它们添加到 Active Signals 栏内，如图 13-23 所示。

（2）在 Collect Data For 下拉列表中选择 Node Voltage, Supply Current, Device Current and Power 选项。这个选项定义了在仿真运行期间你想计算的数据类型。

（3）为这个分析勾选 Operating Point Analysis 和 Transient Analysis。

（4）激活 Transient Analysis 选项，将 Use Transient Defaults 选项设为无效，设置 Transient Stop Time 为 10ms，指定一个 10ms 的仿真窗口；设置 Transient Step Time 为 10μs，表示仿真可以每 10μs 显示一个点；设置 Transient Max Step Time 为 10μs；其他项选缺省值，如图 13-24 所示。